楕円型・放物型
偏微分方程式

楕円型・放物型偏微分方程式

村田 實・倉田和浩

岩波書店

まえがき

地球が生まれてから46億年，人類文明の曙から数千年，数学が生まれてから二千数百年の時が流れた．偏微分方程式論は18世紀中頃から本格的に研究が始まった若い分野で，本書で述べる理論はここ数百年の成果である．

微分方程式が自然法則を表現する数学的言語として17世紀に誕生して以来，微分方程式は物理的・幾何学的現象を解析する強力な手段として育っていった．偏微分方程式は当初連続体の物理学や幾何学的変分問題から生じたが，20世紀に入り量子力学では1個の質点の運動さえも偏微分方程式で表わされることになった．この発展のなかで偏微分方程式は自然現象との深いつながりを保ちつつ，固有の内部法則をもつ独自の数学世界を形作っていった．そこには整備された都市も峻厳な山々も未開の地もある．

本書では，現代数学を育てた土壌であるとともにその中核の一部でもある偏微分方程式の多様さ・豊かさ・面白さを読者に感じとってもらうことを目指して，その世界の一端を紹介する．

読者は例えばシリーズ『現代数学への入門』の俣野・神保著「熱・波動と微分方程式」(岩波書店，2004)などで偏微分方程式の様々な具体例に触れその特性を学ばれたことであろう．個々の方程式の特性を明らかにすることは基本的かつ重要な課題であり，18世紀から今日に至るまで様々な微分方程式が発見され，その特性が明らかにされつつある．一方，微分方程式達の織りなす世界の全体像を捉え，その内部法則を明らかにすることもまた大切である．本書では，まずSchwartzの超関数論を舞台として20世紀中頃展開された線形偏微分方程式論の一端を述べ，偏微分方程式の近代的理論への導入とするとともに古典的な偏微分方程式の分類——楕円型・放物型・双曲型方程式——の内的必然性を明らかにする．次いで本書の主題——2階楕円型方程式と放物型方程式の理論——を提示する．楕円型・放物型方程式の理

論に限ってもその対象も方法も多様であるが，ここでは主たる対象を最も基本的で単純な2階線形方程式に絞り，現代的観点から最も自然な方法である（Hilbert空間における直交射影の方法に基づく）L^2理論を中心として述べた．本書で述べた対象と方法は限られたものであるが，それでも理論の全体像を読者に伝えるために自己充足性を犠牲にして証明を省いた部分がある．

　読者が本書を通して個性あふれる偏微分方程式達の織りなす世界の空気と手ざわりを感じとり，その世界をさらに旅するための手掛りとして本書が役立てば幸である．

　本書の原稿に目を通し，間違いを指摘し貴重な助言を下さった青本和彦氏，小川卓克氏，石毛和弘氏に感謝する．

　また，出版に当たりいろいろとお世話になった岩波書店編集部の方々に感謝したい．

　なお，本書は岩波講座『現代数学の基礎』「偏微分方程式1」を単行本化したものである．

　2006年3月

村田 實・倉田和浩

理論の概要と目標

　微分方程式とは"自然"法則である．その法則に支配されるものはどのように表現され，どんな特性を持つのか？　また，1つの特性を取り出したとき，その特性を共通に持つ方程式達はどのように特徴づけられるのか？　18世紀から本格的に始まった偏微分方程式に対するこれらの問題の研究のなかで，双曲型・放物型・楕円型偏微分方程式等の概念が生まれ，その意義が明確になっていった．

　本書では現代の偏微分方程式論の中核的部分をなす楕円型・放物型方程式の理論を述べる．

　偏微分方程式論の研究対象は"独立変数が動く土台の領域，偏微分方程式，解が属する空間"の3つが一体となったものである．**第1章**では，このような基本的考え方から始めて偏微分方程式の基本的問題・概念・道具・解法を述べる．この章では Schwartz の超関数を舞台として，定数係数線形偏微分方程式が主役を，Fourier 変換と常微分方程式が脇役を演ずる．主題は解の正則性と初期値問題・境界値問題の"適切性"である．Hadamard によって提起されたこの適切性の概念はその後の偏微分方程式研究の流れを方向づけた重要なものである．第1章では，正則性や適切性を通して楕円型・放物型・双曲型方程式さらには Schrödinger 方程式の姿が浮かび上がってくる様を見ていただきたい．次いで**第2章，第3章**では2階線形楕円型・放物型方程式を主たる対象としてその基礎理論と基本的性質を提示する．Euclid 空間内に超平面と1点が与えられたとき，その点から超平面へ最短線を引くことができるのは周知の事実であろう．第2章では，まずこの事実の無限次元版としての (Hilbert 空間での) Riesz の表現定理に基づいて2階楕円型方程式に対する境界値問題の解の存在と一意性を示し，楕円型・放物型方程式の L^2 理論 (Sobolev 空間を基本的関数空間とする理論) を展開する．次に L^∞ 理論

(Hölder 連続な関数を基本的関数空間とする理論で通常 Schauder 理論と呼ばれるが，ここでは L^2 理論に対比して仮に L^∞ 理論と呼ぶことにする)や基本解の構成に触れる．本書で述べることはできなかったが，L^2 理論と独立に見える L^∞ 理論は今日では Campanato の方法によって L^2 理論の延長として統一的に扱うことができるのである．第 2 章では最後に楕円型作用素のスペクトル論を偏微分方程式論の見地から述べ，L^2 理論を完結する．ここでは無限次元空間におけるコンパクト集合およびコンパクト作用素という概念が柱となる．第 3 章では 2 階楕円型・放物型方程式固有の最大値原理と Harnack の不等式を述べ，その応用を与える．第 4 章では定常 Schrödinger 方程式と対応する放物型方程式を取り上げ，非有界領域での偏微分方程式特有の現象を述べる．ここでは無限に開いた領域上の方程式の無限遠での漸近的性質によって解の特性が決定される様を見ていただきたい．

　本書は『現代数学の基礎』という講座の分冊を単行本化したものであるが，基礎的でよく知られた部分の解説にとどまらず，現代の偏微分方程式論の動向や基礎的でありながら比較的最近確立された成果の解説もいくつかとり入れた．第 3 章で述べた弱最大値原理成立の必要十分条件，解の対称性に関する Gidas–Ni–Nirenberg の理論，加藤の不等式，Moser による劣解評価，放物型 Harnack の不等式や，第 4 章で述べた放物型方程式に対する非負値解の一意性成立の必要十分条件，Schrödinger 作用素のスペクトルと極小基本解の長時間漸近形などである．

　本書の各章はかなり独立に読めるので読者の興味に従って後の章から読んでもよい．また，読みにくい部分はとばして先に進んでいただきたい．読者は，予備知識として Lebesgue 積分論，関数解析，複素関数論，常微分方程式論の初歩を習得しているのが望ましい．とはいえ，それにはあまりこだわらず，まず面白そうな所から読み進めることをお勧めする．必要になったらその時点でその知識を補えばよい．読者は頭と手を使い(紙と鉛筆をかたわらに置き例を考え計算をして)時には足も使って(散歩しながら考えて)本書を読んで欲しい．それが偏微分方程式の世界の空気を肌で感ずる最善の方法と思うからである．

目　次

まえがき ・・・・・・・・・・・・・・・・・・・・・ v
理論の概要と目標 ・・・・・・・・・・・・・・・・ vii

第1章　偏微分方程式の多様さ ・・・・・・・・・ 1

§1.1　解の空間，領域，特性方向 ・・・・・・・・ 1
　（a）　無限次元 ・・・・・・・・・・・・・・・・ 1
　（b）　領域の形 ・・・・・・・・・・・・・・・・ 2
　（c）　関数空間 ・・・・・・・・・・・・・・・・ 4
　（d）　特性方向 ・・・・・・・・・・・・・・・・ 10

§1.2　Fourier 級数と Fourier 変換 ・・・・・・・ 11
　（a）　Fourier 級数 ・・・・・・・・・・・・・・ 12
　（b）　Fourier 変換 ・・・・・・・・・・・・・・ 14
　（c）　緩増加超関数の Fourier 変換 ・・・・・・ 18
　（d）　コンパクトな台を持つ超関数と合成積 ・・・・ 19

§1.3　初期値問題 ・・・・・・・・・・・・・・・・ 21
　（a）　特性初期値問題と零解 ・・・・・・・・・・ 22
　（b）　双曲型作用素 ・・・・・・・・・・・・・・ 24
　（c）　Cauchy–Kowalewski の定理 ・・・・・・・ 26

§1.4　解の正則性 ・・・・・・・・・・・・・・・・ 32

§1.5　境界値問題と Green 関数 ・・・・・・・・・ 38
　（a）　大域的な片側での初期値問題 ・・・・・・・ 40
　（b）　楕円型境界値問題 ・・・・・・・・・・・・ 46
　（c）　混合問題 ・・・・・・・・・・・・・・・・ 50

§1.6　7つの解法 ・・・・・・・・・・・・・・・・ 51

要　約 ・・・・・・・・・・・・・・・・・・・・・ 56

演習問題 ・・・・・・・・・・・・・・・・・・・・ 57

第2章 2階楕円型・放物型偏微分方程式の基礎理論 ... 59

§2.1 弱解の存在と一意性 I（斉次境界条件）... 60
(a) 楕円型方程式に対する Dirichlet 境界値問題 ... 60
(b) Neumann 境界値問題，非対称作用素 ... 67
(c) 放物型方程式に対する初期・境界値問題 ... 69

§2.2 L^2-先験的評価と弱解の正則性 ... 77
(a) 楕円型方程式に対する内部 L^2-先験的評価と内部正則性 78
(b) 楕円型方程式に対する内部正則性定理の証明 ... 80
(c) 楕円型方程式の解の解析性 ... 84
(d) 大域的 L^2-先験的評価と大域的正則性 ... 85
(e) 放物型方程式の弱解の正則性定理 ... 89

§2.3 弱解の存在と一意性 II（非斉次境界条件）... 92
(a) 軟化作用素 ... 92
(b) 拡張定理 ... 94
(c) トレース定理 ... 95
(d) 非斉次境界値問題，非斉次混合問題 ... 98

§2.4 弱最大値原理 ... 101
(a) 楕円型方程式に対する弱最大値原理 ... 101
(b) 放物型方程式に対する弱最大値原理 ... 103

§2.5 Schauder 評価 ... 105
(a) 楕円型方程式に対する Schauder 評価と正則性定理 ... 105
(b) Hölder 空間での可解性 ... 108
(c) 放物型方程式に対する Schauder 評価，正則性，可解性 109

§2.6 基本解，Green 関数，Poisson 核と解の表現 ... 112
(a) Cauchy 問題の基本解と解の一意存在定理 ... 112
(b) 混合問題の基本解と解の存在定理 ... 115
(c) 楕円型境界値問題の Green 関数と Poisson 核 ... 117

§2.7 楕円型作用素のスペクトルと半群 ... 121
(a) スペクトル，レゾルベント，自己共役作用素 ... 122

- (b) 楕円型方程式の弱解の存在と一意性 III 127
- (c) Fredholm の交代定理と固有関数展開 129
- (d) min-max 原理 132
- (e) 放物型方程式に対する初期・境界値問題 III 134

要　　約 140

演習問題 141

第3章　解の定量的評価と基本的性質 143

§3.1　強最大値原理 143
- (a) 楕円型・放物型方程式に対する Hopf の強最大値原理 143
- (b) 楕円型方程式に対する弱最大値原理($V(x) \not\geq 0$ の場合) 148
- (c) Gidas–Ni–Nirenberg の理論 152

§3.2　Sobolev の不等式，加藤の不等式，劣解評価 ... 156
- (a) Sobolev の不等式 156
- (b) 弱微分の合成則，積公式 160
- (c) 加藤の不等式と弱 L-劣解・優解 163
- (d) 弱解の L^∞ 評価(Moser の劣解評価) 166

§3.3　楕円型・放物型 Harnack の不等式とその応用 .. 171
- (a) 楕円型 Harnack の不等式と Hölder 評価 172
- (b) Dirichlet 問題と Green 関数の評価 176
- (c) Liouville 型定理 180
- (d) 非線形変分問題の解の正則性 181
- (e) 放物型 Harnack の不等式 185

要　　約 188

演習問題 189

第4章　Schrödinger 半群 191

§4.1　極小基本解と Schrödinger 半群 191

§4.2　初期値問題の解の一意性と非一意性 196
- (a) 制限された増大度を持つ解の一意性 198

(b)　非負値解の一意性 ・・・・・・・・・・・・・・・　203
　　　(c)　非負値解の非一意性 ・・・・・・・・・・・・・　207
　§4.3　定常 Schrödinger 方程式と H のスペクトル ・・　208
　　　(a)　H のスペクトルと V の無限遠での挙動 ・・・・・　208
　　　(b)　定常 Schrödinger 方程式の解の増大度と正値性 ・・・　210
　§4.4　極小基本解の長時間漸近形 ・・・・・・・・・・　215
　　　(a)　真性スペクトルの下端 ・・・・・・・・・・・・　215
　　　(b)　IU (intrinsically ultracontractive) ・・・・・・・　217
　要　　約 ・・・・・・・・・・・・・・・・・・・・・・　221
　演習問題 ・・・・・・・・・・・・・・・・・・・・・・　221
現代数学への展望 ・・・・・・・・・・・・・・・・・・　223
参考文献 ・・・・・・・・・・・・・・・・・・・・・・・　225
参　考　書 ・・・・・・・・・・・・・・・・・・・・・・　230
問　解　答 ・・・・・・・・・・・・・・・・・・・・・・　231
演習問題解答 ・・・・・・・・・・・・・・・・・・・・　242
索　　引 ・・・・・・・・・・・・・・・・・・・・・・・　251

1 偏微分方程式の多様さ

　偏微分方程式は固有の内部法則を持つ独自の世界を形作っている．この章では偏微分方程式と常微分方程式の相違・類似・相互関連を見つめつつ，定数係数線形偏微分方程式を主たる素材として，偏微分方程式の基本的問題・概念・道具・解法を述べる．基本的問題の本質を捉えることによって，古典的な偏微分方程式の分類——楕円型・放物型・双曲型方程式——の内的必然性を明らかにする．

§1.1 解の空間，領域，特性方向

　偏微分方程式が内包する豊かさを生み出す基本的要因のいくつかを見てみよう．

(a) 無限次元

まず m 階の定数係数線形常微分方程式

$$(1.1) \quad \sum_{j=0}^{m} a_j \left(\frac{d}{dx}\right)^j u(x) = 0$$

の解の全体は何かを思い出してみよう．方程式(1.1)に対応する特性方程式

$$a_0 + a_1 z + \cdots + a_m z^m = 0$$

の根を b_j $(j=1,\cdots,k)$，その多重度を m_j とする．このとき m 個の1次独立

な関数
$$x^l e^{b_j x} \quad (l = 0, \cdots, m_j - 1;\ j = 1, \cdots, k)$$
の1次結合で表現される関数の全体が(1.1)の解の全体になるのであった.では2独立変数の偏微分方程式

$$(1.2) \qquad \sum_{j+k \leq m} a_{jk} \left(\frac{\partial}{\partial x}\right)^j \left(\frac{\partial}{\partial y}\right)^k u(x,y) = 0$$

の解はどうか？ $(b,c) \in \mathbb{C}^2$ が $\sum_{j+k \leq m} a_{jk} b^j c^k = 0$ を満たすならば，関数
$$(1.3) \qquad \exp(bx + cy)$$
は明らかに方程式(1.2)の解である．2変数の多項式の複素零点が無数にあることに注意すれば，このような解だけを考えても偏微分方程式(1.2)は無限個の1次独立な解を持つことになる．これは常微分方程式(1.1)の解の全体が有限次元であったのとは大きな違いであり，一般に偏微分方程式を扱う際には何らかの形で無限次元空間を扱うことになるという一例である．

問1 指数関数解(1.3)とは異なる形の解を次の方程式について求めよ(以下, i は虚数単位 $\sqrt{-1}$ である)：
(1) $i\dfrac{\partial}{\partial t} u(x,t) = -\dfrac{\partial^2}{\partial x^2} u(x,t)$ 　(2) $\left(\dfrac{\partial}{\partial x} + i\dfrac{\partial}{\partial y}\right) u(x,y) = 0$

(b) 領域の形

微分方程式では，未知の量が関数であるために，どのような集合上で定義された関数を対象にしているかによって問題の質が違ってくる．本書ではもっぱら Euclid 空間 $\mathbb{R}^n$ 内の領域(連結開集合)上の微分方程式を対象にするが，読者は方程式と領域(さらには解の属する関数空間)とは一組のものとして扱わねばならないことを本書を通して了解するであろう．

問2 $\mathbb{R}^1$ 内の空でない領域は開区間に限ることを示せ．(以下の問では "ことを示せ" を省略する．)

2次元以上では領域の形はきわめて多様であり，最も単純な偏微分方程式

$$\text{(1.4)} \qquad \frac{\partial}{\partial x_1} u(x) = f(x)$$

でさえもどのような領域 $D \subset \mathbb{R}^n$ 上の方程式かが問題になる．ここで，$x = (x_1, \cdots, x_n)$，f は与えられた D 上の関数で，u が未知関数である．問題と答を明確に述べるために記号を少し準備しよう．D 上の関数で何回でも微分可能なもの全体を $C^\infty(D)$ と表わす．$C^\infty(D)$ に属する関数を D 上で C^∞ 級の関数と呼ぶ．関数 g の台($\operatorname{Supp} g$)を

$$\operatorname{Supp} g = \overline{\{x \in D;\ g(x) \neq 0\}}$$

と定義する．$C_0^\infty(D)$ で $C^\infty(D)$ に属する関数でその台が D のコンパクト部分集合になるもの全体を表わす．

問3 $0 < \varepsilon < \delta$ とする．$C_0^\infty(\mathbb{R}^n)$ に属する関数 φ で，$\varphi(x) = 1$ ($|x| \leq \varepsilon$), $\varphi(x) = 0$ ($|x| \geq \delta$), $0 \leq \varphi \leq 1$ となるものを求めよ．

さて，"任意の $f \in C^\infty(D)$ に対して(1.4)の解 $u \in C^\infty(D)$ が存在するか？"という問題を次の2つの領域 D (図1.1 参照)について考えてみよう．$D = (-4, 4) \times (-2, 2)$ ならば，

$$\text{(1.5)} \qquad u(x) = \int_0^{x_1} f(t, x_2)\, dt$$

が解になることは明らか($u \in C^\infty(D)$ を確認せよ)．では，次の場合はどうか？

例1.1 $D = (-4, 4) \times (-2, 2) \setminus [-1, 1] \times [-2, -1]$.

この場合 f を $f(x) = g(x_1)(x_2 + 1)^{-1}$ と選ぶと解が存在しないことを示そう．ただし，g は $g \in C_0^\infty(\mathbb{R}^1)$, $0 \leq g \leq 1$, $g(t) = 1$ ($|t| \leq 2/9$), $g(t) = 0$ ($|t| \geq$

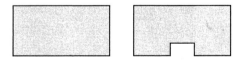

図1.1　2つの領域

1/3) を満たす関数とする.もし(1.4)の解 $u\in C^\infty(D)$ が存在したとすると,任意の $x_2>-1$ に対して

$$u(2,x_2)-u(-2,x_2)=\int_{-2}^2 f(t,x_2)\,dt=\int_{-2}^2 g(t)\,dt(x_2+1)^{-1}.$$

ここで $x_2\to -1$ とすると,$u(2,-1)-u(-2,-1)=\infty$.これは矛盾である.すなわち,この場合(1.4)の解は存在しない. □

問4 領域 $D\subset\mathbb{R}^2\setminus\{0\}$ 上での連立偏微分方程式

$$\frac{\partial u}{\partial x_1}=-\frac{x_2}{x_1^2+x_2^2},\quad \frac{\partial u}{\partial x_2}=\frac{x_1}{x_1^2+x_2^2}$$

が解を持つ領域と持たない領域の例を挙げよ.

(c) 関数空間

微分方程式を扱う際には,どのような関数の集合(関数空間)を対象にしているかによって問題の質が変わってくる.例えば,前項で取り上げた方程式(1.4)を例1.1の領域 D で再度考えてみよう.$C^\infty(D)$ に属するある関数に対してはこの方程式の解は存在しなかったが"任意の $f\in C_0^\infty(D)$ に対して(1.4)の解 $u\in C^\infty(D)$ が存在するか?"という問題の答は肯定的である.なぜならば,f を D の外側では零と定義して f の定義域を長方形 $(-4,4)\times(-2,2)$ にまで拡張してから(1.5)によって u を決めてやれば,これは確かに解であるからである.

この項では微分方程式を扱う舞台としての関数空間をさらにいくつか導入する.まず,**Schrödinger** 方程式

$$i\frac{\partial}{\partial t}u(x,t)=-\Delta u(x,t),\quad \Delta=\sum_{j=1}^n\frac{\partial^2}{\partial x_j^2}$$

を考えてみよう.ここで Δ はラプラシアン(Laplace 作用素)と呼ばれる.この方程式は,物理学上20世紀最大の発見といわれる量子力学の基礎方程式で,相互作用をしない自由粒子系の運動を記述している(例えば,[黒田2]参照).量子力学によれば,粒子が時刻 t で集合 B にいる確率は

$$\int_B |u(x,t)|^2\, dx$$

で与えられ，$B=\mathbb{R}^n$ のときには上の値は 1 に等しい．このような方程式を扱う舞台としては，$\mathbb{R}^n$ 上の 2 乗可積分な関数の全体 $L^2(\mathbb{R}^n)$ が自然である．

一般に，領域 D 上で定義された Lebesgue 可測な複素数値関数で Lebesgue 測度 dx に関して 2 乗可積分なもの全体を $\mathcal{L}^2(D)$ と表わし，さらに $f,g \in \mathcal{L}^2(D)$ がほとんどいたるところで(almost everywhere，略して a.e. と書く)一致しているときに f と g を同一視して得られる空間を $L^2(D)$ と表わす．すなわち，$L^2(D)$ の元はある関数 $f \in \mathcal{L}^2(D)$ を代表元とする類である．これは Schrödinger 方程式の解の確率解釈にも適合している．(L^2-空間の枠組での Schrödinger 方程式の扱いについては後述の §1.5 例 1.29 を参照せよ．) 通常，$L^2(D)$ は次の内積とノルム

$$(f,g) = (f,g)_{L^2(D)} = \int_D f(x)\overline{g(x)}\, dx, \quad \|f\|_2 = \|f\|_{L^2(D)} = (f,f)^{1/2}$$

をもつ**完備**(complete)な線形空間(すなわち，**Hilbert 空間**)として扱われる．ここで "完備" とは，"$L^2(D)$ が距離 $d(f,g) = \|f-g\|_2$ に関して完備である" という意味である．L^2-空間は 18 世紀以来解析学の重要な対象である Fourier 級数を扱う際にも自然なものであるが，その実体が明らかにされるのには 20 世紀初頭における Hilbert や Lebesgue の仕事を待たなければならなかった．

ところで，記号を簡単にするために，$L^2(D)$ で $\mathcal{L}^2(D)$ をも表わすのが解析学の 1 つの習慣であり，本書も以後この習慣に従う．(注意深い読者は，$f \in L^2(D)$ と書いたときに，f が関数を表わしているのか，f を代表元とする類を表わしているのかを，その文脈の中で読み取れるであろう．)

同様にして，$1 \leq p < \infty$ のとき $L^p(D)$ は p 乗可積分な Lebesgue 可測複素数値関数(の類)の全体を表わす．これはノルム

$$\|f\|_p = \|f\|_{L^p(D)} = \left[\int_D |f(x)|^p\, dx\right]^{1/p}$$

を持つ完備な線形空間(すなわち，**Banach 空間**)である．さらに，$L^\infty(D)$

は Lebesgue 測度に関してほとんどいたるところで有界な Lebesgue 可測複素数値関数(の類)の全体を表わす．以下，Lebesgue 可測集合 A の測度を $|A|$ と書く．$L^\infty(D)$ はノルム

$$\|f\|_\infty = \|f\|_{L^\infty(D)} = \inf\{t > 0;\ |\{x \in D;\ |f(x)| > t\}| = 0\}$$

を持つ Banach 空間である．実数が有理数の完備化として得られたのと同様に，$1 \leqq p < \infty$ ならば $L^p(D)$ は $C_0^\infty(D)$ を距離 $d(f,g) = \|f-g\|_p$ で完備化したものである．これらの事実の証明および関連する結果については小谷眞一著『測度と確率』(岩波書店，2005)を参照されたい．

次に **Poisson 方程式**

$$-\Delta u(x) = f(x)$$

を考えてみよう．この方程式は物理的には(例えば)静電場のスカラーポテンシャル u と電荷密度 f との関係を表わしている([藤田他1]，[深谷]参照)．空間に電荷が連続的に分布しているときには f として $C_0^\infty(D)$, $C^\infty(D)$, $C^k(D)$ ($= D$ 上で k 回連続微分可能な関数の全体)，$L^2(D)$ などに属する関数を考えればよいが，1点や球面上のみに電荷が分布している(と理想的に考えた方がよい)場合はどうだろうか?

領域 D 内にある点電荷に対応するものは，全電荷が 1 の連続分布に対応する関数列 ψ_j の台 $\mathrm{Supp}\,\psi_j$ が 1 点(これを原点としよう)に縮まった極限状態と考えるのが自然であろう．すなわち，ψ を $0 \leqq \psi \leqq 1$, $\psi(x) = 1$ ($|x| \leqq 1/2$), $\psi(x) = 0$ ($|x| \geqq 1$), $\int \psi(x)\,dx = 1$ を満たす $C_0^\infty(\mathbb{R}^n)$-関数として，

$$\psi_j(x) = j^n \psi(jx)$$

とおき，$\lim_{j \to \infty} \psi_j$ を考えるのである．この極限をどう捉えるのが妥当だろうか? 以下，$f \in L^2(D)$, $\varphi \in C_0^\infty(D)$ に対して

(1.6) $$\langle f, \varphi \rangle = \int_D f(x) \varphi(x)\,dx$$

とおく．

問 5 (変分法の基本補題)

(1) $f, g \in C^0(D)$ が

(1.7) $$\langle f, \varphi \rangle = \langle g, \varphi \rangle, \quad \varphi \in C_0^\infty(D)$$
を満たせば，すべての点 $x \in D$ で $f(x) = g(x)$ である．

(2) $1 \leqq p \leqq \infty$ とする．$f, g \in L^p(D)$ が(1.7)を満たせば，Lebesgue 測度に関してほとんどすべての $x \in D$ について $f(x) = g(x)$ である．精密に言い直せば，$f, g \in \mathcal{L}^p(D)$ が(1.7)を満たすならば $L^p(D)$ の中で $f = g$ である．

問 6 任意の $\varphi \in C_0^\infty(\mathbb{R}^n)$ に対して，$\lim_{j \to \infty} \langle \psi_j, \varphi \rangle = \varphi(0)$.

さて我々の問題"点電荷の数学的表現は何か？"の答を述べよう．$C_0^\infty(\mathbb{R}^n)$ 上の汎関数 $\delta(x)$ を
$$\langle \delta, \varphi \rangle = \varphi(0), \quad \varphi \in C_0^\infty(\mathbb{R}^n)$$
によって定義し，これを **Dirac のデルタ関数**と呼ぶ．（これは関数と呼ばれているが，関数ではなく測度である．）このとき $C_0^\infty(\mathbb{R}^n)$ 上の汎関数に関する等式として
$$\lim_{j \to \infty} \psi_j(x) = \delta(x)$$
が成り立つ（問 6 参照）．すなわち，点電荷の数学的表現は Dirac のデルタ関数である．これは，電荷分布 f は**試験関数**(test function) φ をいろいろ動かして $\langle f, \varphi \rangle$ を観測することにより知ることができる（問 5 参照）という考えに基づいている．一般に $C_0^\infty(D)$ 上の汎関数 T で次の 2 条件を満たすものを**超関数**(Schwartz の distribution)と呼び，超関数の全体を $\mathcal{D}'(D)$ と表わす：

（線形性） 任意の $\varphi_1, \varphi_2 \in C_0^\infty(D)$ と $\lambda_1, \lambda_2 \in \mathbb{C}$ に対して
$$\langle T, \lambda_1 \varphi_1 + \lambda_2 \varphi_2 \rangle = \lambda_1 \langle T, \varphi_1 \rangle + \lambda_2 \langle T, \varphi_2 \rangle.$$

（連続性） $C_0^\infty(D)$ に属する関数列 φ_j $(j=1, 2, \cdots)$ および φ の台はすべて D 内のコンパクト集合 K に含まれ，φ_j およびその任意の導関数 $\partial_x^\alpha \varphi_j$ は φ および $\partial_x^\alpha \varphi$ に D 上で一様に収束するとする．このとき $\langle T, \varphi_j \rangle \to \langle T, \varphi \rangle$ $(j \to \infty)$．ただし $\alpha = (\alpha_1, \cdots, \alpha_n) \in (\mathbb{N} \cup \{0\})^n$ は**多重指数**(multi-index)であり，
$$\partial_x = \left(\frac{\partial}{\partial x_1}, \cdots, \frac{\partial}{\partial x_n} \right), \quad \partial_x^\alpha = \left(\frac{\partial}{\partial x_1} \right)^{\alpha_1} \cdots \left(\frac{\partial}{\partial x_n} \right)^{\alpha_n}.$$

問7 単位球面上に一様に面密度1で分布した電荷に対応する超関数 T は何か？

超関数は測度の一般化であって，各点ごとに値の定まる関数の一般化ではない．可積分な関数 f を超関数と見なすときには $f(x)dx$ という測度を考えるのである．すなわち，

$$\langle f, \varphi \rangle = \int f(x)\varphi(x)\,dx.$$

しかしながら関数の世界にとどまっても"超関数の意味での導関数"を考えた方が自然なことがある．さて，超関数 T の導関数 $\partial_x^\alpha T$ は

(1.8) $\qquad \langle \partial_x^\alpha T, \varphi \rangle = (-1)^{|\alpha|}\langle T, \partial_x^\alpha \varphi \rangle, \quad \varphi \in C_0^\infty(D)$

によって定義する．ここで，$|\alpha| = \alpha_1 + \cdots + \alpha_n$．$T \in C^\infty(D)$ の場合，$\partial_x^\alpha T$ を通常の導関数とすれば等式(1.8)が成り立つことが部分積分を用いて示される．(もちろん，$T \in C^{|\alpha|}(D)$ ならば十分である．) したがって滑らかな関数に対しては，通常の導関数と超関数としての導関数は一致する(再び問5参照)．

例1.2 開区間 $D = (-1,1)$ 上の関数 $u(x) = 1 - |x|$ は原点で微分できないが，超関数の意味での導関数はどうなるだろうか？ $\varphi \in C_0^\infty(D)$ に対し

$$-\left\langle u, \frac{d\varphi}{dx} \right\rangle = -\int_{-1}^1 u \frac{d\varphi}{dx}\,dx = -\int_{-1}^0 u \frac{d\varphi}{dx}\,dx - \int_0^1 u \frac{d\varphi}{dx}\,dx$$

$$= \int_{-1}^0 \varphi(x)\,dx - u(0)\varphi(0) - \int_0^1 \varphi(x)\,dx + u(0)\varphi(0)$$

$$= -\int_{-1}^1 (\mathrm{sign}\,x)\varphi(x)\,dx.$$

ここで $\mathrm{sign}\,x = x/|x|$ $(x \neq 0)$, $\mathrm{sign}\,x = 0$ $(x = 0)$. したがって定義により $du/dx = -\mathrm{sign}\,x$．同様に計算して，$d^2u/dx^2 = -2\delta(x)$． □

例1.3 原点を含む $\mathbb{R}^2$ の領域 D 上の関数 $u(x) = -(\log|x|)/2\pi$ は D 上の偏微分方程式

$$-\Delta u(x) = \delta(x)$$

の超関数解である．実際，任意の $\varphi \in C_0^\infty(D)$ に対して，**Green**の公式より

$-\langle u, \Delta\varphi \rangle$

$$
\begin{aligned}
&= -\lim_{\varepsilon \searrow 0} \int_{|x|>\varepsilon} u(x) \Delta \varphi(x)\, dx \\
&= \lim_{\varepsilon \searrow 0} \left\{ \int_0^{2\pi} \frac{1}{2\pi} \log \frac{1}{\varepsilon} \frac{\partial \varphi}{\partial r}(\varepsilon \cos\theta, \varepsilon \sin\theta) \varepsilon\, d\theta + \int_{|x|>\varepsilon} \nabla u(x) \cdot \nabla \varphi(x)\, dx \right\} \\
&= \lim_{\varepsilon \searrow 0} \left\{ \int_0^{2\pi} \frac{1}{2\pi \varepsilon} \varphi(\varepsilon \cos\theta, \varepsilon \sin\theta) \varepsilon\, d\theta - \int_{|x|>\varepsilon} \Delta u(x) \varphi(x)\, dx \right\} \\
&= \varphi(0).
\end{aligned}
$$

ここで $\partial/\partial r$ は動径方向の微分, $\nabla u = (\partial u/\partial x_1, \partial u/\partial x_2)$. また最後の式を出すのに $\mathbb{R}^2 \setminus \{0\}$ 上で $\Delta u = 0$ であることを用いた. □

この例に登場した関数 $\log|x|$ は原点以外では C^∞ 級であるばかりでなく, 任意の点 $y \neq 0$ で収束ベキ級数に展開される. 実際, $\{|z|<1\}$ で収束する $\log(1+z)$ の Taylor 展開を用いて,

$$\log|x| = \log|y| + \sum_{j=1}^\infty \frac{(-1)^{j-1}}{2j} \left[\frac{2y(x-y) + |x-y|^2}{|y|^2} \right]^j,$$

ただし $y(x-y) = y_1(x_1-y_1) + y_2(x_2-y_2)$. また $|x-y| < \delta$ ならば

$$|2y(x-y) + |x-y|^2| < 2|y|\delta + \delta^2$$

なので, 右辺の級数は $\{x \in \mathbb{R}^2;\ |x-y| < (\sqrt{2}-1)|y|\}$ で収束することがわかる. したがって, さらに $[\cdots]^j$ を展開すれば, x_1-y_1 と x_2-y_2 に関するベキ級数展開が得られる.

一般に, $\mathbb{R}^n$ の領域 D 上の複素数値関数 $f \in C^\infty(D)$ が次の条件を満たすとき D で**実解析的**(real analytic) であるという: 任意の点 $y \in D$ に対してある $\delta > 0$ が存在して f は $\{|x-y|<\delta\}$ で収束するベキ級数

$$f(x) = \sum_\alpha c_\alpha (x-y)^\alpha, \quad (x-y)^\alpha = (x_1-y_1)^{\alpha_1} \cdots (x_n-y_n)^{\alpha_n}$$

で表わされる. ここで $\alpha = (\alpha_1, \cdots, \alpha_n)$ は多重指数, c_α は定数, かつ和は多重指数全体でとる. Taylor の多項式近似定理により, 実は

$$c_\alpha = \partial_x^\alpha f(y)/\alpha!, \quad \alpha! = \alpha_1! \cdots \alpha_n!$$

が成り立つ. それゆえこのベキ級数を **Taylor 級数**と呼ぶ. D 上の実解析的関数の全体を $C^\omega(D)$ と書き, $f \in C^\omega(D)$ を C^ω 級の関数という. $C_0^\infty(D)$ に

属する関数は決して D 全体では実解析的とはならない(なぜか?)ことに注意しよう.

Taylor 級数(または Taylor の多項式近似)は関数を**局所的**に表現(または近似)するのに有効であり,次の節で述べる Fourier 級数(または Fourier 部分和による近似)は関数を**大域的**に表現(または近似)するのに有効である.

さて **Sobolev** 空間 $H^k(D)$ を定義しよう.$k \in \mathbb{N}$ とする.k 階までの超関数の意味での導関数がすべて $L^2(D)$ に属するもの全体を $H^k(D)$ と表わす:
$$H^k(D) = \{f \in L^2(D); \partial_x^\alpha f \in L^2(D),\ |\alpha| \leq k\}.$$
$C_0^\infty(D)$ は $H^k(D)$ の部分空間である.$H^k(D)$ の自然なノルム
$$\|f\|_{H^k(D)} = \left[\sum_{|\alpha| \leq k} \int_D |\partial_x^\alpha f(x)|^2\, dx\right]^{1/2}$$
に関する $C_0^\infty(D)$ の閉包を $H_0^k(D)$ と表わす.なかでも $H^1(D)$ と $H_0^1(D)$ は特に重要である.第2章では,この Sobolev 空間を舞台として2階楕円型方程式の解の存在や固有値問題を論ずる.

問8 $H^k(D)$ および $H_0^k(D)$ は Hilbert 空間である.

(d) 特性方向

まず**熱方程式**(heat equation)(または**拡散方程式**(diffusion equation))$(\partial/\partial t - \Delta)u = 0$ を見てみよう.この方程式では,空間変数 x については2回微分しているが時間変数 t については1回しか微分していない.このとき (x, t) 空間内のベクトル $(0, 1) \in \mathbb{R}^{n+1}$ は $\partial/\partial t - \Delta$(**拡散作用素**と呼ばれる)の特性方向という.

一般に,領域 D で与えられた m 階線形偏微分作用素
$$(1.9) \qquad P = \sum_{|\alpha| \leq m} a_\alpha(x) \partial_x^\alpha$$
(ただし $a_\alpha(x)$ は D 上の複素数値関数で $a_\alpha(x)$, $|\alpha| = m$, がすべて恒等的に零にはならないとする)に対して $\xi \in \mathbb{R}^n \setminus \{0\}$ が

$$\sum_{|\alpha|=m} a_\alpha(x)\xi^\alpha = 0$$

を満たすとき，ξ は作用素 P に対する点 x における**特性方向**であるという．また，超曲面 S の各点で法線方向 ξ が P の特性方向のとき，S を**特性曲面**(単に特性面とも呼ぶ)という．例えば，$\{t=0\}\subset\mathbb{R}^{n+1}$ は拡散作用素や Schrödinger 方程式に付随する作用素 $i\partial/\partial t+\Delta$ の特性曲面である．

この特性方向の存在が，常微分方程式にはない偏微分方程式特有の現象を引き起こすのである．しかし，ラプラシアン Δ や Cauchy–Riemann 作用素 $(\partial/\partial x_1+i\partial/\partial x_2)/2$ のように特性方向を持たないものもある．一般に

$$\sum_{|\alpha|=m} a_\alpha(x)\xi^\alpha \neq 0, \quad \xi\in\mathbb{R}^n\setminus\{0\}$$

ならば m 階偏微分作用素 P は点 x で**楕円型**(elliptic)であるという．

問9 波動方程式 $(\partial^2/\partial t^2-\Delta)u=0$ に付随する D'Alembert 作用素 $\Box=\partial^2/\partial t^2-\Delta$ に対する特性方向の全体を求めよ．

§1.2 Fourier 級数と Fourier 変換

i を虚数単位 $\sqrt{-1}$，$x\xi=x_1\xi_1+\cdots+x_n\xi_n$ $(x,\xi\in\mathbb{R}^n)$，P を m 階線形偏微分作用素(1.9)とすると

$$Pe^{ix\xi}=\left[\sum_{|\alpha|\leq m}a_\alpha(x)\partial_x^\alpha\right]e^{ix\xi}=\left[\sum_{|\alpha|\leq m}a_\alpha(x)(i\xi)^\alpha\right]e^{ix\xi}.$$

すなわち，P は関数 $e^{ix\xi}$ に作用するときには，関数

(1.10) $$p(x,\xi)=\sum_{|\alpha|\leq m}a_\alpha(x)(i\xi)^\alpha$$

を掛ける掛算作用素として働く．$p(x,\xi)$ を作用素 P の**表象**(symbol)といい，

(1.11) $$p_m(x,\xi)=\sum_{|\alpha|=m}a_\alpha(x)(i\xi)^\alpha$$

を P の**主要表象**(principal symbol)と呼ぶ．また $a_\alpha(x)$ を P の係数と呼ぶ．

$$P \equiv \sum_{|\alpha| \leq m} a_\alpha(x) \partial_x^\alpha = p(x, -i\partial x)$$

と書ける．特に P が定数係数偏微分作用素(すなわち $a_\alpha(x)$ がすべて定数)の場合には，$p(x,\xi)$ や $p_m(x,\xi)$ を略して $p(\xi)$ や $p_m(\xi)$ と書く．この場合，$e^{ix\xi}$ は固有値 $p(\xi)$ に対応する固有関数の候補者であり，実際そうなる場合として Fourier 級数がある．

(a) Fourier 級数

$\mathbb{R}^n$ 上の C^∞ 級関数で各変数について周期 2π の関数全体を $C_\#^\infty$ と表わす：
$C_\#^\infty = \{f \in C^\infty(\mathbb{R}^n); f(x+2\pi y) = f(x),\ x \in \mathbb{R}^n,\ y \in \mathbb{Z}^n\}$.

さて，**固有値問題**(eigenvalue problem)

(1.12) $$-\Delta u = \lambda u, \quad u \in C_\#^\infty$$

を考えてみよう．これは"(1.12)を満たす複素定数 λ と関数 $u \not\equiv 0$ の対を求めよ"という問題である．まず，$\xi \in \mathbb{Z}^n$ ならば $\psi(x,\xi) = (2\pi)^{-n/2} \exp(ix\xi)$ は $\lambda = |\xi|^2$ として(1.12)を満たすことがわかる．つまり $\psi(x,\xi)$ は**固有値** (eigenvalue) $|\xi|^2$ に付随する**固有関数**(eigenfunction)である．$Q = (0, 2\pi)^n$，$L_\#^2 = L^2(Q)$ とすると，実は $\{(2\pi)^{-n/2} e^{ix\xi}; \xi \in \mathbb{Z}^n\}$ は $L_\#^2$ の**完全正規直交基底**(complete orthonormal basis)である．すなわち，次の(1)と(2)が成立する：

(1)

(1.13) $$(\psi(\cdot,\xi), \psi(\cdot,\eta))_{L_\#^2} = \begin{cases} 1, & \xi = \eta, \\ 0, & \xi \neq \eta. \end{cases}$$

(2) 任意の $f \in L_\#^2$ に対して，$f_\xi = \displaystyle\int_Q f(x)\overline{\psi(x,\xi)}dx$ を f の **Fourier 係数** として

(1.14) $$\lim_{N \to \infty} \left\| f(x) - \sum_{\xi \in \mathbb{Z}^n,\ |\xi| < N} f_\xi \psi(x,\xi) \right\|_{L_\#^2} = 0.$$

上の(1.14)が成り立つとき

$$(1.15) \qquad f(x) = \sum_{\xi \in \mathbb{Z}^n} f_\xi \psi(x,\xi) \quad \text{in } L^2_\#$$

と書こう．さらに，(1.13)と(1.14)から **Parseval の等式**

$$(1.16) \qquad \|f\|_{L^2_\#} = \left[\sum_{\xi \in \mathbb{Z}^n} |f_\xi|^2 \right]^{1/2}$$

が従う．これらの事実の証明および関連する結果については高橋陽一郎著『実関数とFourier解析』や小谷・俣野著『微分方程式と固有関数展開』（ともに岩波書店，2006）を参照されたい．（等式(1.13)の証明は容易であるが，完全性(1.14)の証明には工夫がいる（［溝畑，定理1.10］参照．）

ここでは上の事実を応用して，方程式

$$(1.17) \qquad (-\Delta - \lambda) u = f$$

を周期境界条件のもとで解いてみよう．ただしλは複素定数である．$C^\infty_\#$に属する関数を立方体Qに制限したもの全体のSobolev空間$H^2(Q)$での閉包を$H^2_\#$とする．$L^2_\# = L^2(Q)$であった．

定理1.4 $\lambda \in \mathbb{C} \setminus \{|\xi|^2 ; \xi \in \mathbb{Z}^n\}$ならば，任意の$f \in L^2_\#$に対して$H^2_\#$に属する(1.17)の解$u$がただ1つ存在して

$$(1.18) \qquad u(x) = \sum_{\xi \in \mathbb{Z}^n} \frac{f_\xi}{|\xi|^2 - \lambda} \psi(x, \xi)$$

と表わされる．

［証明］自然数Nに対して

$$f_N(x) = \sum_{|\xi| < N} f_\xi \psi(x, \xi), \quad u_N(x) = \sum_{|\xi| < N} \frac{f_\xi}{|\xi|^2 - \lambda} \psi(x, \xi)$$

とおく．$f_N, u_N \in C^\infty_\#$である．$|\alpha| \le 2$かつ$M > N$として，

$$\|\partial_x^\alpha (u_M - u_N)\|^2_{L^2(Q)} = \sum_{N \le |\xi| < M} \left| \frac{f_\xi (i\xi)^\alpha}{|\xi|^2 - \lambda} \right|^2 \le \sup_{\xi \in \mathbb{Z}^n} \left| \frac{\xi^\alpha}{|\xi|^2 - \lambda} \right|^2 \sum_{N \le |\xi| < M} |f_\xi|^2.$$

したがってu_Nは$N \to \infty$のとき$H^2_\#$で収束し（Parsevalの等式を用いよ）その極限は(1.18)で与えられる．また$(-\Delta - \lambda) u_N = f_N$より，$u$が(1.17)の解であることが従う．これで解の存在が証明された．一意性を示すのには，$f = 0$のときの解$u = 0$を示せばよい．

$$(-\Delta-\lambda)u(x) = \sum_{\xi\in\mathbb{Z}^n}(|\xi|^2-\lambda)u_\xi\psi(x,\xi)=0$$

なので $(|\xi|^2-\lambda)u_\xi=0$ $(\xi\in\mathbb{Z}^n)$. したがって $u_\xi=0$ $(\xi\in\mathbb{Z}^n)$. ゆえに $u=0$. ∎

問10 周期境界条件のもとでの方程式(1.17)はどのようなコンパクト多様体上の偏微分方程式と思えばよいか？

問11 ある $\xi\in\mathbb{Z}^n$ に対して $\lambda=|\xi|^2$ となる場合に方程式(1.17)を解いてみよ．

(b) Fourier 変換

任意の $\xi\in\mathbb{R}^n$ に対して，関数 $(2\pi)^{-n/2}\exp(ix\xi)$ は固有値問題

(1.19) $\qquad -\Delta u = \lambda u, \quad u\in H^2(\mathbb{R}^n)$

の固有関数にはならないが，固有関数とほぼ同等の役割を果たすことが以下のようにしてわかる．以下 $L^2(\mathbb{R}^n), C^\infty(\mathbb{R}^n),\cdots$ を $L^2, C^\infty,\cdots$ と略して書く．

まず，関数 $f\in C_0^\infty$ の Fourier 変換 $\mathcal{F}f(\xi)$（または $\widehat{f}(\xi)$）を次式で定義する：

(1.20) $\qquad \mathcal{F}f(\xi)=\widehat{f}(\xi)=(2\pi)^{-n/2}\int f(x)e^{-ix\xi}\,dx.$

ここで積分範囲は $\mathbb{R}^n$ 全体である．$\mathbb{R}^n$ 上の関数 $\widehat{f}(\xi)$ の性質を調べてみよう．$K=\mathrm{Supp}\,f$, $m\in\mathbb{N}$ として

$$\widehat{f}(\xi)=(2\pi)^{-n/2}(1+|\xi|^2)^{-m}\int_K[(1-\Delta)^m f(x)]e^{-ix\xi}\,dx$$

なので，$|K|$ をコンパクト集合 K の Lebesgue 測度として

$$|\widehat{f}(\xi)|\leq\left\{\sup_{x\in K}|(1-\Delta)^m f(x)|\,|K|\right\}(2\pi)^{-n/2}(1+|\xi|^2)^{-m}$$

が成り立つ．特に $m=n$ ととれば，$\widehat{f}(\xi)\in L^2$ がわかる．さらに，**Parseval の等式**

(1.21) $\qquad (\mathcal{F}f,\mathcal{F}g)=(f,g), \quad f,g\in C_0^\infty$

が成り立つことを示そう．$t>0$ とする．まず

(1.22) $\qquad (2\pi)^{-n}\int e^{-t|\xi|^2}e^{ix\xi}\,d\xi=(4\pi t)^{-n/2}e^{-|x|^2/4t}$

が成り立つ．実際，Fubini の定理と Cauchy の積分公式を用いて

$$\text{左辺} = \prod_{j=1}^{n} \frac{1}{2\pi} \int_{-\infty}^{\infty} \exp\left[-t\left(z - \frac{ix_j}{2t}\right)^2 - \frac{x_j^2}{4t}\right] dz = (4\pi t)^{-n/2} e^{-|x|^2/4t}.$$

また，次のことが成り立つ．

問 12 $\mathbb{R}^n$ 上一様に

(1.23) $$\lim_{t \to 0} \int (4\pi t)^{-n/2} e^{-|x-y|^2/4t} f(y) dy = f(x).$$

さて(1.21)の証明を続けよう．Lebesgue の収束定理，Fubini の定理，(1.22), (1.23)を用いて，

$$\begin{aligned}(\mathcal{F}f, \mathcal{F}g) &= \lim_{t \to 0} \int e^{-t|\xi|^2} \widehat{f}(\xi) \overline{\widehat{g}(\xi)} \, d\xi \\ &= \lim_{t \to 0} (2\pi)^{-n} \int e^{-t|\xi|^2} \left[\int f(y) e^{-iy\xi} \, dy \int \overline{g}(x) e^{ix\xi} \, dx\right] d\xi \\ &= \lim_{t \to 0} \int \left[\int (4\pi t)^{-n/2} e^{-|x-y|^2/4t} f(y) \, dy\right] \overline{g}(x) \, dx \\ &= \int f(x) \overline{g}(x) \, dx = (f, g).\end{aligned}$$

これで(1.21)が証明された．

$f \in L^2$ に対する Fourier 変換は，C_0^∞ に属する関数列 φ_j $(j=1,2,\cdots)$ で $\varphi_j \to f$ in L^2 $(j \to \infty)$ となるものを選んで

$$\widehat{f} = \lim_{j \to \infty} \widehat{\varphi}_j \quad \text{in } L^2$$

によって定義する．実際(1.21)により $\widehat{\varphi}_j$ $(j=1,2,\cdots)$ が L^2 における Cauchy 列になるから，その極限 $\widehat{f} \in L^2$ が存在し，その極限は f の近似列のとり方によらない．以下，$f \in L^2$ に対しても(1.20)と書くことにする．また，極限移行によって，Parseval の等式(1.21)は任意の $f, g \in L^2$ に対して成り立つ．同様にして，$h \in L^2$ に対して L^2-関数 $\mathcal{F}^*h$ を

(1.24) $$\mathcal{F}^*h(x) = (2\pi)^{-n/2}\int h(\xi)e^{i\xi x}\,d\xi$$

で定義する．このとき

(1.25) $$(\mathcal{F}^*h, g) = (h, \mathcal{F}g), \quad h, g \in L^2$$

が成り立つ．実際，$h, g \in C_0^\infty$ のときに Fubini の定理を用いて(1.25)を示してから極限をとればよい．(1.21)と(1.25)より，

$$(\mathcal{F}^*\mathcal{F}f, g) = (\mathcal{F}f, \mathcal{F}g) = (f, g), \quad f, g \in L^2.$$

したがって(問5参照)，$\mathcal{F}^*\mathcal{F}f = f$．同様に $\mathcal{F}\mathcal{F}^*h = h$．すなわち，$\mathcal{F}^*$ は $\mathcal{F}$ の逆変換である．$\mathcal{F}^*$ を**逆 Fourier 変換**と呼ぶ．$\mathcal{F}^*\mathcal{F}f = f$ を書き直すと

(1.26) $$f(x) = (2\pi)^{-n/2}\int \widehat{f}(\xi)e^{ix\xi}\,d\xi, \quad f \in L^2.$$

これを **Fourier の反転公式**という．これはまさしく(1.15)の連続版である．さて，f が可積分でもある(すなわち，$f \in L^1 \cap L^2$)場合を考えてみよう．(例えば，$f \in L^2$ かつ $\mathrm{Supp}\,f$ がコンパクトならば，$f \in L^1 \cap L^2$．) このとき $\lim_{j\to\infty}\|\varphi_j - f\|_p = 0$ $(p=1,2)$ を満たす C_0^∞ 関数列 φ_j $(j=1,2,\cdots)$ がとれるので，(1.20)が右辺を通常の Lebesgue 積分として成立し，

$$\|\widehat{f}\|_\infty \leqq (2\pi)^{-n/2}\|f\|_1.$$

さらに，Lebesgue の収束定理より，$\widehat{f} \in C^0(\mathbb{R}^n)$ であることもわかる．これより，$f \in L^2$ の Fourier 変換 $\widehat{f}$ は

$$\widehat{f}(\xi) = \lim_{N\to\infty}(2\pi)^{-n/2}\int_{|x|<N}f(x)e^{-ix\xi}\,dx \quad \text{in } L^2$$

と解釈できる．逆 Fourier 変換(1.24)，反転公式(1.26)についても同様である．

さて，Sobolev 空間 $H^k = H^k(\mathbb{R}^n)$，$k \in \mathbb{N}$，と Fourier 変換との関係を述べよう．まず，任意の $f \in C_0^\infty$ と多重指数 α $(|\alpha| \leqq k)$ に対して，

(1.27) $$\partial_x^\alpha f(x) = (2\pi)^{-n/2}\int \widehat{f}(\xi)(i\xi)^\alpha e^{ix\xi}\,d\xi,$$

(1.28) $$\|f\|_{H^k} = \left[\int \sum_{|\alpha|\leqq k}|\xi^\alpha|^2|\widehat{f}(\xi)|^2\,d\xi\right]^{1/2}.$$

これから，C_0^∞ は H^k で稠密なので，極限移行により上の等式が任意の $f \in H^k$ に対しても成り立つことがわかる．

定理 1.5 $k > n/2$ ならば，$f \in H^k$ の代表元として連続かつ有界なものがとれ，

(1.29) $$\|f\|_{L^\infty} \leqq C\|f\|_{H^k}, \quad f \in H^k$$

を満たす．ここで C は f に依存しない正定数である．

[証明] まず，(1.28)により正定数 C_1, C_2 が存在して

(1.30) $$C_1\|f\|_{H^k} \leqq \left[\int (1+|\xi|^2)^k |\widehat{f}(\xi)|^2\, d\xi\right]^{1/2} \leqq C_2\|f\|_{H^k}, \quad f \in H^k$$

が成り立つ．一方，$k > n/2$ ならば $(1+|\xi|^2)^{-k/2} \in L^2$. したがって Schwarz の不等式により

$$\widehat{f}(\xi) = (1+|\xi|^2)^{-k/2}[(1+|\xi|^2)^{k/2}\widehat{f}(\xi)] \in L^1 \cap L^2.$$

ゆえに，$f(x)$ を(1.26)によって定義すれば $f \in C^0$ で(1.29)が成り立つ． ∎

ここで，上で述べた事実を活用して方程式

(1.31) $$(-\Delta - \lambda)u = f, \quad u \in H^2$$

を解いてみよう．

定理 1.6 $\lambda \in \mathbb{C} \setminus [0, \infty)$ とする．任意の $f \in L^2$ に対して(1.31)の解 u がただ 1 つ存在して

(1.32) $$u(x) = (2\pi)^{-n/2} \int \frac{\widehat{f}(\xi)}{|\xi|^2 - \lambda} e^{ix\xi}\, d\xi$$

と表わされる．さらに，$f \in H^k$ $(k > n/2)$ ならばこの解は C^2 級関数として通常の微分の意味で(1.31)を満たす． □

問 13 定理 1.4 の証明にならって定理 1.6 の前半部分を示し，定理 1.5 を用いて後半部分を示せ．

問 14 定理 1.4 に関して，定理 1.6 の後半部分に対応するものを述べよ．

なお，図 1.2 は定理 1.4 と定理 1.6 でのパラメータ λ に関する除外集合（これは §2.7 で後述するスペクトルである）を対比して図示したものである．

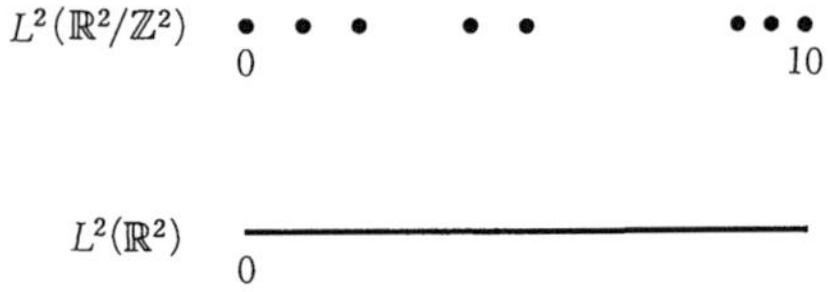

$$L^2(\mathbb{R}^2/\mathbb{Z}^2) \quad \bullet\bullet\bullet \quad \bullet\bullet \quad\quad\quad \bullet\bullet\bullet$$
$$\phantom{L^2(\mathbb{R}^2/\mathbb{Z}^2)}\ \ 0 10$$

$$L^2(\mathbb{R}^2) \quad \rule{8cm}{0.4pt}$$
$$\phantom{L^2(\mathbb{R}^2)}\ \ 0$$

図 1.2　除外集合

（c）　緩増加超関数の Fourier 変換

Fourier 変換の定義を
$$\partial_x^\alpha (x^\beta f(x)), \quad f \in L^1(\mathbb{R}^n)$$
のような超関数に拡張しておくと偏微分方程式を扱う際に有用である．$C^\infty(\mathbb{R}^n)$ に属する関数 φ で，任意の多重指数 α, β に対して $x^\beta \partial_x^\alpha \varphi(x) \in L^\infty$ を満たすものを**急減少 C^∞ 級関数**といい，その全体を $\mathcal{S} = \mathcal{S}(\mathbb{R}^n)$ と表わす．さて，超関数 $T \in \mathcal{D}'(\mathbb{R}^n)$ が $C_0^\infty(\mathbb{R}^n)$ より広い空間 $\mathcal{S}$ 上にまで線形汎関数として拡張され，§1.1(c) で述べた "連続性" 条件よりも強い次の条件を満たすとする：$\mathcal{S}$ の関数列 φ_j $(j=1,2,\cdots)$ が φ に $\mathcal{S}$ の位相で収束するならば（すなわち任意の多重指数 α, β に対して
$$\lim_{j\to\infty} \sup_{x\in\mathbb{R}^n} |x^\beta \partial_x^\alpha \varphi_j(x) - x^\beta \partial_x^\alpha \varphi(x)| = 0$$
ならば），$\lim_{j\to\infty}\langle T, \varphi_j\rangle = \langle T, \varphi\rangle$．このような超関数 T の全体を $\mathcal{S}' = \mathcal{S}'(\mathbb{R}^n)$ と書き，T を**緩増加超関数**という．T の Fourier 変換 $\mathcal{F}T = \widehat{T}$ を (1.25) を考慮して

(1.33) $$\langle \mathcal{F}T, \varphi\rangle = \langle T, \mathcal{F}\varphi\rangle, \quad \varphi \in \mathcal{S}$$

によって定義する．$\varphi \in \mathcal{S}$ ならば
$$\xi^\beta \partial_\xi^\alpha [\mathcal{F}\varphi(\xi)] = \mathcal{F}[(-i\partial_x)^\beta (-ix)^\alpha \varphi(x)]$$
より $\mathcal{F}\varphi \in \mathcal{S}$ であることに注意すれば，(1.33) によって $\mathcal{F}T$ が $\mathcal{S}'$ の元として定まることがわかる．同様にして，$\mathcal{F}^*T$ も定義する：$\langle \mathcal{F}^*T, \varphi\rangle = \langle T, \mathcal{F}^*\varphi\rangle$．このとき

(1.34) $$(\mathcal{F}^*\mathcal{F})T = T, \quad T \in \mathcal{S}'$$

が成り立つことがわかる．

§1.2 Fourier 級数と Fourier 変換 —— 19

問 15 $\delta(x)$ を Dirac のデルタ関数とすると, $\delta \in \mathcal{S}'$ であり $\mathcal{F}\delta = (2\pi)^{-n/2}$ が成立する. また, $1 \in \mathcal{S}'$ であり $\mathcal{F}^*1 = (2\pi)^{n/2}\delta(x)$ である.

例 1.7 $n \geqq 3$ とする. このとき

(1.35) $\quad (\mathcal{F}^*[(2\pi)^{-n/2}|\xi|^{-2}])(x) = [\pi^{-n/2}\Gamma(n/2)/2(n-2)]|x|^{2-n}$

を示そう. ここで Γ はガンマ関数である. $\varepsilon > 0$, $\varphi \in \mathcal{S}$ とする.

$$\langle \mathcal{F}^*[(2\pi)^{-n/2}|\xi|^{-2}e^{-\varepsilon|\xi|^2}], \varphi \rangle$$
$$= \iint (2\pi)^{-n}|\xi|^{-2}e^{-\varepsilon|\xi|^2}e^{ix\xi}\varphi(x)\,dxd\xi$$
$$= (2\pi)^{-n}\iint \left(\int_\varepsilon^\infty e^{-t|\xi|^2}\,dt\right)e^{ix\xi}\varphi(x)\,dxd\xi$$
$$= \int \left(\int_\varepsilon^\infty (4\pi t)^{-n/2}e^{-|x|^2/4t}\,dt\right)\varphi(x)\,dx$$
$$= \int \left(\int_0^{|x|^2/4\varepsilon} \pi^{-n/2}y^{n/2-2}e^{-y}\,dy/4\right)|x|^{2-n}\varphi(x)\,dx.$$

ここで 3 番目の等式を出すために (1.22) を用いた. $\varepsilon \to 0$ として, 求める式

$$\langle \mathcal{F}^*[(2\pi)^{-n/2}|\xi|^{-2}], \varphi \rangle = \int [\pi^{-n/2}\Gamma(n/2)/2(n-2)|x|^{2-n}]\varphi(x)\,dx$$

を得る. (1.35) の右辺の関数を $E(x)$ とおくと $-\Delta E(x) = \delta(x)$ が成り立つことがわかる. この E は $-\Delta$ の**基本解**(fundamental solution)と呼ばれる (§1.4 および例 1.2, 例 1.3 参照). □

(d) コンパクトな台を持つ超関数と合成積

T を領域 D 上の超関数とする. 開集合 $U \subset D$ への T の**制限**(restriction) T_U を

$$\langle T_U, \varphi \rangle = \langle T, \varphi \rangle, \quad \varphi \in C_0^\infty(U)$$

によって定義する. T の台 $\operatorname{Supp} T$ を

$$\operatorname{Supp} T = \{x \in D\,;\, x \text{ の任意の開近傍 } U \text{ に対して } T_U \neq 0\}$$

によって定義する. このとき $\operatorname{Supp} T$ は D の相対閉集合で, $T_{(D \setminus \operatorname{Supp} T)} = 0$ が成り立つ. 証明には**1 の分解**(partition of unity) を用いればよい ([金子,

§1.3], [Hö2]参照). さて，T は $\mathbb{R}^n$ 上のコンパクトな台を持つ超関数としよう. このとき，$\operatorname{Supp} T$ の近傍で 1 に等しい $C_0^\infty(\mathbb{R}^n)$ 関数 χ を選んで
$$\langle T, \varphi \rangle = \langle T, \chi\varphi \rangle, \quad \varphi \in \mathcal{S}$$
と定義して，T を $\mathcal{S}$ 上の連続な線形汎関数に拡張できる. すなわち，"$\operatorname{Supp} T$ がコンパクトならば $T \in \mathcal{S}'$" と見なせる.（Dirac のデルタ関数はその一例であった.）台がコンパクトな $T \in \mathcal{S}'$ の全体を $\mathcal{E}'$ と表わす. ここで $S \in \mathcal{D}' = \mathcal{D}'(\mathbb{R}^n)$, $T \in \mathcal{E}'$ の**合成積**(convolution, たたみ込み)$S * T$ を定義しておこう. まず関数 $\varphi, \psi \in \mathcal{S}$ に対しては
$$(\varphi * \psi)(x) = \int_{\mathbb{R}^n} \varphi(x-y)\psi(y)\, dy$$
と定義する. 次に，$S \in \mathcal{D}'$ と $\varphi \in C_0^\infty(\mathbb{R}^n)$ の合成積 $S * \varphi$ を
$$(1.36) \qquad (S * \varphi)(x) = \langle S(y), \varphi(x-y) \rangle_y$$
によって定義する.（$S \in \mathcal{S}'$ と $\varphi \in \mathcal{S}$ の合成積も同様に定義される.）ここで $\langle \cdot, \cdot \rangle_y$ は $\varphi(x-y)$ を y の関数とみて S を作用させるという意味である. x が点 x_0 のコンパクトな近傍 K を動くとき
$$\operatorname{Supp} \varphi(x-\cdot) \subset \operatorname{Supp} \varphi + K \equiv \{y+z;\, y \in \operatorname{Supp} \varphi,\, z \in K\}$$
であることに注意して
$$S * \varphi \in C^\infty(\mathbb{R}^n), \quad \partial_x^\alpha (S * \varphi) = S * \partial_x^\alpha \varphi, \quad \operatorname{Supp} S * \varphi \subset \operatorname{Supp} S + \operatorname{Supp} \varphi$$
を得る. そこで，$S \in \mathcal{D}'$, $T \in \mathcal{E}'$ の合成積 $S * T$ を
$$(1.37) \quad \langle S * T, \varphi \rangle = \langle S(x), \langle T(y), \varphi(x+y) \rangle_y \rangle_x, \quad \varphi \in C_0^\infty(\mathbb{R}^n)$$
によって定義する. この定義から
$$S * T = T * S, \quad \partial_x^\alpha (S * T) = (\partial_x^\alpha S) * T = S * (\partial_x^\alpha T),$$
$$\operatorname{Supp}(S * T) \subset \operatorname{Supp} S + \operatorname{Supp} T$$
が成り立つことが確かめられる.

問 16
 (1) $\varphi, \psi \in \mathcal{S}$ に対して，$\mathcal{F}(\varphi * \psi)(\xi) = (2\pi)^{n/2} \widehat{\varphi}(\xi) \widehat{\psi}(\xi)$.
 (2) $\varphi \in \mathcal{S}$, $S \in \mathcal{S}'$ に対しても
$$(1.38) \qquad \mathcal{F}(S * \varphi) = (2\pi)^{n/2} \widehat{\varphi} \widehat{S}.$$

ただし $\widehat{\varphi S}$ は次式によって定義する：$\langle \widehat{\varphi S}, \psi \rangle = \langle \widehat{S}, \widehat{\varphi}\psi \rangle$, $\psi \in \mathcal{S}$.

§1.3　初期値問題

まず，正規形の m 階常微分方程式

(1.39) $\quad u^{(m)}(t) = F(t, \mathrm{Re}\, u(t), \mathrm{Im}\, u(t), \cdots, \mathrm{Re}\, u^{(m-1)}(t), \mathrm{Im}\, u^{(m-1)}(t))$

に対する初期値問題を思い出してみよう．ここで，$u(t)$ は複素数値関数，$\mathrm{Re}\, u(t)$ および $\mathrm{Im}\, u(t)$ は $u(t)$ の実部および虚部，$u^{(j)}(t) = (d/dt)^j u(t)$，$F$ は $(2m+1)$ 実変数の複素数値関数である．さて"原点 $t=0$ の近傍で方程式(1.39)を満たす C^m 級の関数で初期条件

(1.40) $\qquad\qquad u^j(0) = u_j, \quad j = 0, \cdots, m-1$

を満たすものを求めよ"という初期値問題の解は存在してただ1つに限るだろうか？

定理 1.8　F は点 $(0, \mathrm{Re}\, u_0, \mathrm{Im}\, u_0, \cdots, \mathrm{Re}\, u_{m-1}, \mathrm{Im}\, u_{m-1}) \in \mathbb{R}^{2m+1}$ の近傍で C^1 級の複素数値関数とする．このとき $\mathbb{R}^1$ の原点の十分小さな近傍を選べばその近傍で C^m 級の初期値問題(1.39)，(1.40)の解がただ1つ存在する．　□

この局所的な**一意存在定理**は常微分方程式論の基礎であり，その証明法である Picard の**逐次近似法**は解析学において重要かつ基本的な手法・考え方の1つである．

問17　定理1.8を証明せよ．

では偏微分方程式に対しても同様の一意存在定理が成り立つだろうか？この節では線形偏微分方程式に対する**初期値問題**(initial value problem)

$$\text{(1.41)} \quad \begin{cases} Pu(x,t) \equiv \left[\partial_t^m + \displaystyle\sum_{j=0}^{m-1}\sum_{|\alpha|\leq m_j} a_{\alpha,j}(x,t)\partial_x^\alpha \partial_t^j\right] u(x,t) = f(x,t), \\ \partial_t^j u(x,0) = u_j(x), \quad j = 0, \cdots, m-1 \end{cases}$$

を考えてみよう．ここで $m \geq 1$, $m_j \geq 0$, $\partial_t = \partial/\partial t$，係数 $a_{\alpha,j}$ は $\mathbb{R}^{n+1}$ の原点の近傍 W で定義され $C^\infty(W)$ に属する複素数値関数とする．我々の問題は

"任意の
$$f \in C^\infty(W), \quad u_j \in C^\infty(W \cap \{t=0\}), \quad j=0,\cdots,m-1$$
に対して適当な原点の近傍 $D \subset W$ が存在して(1.41)を満たす解 $u \in C^\infty(D)$ が一意に存在するか？" である．偏微分方程式の場合，線形に限ってもこのように係数の滑らかさを仮定する（C^1 どころか C^∞ を仮定している）だけでは解の局所一意存在は保証されず，むしろこの問題を通して（波動方程式を典型とする）**双曲型方程式**という概念が浮かび上がってくるのである．

(a) 特性初期値問題と零解

初期値問題(1.41)では，初期平面 $\{t=0\}$ が偏微分作用素 P に対する特性面か非特性面かで本質的な違いがある．初期平面が偏微分作用素に対する特性面のとき，(1.41)を**特性初期値問題**(characteristic initial value problem)と呼ぶ．

まず2変数の熱方程式に対する次の初期値問題
$$(1.42) \qquad (\partial_t - \partial_x^2)u(x,t) = 0, \quad u(x,0) = 0$$
を考えてみよう．§1.1(d)で見たように，初期平面 $\{t=0\}$ は拡散作用素 $\partial_t - \Delta$ の特性面である．この初期値問題にはもちろん恒等的に 0 というトリヴィアルな解があるが，実はその他にも解が存在する．

例1.9 $a > 0$ に対して，$(x,t) \in \mathbb{R}^2$ の関数
$$(1.43) \quad u_a(x,t) = \int_{-\infty}^{\infty} \exp\{t(a+i\eta) + x(a+i\eta)^{1/2} - (a+i\eta)^{2/3}\} d\eta$$
は(1.42)のトリヴィアルでない解であることを示そう．ここで $(a+i\eta)^\gamma$（$\gamma = 1/2$ または $2/3$）の分枝は
$$\mathrm{Re}(a+i\eta)^\gamma = |\eta|^\gamma \cos\left(\frac{\gamma\pi}{2}\right)\{1+o(1)\} \quad (|\eta| \to \infty)$$
となるように選ぶ．このように選べば(1.43)の積分は絶対収束する．さらに Cauchy の積分定理を用いて，u_a が実は a に依存しない関数であることもわかる．そこで $u = u_a$ と書こう．さらに積分記号下での微分に関する Lebesgue の定理を適用して，$u \in C^\infty(\mathbb{R}^2)$ を得る．特に，$a+i\eta - [(a+i\eta)^{1/2}]^2 = 0$ に注

意すれば, u が熱方程式の解であることがわかる. さて, $t<0$ ならば
$$u(x,t) = \lim_{a\to\infty} u_a(x,t) = 0.$$
最後に $u(0,t) \not\equiv 0$ を示そう. $v(t) = u(0,t)$ とおく. Parseval の等式により,
$$\int_0^\infty |v(t)e^{-at}|^2 dt = 2\pi \int_{-\infty}^\infty \left|\exp\{-(a+i\eta)^{2/3}\}\right|^2 d\eta.$$
したがって $v \not\equiv 0$. さらに $\delta = \inf(\operatorname{Supp} v)$ とおいて, 上の等式より次の不等式を得る.
$$e^{-2a\delta} \int_0^\infty |v(t)|^2 dt \geqq 2\pi \exp(-2a^{2/3}) \int_{-\infty}^\infty \exp(-2|\eta|^{2/3}) d\eta.$$
ここで $|(-a+i\eta)^{2/3}| \leqq a^{2/3} + |\eta|^{2/3}$ を用いた. したがって, 正定数 B を適当に定めて次式を得る:
$$\delta \leqq a^{-1/3} - (\log B)/(2a).$$
ここで $a \to \infty$ として, $\delta = 0$ を得る. 以上まとめると, u は $C^\infty(\mathbb{R}^2)$ に属する熱方程式の解であって, $(0,0) \in \operatorname{Supp} u \subset \{t \geqq 0\}$. □

問 18 上の証明で省略した細かい計算を確認せよ. 例えば, $u = u_a$ ($a>0$), $u \in C^\infty(\mathbb{R}^2)$, 正定数 $B = ?$ など.

さて, (1.41) における偏微分作用素 P の係数 $a_{\alpha,j}$ は定数と仮定しよう. このとき初期平面 $\{t=0\}$ が P に対する特性面ならば, すなわち
$$M \equiv \max\{|\alpha|+j\,;\,a_{\alpha,j} \neq 0\} > m$$
ならば, 熱方程式に対する例 1.9 と同様にして次の結論が得られる.

定理 1.10 初期平面 $\{t=0\}$ は定数係数偏微分作用素 P の特性面とする. このとき $u \in C^\infty(\mathbb{R}^{n+1})$ が存在して次を満たす:
$$Pu(x,t) = 0, \quad (x,t) \in \mathbb{R}^{n+1}; \quad (0,0) \in \operatorname{Supp} u \subset \{(x,t)\,;\,t \geqq 0\}.$$
もちろん, $\partial_t^j u(x,0) = 0$, $j = 0, \cdots, m-1$, かつ $n \not\equiv 0$ である. □

証明には表象
$$p(\tau,\xi) = (i\tau)^m + \sum_{j=0}^{m-1} \left[\sum_{|\alpha| \leqq m_j} a_{\alpha,j}(i\xi)^\alpha\right](i\tau)^j$$

の複素零点の性質を用いる．詳細については[金子, 定理 6.1], [Hö1]等を参照されたい．

Hörmander はこの定理の与える解を**零解**(null solution)と名づけた．零解の存在は，初期平面が特性的ならば初期値問題の局所(的な)解は一意に定まらないこと(**非一意性**)を示している．では初期平面が非特性的(初期平面の各点での法線が特性方向ではない)ならばどうだろうか？　次の定理はこの節の(c)項で述べる Holmgren の定理の系である．

定理 1.11　初期平面 $\{t=0\}$ は定数係数偏微分作用素 P に対して非特性的であるとする．このとき P に対する初期値問題(1.41)の局所解は存在したとすればただ 1 つである(**一意性**)．　　□

(b)　双曲型作用素

定数係数偏微分作用素 P に対して，初期平面が非特性的の場合には定理 1.11 により一意性は保証されたが，局所解の存在はどうだろうか？

例 1.12　$P=\partial_t^2+\partial_x^2$，すなわち，$P$ を 2 変数の Δ とする．u を原点の近傍で $Pu=0$ を満たす C^∞ 級の関数とする．このときこの近傍に含まれる原点を中心とする小さな開円板上の正則関数 $U(z)$, $z=t+ix$, が存在して
$$u(x,t)=\operatorname{Re}U(z)$$
と表わされる([カルタン]参照)．したがって $u(x,t)$ はその円板上で実解析的であり，$u(x,0)$ と $\partial_t u(x,0)$ はともに実解析的でなければならない．ゆえに原点のどんな近傍でも実解析的でないような C^∞ 級の関数 $u_0(x)$ と $u_1(x)$ を初期値として選ぶと初期値問題 "$(\partial_t^2+\partial_x^2)u(x,t)=0$, $\partial_t^j u(x,0)=u_j(x)$, $j=0,1$" の解は存在しない．　　□

例 1.13　$a,b \in \mathbb{R}$ として $P=\partial_t+(a+ib)\partial_x$ とする．まず $b \neq 0$ の場合を考えよう．$Pu=0$ ならば
$$[(\partial_t+a\partial_x)^2+b^2\partial_x^2]u(x,t)=0$$
なので，座標変換により例 1.12 の場合に帰着され，初期値 $u(x,0)$ が実解析的でなければ解は存在しない．($a=0$ かつ $b=1$ の場合は $Pu=0$ の解は正則関数だから，$u(x,0)$ が実解析的であるのは当然である．) $b=0$ の場合は，

$u(x,t) = u_0(x-at)$ が初期値問題 "$Pu=0, u(x,0)=u_0(x)$" の解である. □

例 1.14 $P = \partial_t^2 - \Delta$ とする. 2変数の場合は, $\partial_t^2 - \partial_x^2 = (\partial_t - \partial_x)(\partial_t + \partial_x)$ と分解されるので初期値問題は容易に解ける. 3変数以上の場合を Fourier 変換を用いて扱ってみよう. 原点の近傍で 1 に等しい C_0^∞ 級の関数を $u_0(x)$, $u_1(x), f(x,t)$ に掛けたものを考えることにより, はじめから u_0, u_1, f の台はコンパクトと仮定してもよい. そこで, 初期値問題

$$\begin{cases} \partial_t^2 u(x,t) = \Delta u(x,t) + f(x,t), & (x,t) \in \mathbb{R}^n \times (-T, T), \\ u(x,0) = u_0(x), \quad \partial_t u(x,0) = u_1(x), & x \in \mathbb{R}^n \end{cases}$$

を解こう. ここで, $T>0$ である. x に関する Fourier 変換により, 次の常微分方程式に対する初期値問題

$$\begin{cases} \dfrac{d^2}{dt^2}\widehat{u}(\xi,t) = -|\xi|^2 \widehat{u}(\xi,t) + \widehat{f}(\xi,t), \\ \widehat{u}(\xi,0) = \widehat{u}_0(\xi), \quad \dfrac{d}{dt}\widehat{u}(\xi,0) = \widehat{u}_1(\xi) \end{cases}$$

がうまく解ければよい. 代数方程式 $\lambda^2 = -|\xi|^2$ の根が $\pm i|\xi|$ であることに注意して,

$$\widehat{u}(\xi,t) = (\cos|\xi|t)\widehat{u}_0(\xi) + \frac{\sin|\xi|t}{|\xi|}\widehat{u}_1(\xi) + \int_0^t \frac{\sin|\xi|(t-s)}{|\xi|}\widehat{f}(\xi,s)ds.$$

右辺を ξ の関数とみると, これは急減少 C^∞ 級関数であることが確かめられる. したがって $u(x,t) = (2\pi)^{-n/2}\int \widehat{u}(\xi,t)e^{ix\xi}d\xi$ とおけば, これがまさしく初期値問題の解である. この解法では, $\partial_t^2 - \Delta$ の表象 $p(\tau,\xi) = -\tau^2 + |\xi|^2$ であり, $p(-i\lambda,\xi) = 0$ の λ に関する根が純虚数であることが重要であった. □

これらの例を通して, 読者は一般に次の定理が成立すると予想できるだろうか?

定理 1.15 定数係数偏微分作用素 $P = p(-i\partial_t, -i\partial_x)$ に関する初期値問題 (1.41) の解が局所的に一意に存在するための必要十分条件は, P が t 方向に**双曲型**(hyperbolic)である(次の2条件を満足する)ことである.

(H1) $(0,1) \in \mathbb{R}^{n+1}$ は P の特性方向ではない(すなわち, $m_j + j \leqq m$).

(H2)　λ に関する代数方程式
$$p(-i\lambda,\xi) \equiv \lambda^m + \sum_{j=0}^{m-1}\left(\sum_{|\alpha|\leq m_j} a_{\alpha,j}(i\xi)^\alpha\right)\lambda^j = 0, \quad \xi \in \mathbb{R}^n$$
の根を $\lambda_j(\xi)$ $(j=1,\cdots,m)$ とすると，正定数 C が存在して
$$|\mathrm{Re}\,\lambda_j(\xi)| \leq C, \quad \xi \in \mathbb{R}^n, \quad j = 1,\cdots,m$$
が成り立つ． □

この定理の十分性の証明は後述の定理 1.25 の証明と同様である．しかし必要性の証明には岡本・中村著『関数解析』(岩波書店，2006)で解説される**閉グラフ定理**がさらに必要である．すなわち，閉グラフ定理により，解の一意存在から必然的に解が初期データ $(u_0,\cdots,u_{m-1})$ に連続的に依存することが示され，定理 1.25 の必要性の証明が適用できるのである．(詳細は，[溝畑，4 章 4, 5 節]参照.)

(c) Cauchy–Kowalewski の定理

初期平面 $\{t=0\}$ は (1.41) での作用素 P に対して非特性的 $(m_j+j\leq m)$ としよう．初期値問題 (1.41) が C^∞ 級の関数 f, u_j を任意に与えて解けるためには P の表象に対して何らかの条件が必要であった(少なくとも P が定数係数の場合には)．では，f や u_j が実解析的ならばどうだろうか？（例 1.12 および 1.13 を想起せよ.) Cauchy と Kowalewski は 19 世紀後半，この問に対して非線形連立偏微分方程式をも含む形で肯定的な答を与えた．(歴史的には(b)で述べた結果は 20 世紀に入ってから Hadamard, Petrowsky, Gårding らによって得られたものである.) ここでは線形単独の場合に限って Cauchy–Kowalewski の定理を述べよう．

定理 1.16 偏微分作用素 P の係数 $a_{\alpha,j}$ は原点の近傍で実解析的とし，初期平面 $\{t=0\}$ は非特性的 $(m_j+j\leq m)$ とする．このとき任意の原点の近傍 V に対して次の性質を持つ原点の近傍 W が存在する：任意の $f, u_j \in C^\omega(V)$, $j=0,\cdots,m-1$, に対して $u \in C^\omega(W)$ がただ 1 つ存在して，
$$\begin{cases} Pu(x,t) = f(x,t), \quad (x,t) \in W, \\ \partial_t^j u(x,0) = u_j(x), \quad x \in W \cap \{t=0\}, \quad j=0,\cdots,m-1 \end{cases}$$

を満たす. □

証明はまずベキ級数に展開される解 u があるとして u のベキ級数展開を決める (この u を**形式解**という). 実際, α を任意の多重指数として, 初期条件より $\partial_x^\alpha \partial_t^j u(0,0)$, $j=0,\cdots,m-1$, が決まり, 方程式を逐次偏微分して $\partial_x^\alpha \partial_t^j u(0,0)$, $j=m,m+1,\cdots$, が決まる. 次に**優級数**の方法 (シリーズ『現代数学への入門』の神保道夫著「複素関数入門」(岩波書店, 2003) 参照) によりこのベキ級数が実際に収束し真の解になることを示す. その際, 解の収束半径が (P を固定して考えたとき) f と u_j の収束半径のみによって決まるのである. 特性初期値問題の場合には, 形式解が求まったとしても収束するとは限らない (以下の例 1.17 参照). 定理 1.16 の証明の詳細については, [溝畑], [ペトロ] を参照されたい.

問 19 $c \in \mathbb{C}$ とする. 次の初期値問題を解け.
$$(\partial_t + c\partial_x)u(x,t) = 0, \quad u(x,0) = x^k, \quad k=0,1,\cdots.$$

例 1.17 特性初期値問題 "$(\partial_t - \partial_x^2)u(x,t)=0$, $u(x,0)=\psi(x)$" の形式解を求め, その収束・発散を検討してみよう. $\partial_t^j u(x,t) = \partial_x^{2j} u(x,t)$ なので, 形式解は
$$u(x,t) = \sum_{j=0}^{\infty} \frac{\psi^{(2j)}(x)}{j!} t^j$$
の右辺をさらに x について Taylor 展開したものである. まず, $\psi(x) = x^{2k}$ ($k=0,1,\cdots$) の場合を考えてみよう. このとき形式解
$$u(x,t) = \sum_{j=0}^{k} \frac{(2k)!}{j!(2k-2j)!} x^{2k-2j} t^j$$
はもちろん収束する. では $\psi(x) = a/\pi(a^2+x^2)$ ($a>0$) の場合はどうだろうか? このとき
$$\psi(x) = \frac{1}{\pi a} \sum_{k=0}^{\infty} (-1)^k \left(\frac{x}{a}\right)^{2k}, \quad |x| < a$$
と Taylor 展開されるので,

$$u(0,t) = \sum_{j=0}^{\infty} \frac{1}{\pi a} \frac{(2j)!}{j!} \left(\frac{-t}{a^2}\right)^j.$$

まず $(2j)!/j! \geq j!$ に注意する．さて，任意の $t<0$ に対して自然数 N で $-t/a^2 > 1/N$ を満たすものを選ぼう． $j>N$ ならば $j! > N^j[(N-1)!/N^{N-1}]$ なので，

$$\frac{1}{\pi a} \frac{(2j)!}{j!} \left(\frac{-t}{a^2}\right)^j > \frac{(N-1)!}{N^{N-1}}, \quad j > N.$$

したがって形式解は点 $(0,t)$（ただし $t<0$）で発散する． □

さて，Cauchy–Kowalewski の定理を応用して得られる **Holmgren の定理**を述べよう．

定理 1.18（Holmgren） m 階偏微分作用素 P の係数は原点の近傍で実解析的とし，初期平面は非特性的とする． $f(x,t)$ は原点の近傍で連続， $u_j(x)$ は原点の近傍で C^{m-j} 級の関数とする． $\varepsilon > 0$ に対して

$$D_\varepsilon = \{(x,t) \in \mathbb{R}^{n+1}; |x|^2 + |t| < \varepsilon\}$$

とおく．このとき次の性質を持つ $\varepsilon_0 > 0$ が存在する：任意の $0 < \varepsilon < \varepsilon_0$ に対して初期値問題

$$\begin{cases} Pu(x,t) = f(x,t), & (x,t) \in D_\varepsilon, \\ \partial_t^j u(x,0) = u_j(x), & x \in D_\varepsilon \cap \{t=0\}, \quad j=0,\cdots,m-1 \end{cases}$$

の解 $u \in C^m(D_\varepsilon)$ は存在するとすればただ1つである．

［証明］ 2つの解 $u,v \in C^m(D_\varepsilon)$ があったとして $w = u-v$ とおくと， w は斉次方程式 " $Pw(x,t)=0$, $\partial_t^j w(x,0)=0$, $j=0,\cdots,m-1$ " の解である．

(1.44) $\qquad w(x,t) = 0, \quad (x,t) \in D_\varepsilon \cap \{t \geq 0\}$

を示そう．（ $D_\varepsilon \cap \{t \leq 0\}$ 上で $w=0$ となることも同様にして示せる．）あらためて

$$u(x,t) = \begin{cases} w(x,t), & (x,t) \in D_\varepsilon \cap \{t \geq 0\}, \\ 0, & (x,t) \in D_\varepsilon \cap \{t < 0\} \end{cases}$$

とおくと， $u \in C^m(D_\varepsilon)$ であって

§1.3 初期値問題

$$Pu(x,t) = 0, \quad (x,t) \in D_\varepsilon, \quad \mathrm{Supp}\, u \subset D_\varepsilon \cap \{t \geqq 0\}.$$

Holmgren 変換と呼ばれる変数変換 "$y = x,\ s = t + |x|^2$" を行なうと（図 1.3），$\partial_t = \partial_s,\ \partial_x = \partial_y + 2y\partial_s$ より関数 $v(y,s) = u(y, s-|y|^2)$ は次の形の方程式を満たす：

$$\left\{ b_0(y,s)\partial_s^m + \sum_{l=0}^{m-1} \left(\sum_{|\beta| \leq m-l} b_{\beta,l}(y,s)\partial_y^\beta \right) \partial_s^l \right\} v(y,s) = 0,$$

$$b_0(y,s) = 1 + \sum_{j+|\alpha|=m,\ j<m} a_{\alpha,j}(y, s-|y|^2)(2y)^\alpha.$$

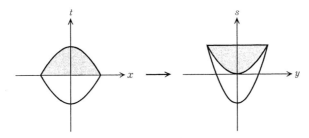

図 1.3 Holmgren 変換

D_ε および $D_\varepsilon^+ = D_\varepsilon \cap \{t > 0\}$ の Holmgren 変換による像を Ω_ε および Ω_ε^+ と書こう．$\varepsilon_1 > 0$ を十分小さく選んで，$0 < \varepsilon < \varepsilon_1$ ならば $\overline{\Omega_\varepsilon}$ 上で $b_0(y,s) \neq 0$ とする．$b_0(y,s)$ で割算をして

$$Qv(y,s) \equiv \left\{ \partial_s^m + \sum_{l=0}^{m-1} \sum_{|\beta| \leq m-l} c_{\beta,l}(y,s) \partial_y^\beta \partial_s^l \right\}, \quad v(y,s) = 0, \quad (y,s) \in \Omega_\varepsilon$$

と書ける．ここで $c_{\beta,l} = b_{\beta,l}/b_0$ は Ω_ε で C^ω 級の関数である．さて，Q の**転置作用素** ${}^tQ$ を

$${}^tQ = (-\partial_s)^m + \sum_{l=0}^{m-1} \sum_{|\beta| \leq m-l} (-\partial_s)^l (-\partial_y)^\beta c_{\beta,l}(y,s)$$

によって定義しよう．次に ε_0 $(0 < \varepsilon_0 < \varepsilon_1)$ を次の条件を満たすように選ぶ：$0 < \lambda < \varepsilon < \varepsilon_0$ ならば，任意の多項式 $p(y)$ に対して初期値問題

$$\begin{cases} {}^tQ\psi(y,s)=0, \quad (y,s)\in\Omega_\varepsilon, \\ \partial_s^j\psi(y,\lambda)=0, \quad j=0,\cdots,m-2, \quad \partial_s^{m-1}\psi(y,\lambda)=p(y), \quad (y,\lambda)\in\Omega_\varepsilon \end{cases}$$

の解 $\psi\in C^\omega(\Omega_\varepsilon)$ が存在する．定理 1.16 によってこのような ε_0 の存在は保証される．このとき

$$\int_{\Omega_\varepsilon\cap\{s\leqq\lambda\}}\{v^tQ\psi-\psi Qv\}dyds=0$$

である．ここで $v\in C^m(\Omega_\varepsilon)$ が Ω_ε^+ の外側で 0 であることに注意して，左辺の積分を部分積分によって計算すると

$$\int_{\Omega_\varepsilon^+\cap\{s=\lambda\}}(-1)^m v(y,\lambda)p(y)dy=0$$

を得る．**Weierstrass** の多項式近似定理により $\overline{v}\in C^0(\overline{\Omega_\varepsilon^+}\cap\{s=\lambda\})$ に一様収束する多項式の列が存在するので，

$$\int_{\Omega_\varepsilon^+\cap\{s=\lambda\}}|v(y,\lambda)|^2 dy=0$$

が示せる．したがって $\Omega_\varepsilon\cap\{s=\lambda\}$ 上で $v=0$．$0<\lambda<\varepsilon$ は任意だったので，Ω_ε 上で $v=0$．これで (1.44) が示せた．

さて，関数 $\varphi\in C^\infty(D)$ が領域 D で**実解析的**であるための必要十分条件は"任意のコンパクト集合 $K\subset D$ に対して正定数 B,C が存在して，任意の多重指数 α に対して次の評価

$$\sup_{x\in K}|\partial_x^\alpha\varphi(x)|\leqq CB^{|\alpha|}\alpha!$$

が成り立つ"ことである．これは，D の各点での Taylor 展開の収束と実解析性とが同値であることから容易に導かれる．$\gamma>1$ として，この評価を少し弱めた評価式

(1.45) $$\sup_{x\in K}|\partial_x^\alpha\varphi(x)|\leqq CB^{|\alpha|}(\alpha!)^\gamma$$

を満たす関数 $\varphi\in C^\infty(D)$ を D で **Gevrey 級** γ の関数という．

例 1.19 $\sigma>0$ とする．$\mathbb{R}^1$ 上の関数

§1.3 初期値問題 —— 31

$$\varphi(t) = \begin{cases} \exp(-1/t^\sigma), & t > 0, \\ 0, & t \leqq 0 \end{cases}$$

は Gevrey 級 $1+1/\sigma$ の関数であることを示そう. $(0,\infty)$ 上の関数 $\varphi(t)$ を $\{z \in \mathbb{C};\ \mathrm{Re}\, z > 0\}$ に正則に拡張する. $k=0,1,\cdots$, $t>0$, $\varepsilon = t/(\sigma+1)$ とする. Cauchy の不等式により

$$|\varphi^{(k)}(t)| \leqq \left| \frac{k!}{2\pi i} \int_{|z-t|=\varepsilon} \frac{\varphi(z)dz}{(z-t)^{k+1}} \right| \leqq \frac{k!}{\varepsilon^k} \sup_{|z-t|=\varepsilon} |\varphi(z)|$$
$$= \frac{k!}{\varepsilon^k} \sup_{|z-t|=\varepsilon} \exp[-\cos(\sigma \arg z)/|z|^\sigma].$$

ここで, $\cos(\sigma \arg z) \geqq \cos(\sigma \tan[\arg z]) \geqq \cos(\sigma/\sqrt{\sigma^2+2\sigma}) \geqq \cos 1$. したがって,

$$|\varphi^{(k)}(t)| \leqq k!(\sigma+1)^k t^{-k} \exp\left\{-t^{-\sigma}\left(\frac{\sigma+1}{\sigma+2}\right)^\sigma \cos 1\right\}.$$

不等式 $X^{k/\sigma} e^{-X} \leqq (k/\sigma e)^{k/\sigma}$ $(X>0)$ より,

$$|\varphi^{(k)}(t)| \leqq k![(\sigma+2)/(\sigma e \cos 1)^{1/\sigma}]^k k^{k/\sigma}.$$

ここで不等式 $k! \geqq k^k e^{-k}$ を用いて求める評価を得る. □

問 20 $k! \geqq k^k e^{-k}$ を示せ. ただし, $0^0 = 1$ と約束する.

定数係数偏微分作用素 P に対する非特性初期値問題は, 実解析的初期値を与えれば局所的に解が存在するが C^∞ 級の関数を初期値として与えて局所解を持つためには P は双曲型でなければならなかった. 上で導入した Gevrey 級 γ の関数は, C^ω 級と C^∞ 級の関数の間を橋わたしするもので, P が双曲型でなくとも初期値を Gevrey 級 γ の関数に制限すれば初期値問題が解けることがある.

例 1.20 $1 < \gamma < 2$ とする. $\varphi(t)$ を $\mathbb{R}^1$ 上で Gevrey 級 γ の関数とし

$$u(x,t) = \sum_{j=0}^{\infty} \frac{\varphi^{(j)}(t)}{(2j)!} x^{2j}$$

とおく.このとき任意のコンパクト集合 $K \subset \mathbb{R}^1$ に対し定数 C, B が存在して

$$\sup_{t \in K} \frac{|\varphi^{(j)}(t)|}{(2j)!} \leq \frac{CB^j(j!)^\gamma}{(j!)^2} = CB^j(j!)^{\gamma-2}$$

なので,この級数および各項を項別微分して得られる級数は $\mathbb{R}^2$ のコンパクト部分集合上で一様収束し,$u \in C^\infty(\mathbb{R}^2)$. さらにこの関数 u は初期値問題

$$\begin{cases} (\partial_x^2 - \partial_t)u(x, t) = 0, \\ u(0, t) = \varphi(t), \quad \partial_x u(0, t) = 0 \end{cases}$$

の解であることがわかる.(与えられた級数がちょうど形式解の形をしていることに注意してほしい.)また,$\lambda^2 - i\xi = 0$ の根 $\lambda_\pm(\xi) = \pm\sqrt{i\xi}$ について

$$\operatorname{Re}\lambda_\pm(\xi) = \sqrt{|\xi|/2} \quad \text{または} \quad -\sqrt{|\xi|/2}$$

なので $\partial_x^2 - \partial_t$ は x 方向に双曲型ではない.面白いことに,この方法は例 1.7 で述べた熱方程式の零解のもう1つの構成法を与えている.実際 φ として特に例 1.19 の関数(ただし $\sigma > 1$)を選べば,$(0, 0) \in \operatorname{Supp} u \subset \{(x, t); t \geq 0\}$.

§1.4 解の正則性

偏微分方程式を扱う際には,どのような関数空間で方程式を考えるのかにより問題の質が違ってくることはすでに学んだ.本節では解の滑らかさについて考えてみよう.

正規形の m 階線形常微分方程式

$$u^{(m)}(t) = \sum_{j=0}^{m-1} a_j(t)u^{(j)}(t) + f(t)$$

の C^m 級の解 u はどのような滑らかさを持つだろうか? 関数 $a_j(t), f(t)$ が $t = 0$ の近傍で C^k 級 $(k = 0, 1, \cdots, \infty)$ ならば,数学的帰納法により,解 u は C^{m+k} 級であることを示すのは容易であろう.さらに,Cauchy–Kowalewski の定理と初期値問題の一意性により,$a_j(t), f(t)$ が C^ω 級ならば解 u も C^ω 級である.しかし偏微分方程式では事情が異なる.波動方程式

$$(\partial_t^2 - \partial_x^2)u(x, t) = 0$$

を見てみよう. $g \in C^2(\mathbb{R}^1) \setminus C^3(\mathbb{R}^1)$ ならば, $u(x,t) = g(x-t)$ は C^2 級の解であるがそれ以上の滑らかさは持たない. つまり波動方程式に関しては, 方程式を満たしているということから自動的に解の滑らかさが従うことはなく, 時刻 $t=0$ で持っていた**特異性**が時刻 $t>0$ にそのま**伝播**してゆく. これは波の伝播現象を記述する**双曲型方程式**(波動方程式はその典型である)特有の性質である.

問 21 $g(x) = x/|x|$ $(x \neq 0)$, $g(0) = 0$ とする. $u(x,t) = g(x-t)$ が超関数として波動方程式を満たすことを確かめよ.

では, どのような偏微分方程式が常微分方程式と類似の性質を持つのだろうか? この問題と答を明確に述べるための準備をしよう. P を C^∞ 級係数の m 階線形偏微分作用素

$$P = p(x, -i\partial_x) = \sum_{|\alpha| \leq m} b_\alpha(x)(-i\partial_x)^\alpha$$

とする. すなわち, $p(x, \xi) = \sum_{|\alpha| \leq m} b_\alpha(x) \xi^\alpha$ は x を固定すると ξ の m 次多項式であり, $b_\alpha(x)$ は考えている領域 D 上の C^∞ 級関数である. このとき P の**転置作用素** ${}^t P$ を

(1.46) $$^t P = \sum_{|\alpha| \leq m} (i\partial_x)^\alpha b_\alpha(x)$$

によって定義する. (Holmgren の定理の証明ですでに転置作用素を用いたことを思い出そう.) 特に, P が定数係数偏微分作用素のとき ($P = p(-i\partial_x)$) には, ${}^t P$ の表象は $p(-\xi)$ である. さて, 超関数 $u, f \in \mathcal{D}'(D)$ が方程式 $Pu = f$ を満たすとは

(1.47) $$\langle u, {}^t P \varphi \rangle = \langle f, \varphi \rangle, \quad \varphi \in C_0^\infty(D)$$

が成り立つことであると定義する. ここで

$$^t P \varphi = \sum_{|\alpha| \leq m} (i\partial_x)^\alpha (b_\alpha(x) \varphi(x)) \in C_0^\infty(D)$$

なので(1.47)の左辺の値が各 φ に対して定まることに注意されたい．さて，任意の開部分集合 $U \subset D$ に対して $f \in C^\infty(U)$ ならば $Pu = f$ の超関数解 u が必然的に $C^\infty(U)$ に属するとき，P を**準楕円型**(hypoelliptic)作用素という．以下，P が定数係数偏微分作用素の場合に限って準楕円性の必要十分条件を考察してみよう．まず，$P = p(-i\partial_x)$ の基本解 E を用いて解 u を表現する公式を求める．ここで超関数 $E \in \mathcal{D}'(\mathbb{R}^n)$ が P の**基本解**とは

$$PE(x) = \delta(x)$$

を満たすことである．相対コンパクトな領域 D_1 と D_2 を $\overline{D_1} \subset D_2 \subset \overline{D_2} \subset D$ を満たすように選ぶ．原点中心の球 B を十分小さく選んで

$$D_1 \pm B = \{x \pm y\,;\, x \in D_1,\, y \in B\} \subset D_2$$

を満たすようにする．$\chi \in C_0^\infty(B)$ は原点の近傍で 1 に等しいとする．このとき $Pu = f$ の超関数解 $u \in \mathcal{D}'(D)$ の D_1 への制限 u_{D_1} は §1.2(d) で述べた合成積を用いて

(1.48) $$u_{D_1} = P[(1-\chi)E] * u + (\chi E) * f$$

と表現される([Fr1, p.302])．実際，ψ を D_2 上で 1 に等しい $C_0^\infty(D)$ 関数とすると，$\varphi \in C_0^\infty(D_1)$ に対して

$$\langle p(-i\partial_x)(\chi E) * \psi u,\, \varphi \rangle = \langle \chi E * p(-i\partial_x)(\psi u),\, \varphi \rangle = \langle \chi E * f,\, \varphi \rangle.$$

ここで $\varphi(x)(\chi E)(x-y)$ の y に関する台は $D_1 - B$ に含まれることを用いた．同様にして

$$\langle p(-i\partial_x)[(1-\chi)E] * \psi u,\, \varphi \rangle = \langle p(-i\partial_x)[(1-\chi)E] * u,\, \varphi \rangle.$$

さらに，$\psi u = \delta * \psi u = p(-i\partial_x)E * \psi u$．これで等式(1.48)が証明された．

例 1.21 $\mathbb{R}^n$ 上の関数

(1.49) $$E(x) = \begin{cases} -\omega_n^{-1} \log|x|, & n = 2, \\ [\omega_n(n-2)]^{-1}|x|^{2-n}, & n \geq 3 \end{cases}$$

は $-\Delta$ の基本解である：

(1.50) $$-\Delta E(x) = \delta(x).$$

ただし $\omega_n = 2\pi^{n/2}/\Gamma(n/2)$ は $(n-1)$ 次元単位球面の面積である．$n = 2$ のときは例 1.3 で(1.50)を示したが，まったく同様にして $n \geq 3$ のときも示せる．

§1.4 解の正則性 —— 35

または Fourier 変換を用いて(1.50)を示すこともできる(例 1.7). $E(x) \in C^\infty(\mathbb{R}^n \setminus \{0\})$ なので，公式(1.48)を用いればただちに
$$-\Delta u(x) = f(x) \in C^\infty(D)$$
の超関数解 $u \in C^\infty(D)$ がわかる．すなわち，$-\Delta$ は準楕円型である． □

例 1.22 $\mathbb{R}^{n+1}$ 上の関数

$$(1.51) \qquad E(x,t) = \begin{cases} (4\pi t)^{-n/2} \exp(-|x|^2/4t), & t > 0, \\ 0, & t \leq 0 \end{cases}$$

は $\partial_t - \Delta_x$ の基本解である：

$$(1.52) \qquad (\partial_t - \Delta_x) E(x,t) = \delta(x) \delta(t).$$

ここで, $\langle \delta(x)\delta(t), \varphi(x,t) \rangle = \varphi(0,0)$, $\varphi \in C_0^\infty(\mathbb{R}^n \times \mathbb{R})$. (1.52)を示そう．まず，§1.2(b)で示した(1.22)により，

$$E(x,t) = (2\pi)^{-n/2} \mathcal{F}^*(e^{-t|\xi|^2}), \quad t > 0.$$

ここで $\mathcal{F}^*$ は ξ 変数に関する Fourier 逆変換である．$(\partial_t + |\xi|^2)\exp(-t|\xi|^2) = 0$ より，$t>0$ で $(\partial_t - \Delta_x)E(x,t) = 0$. また問 12 より，

$$\lim_{\varepsilon \searrow 0} \int E(x,\varepsilon) \psi(x)\, dx = \psi(0), \quad \psi \in C_0^\infty(\mathbb{R}^n).$$

さらに $\int \varepsilon E(x,\varepsilon)\, dx \to 0$ $(\varepsilon \to 0)$. したがって

$$\lim_{\varepsilon \searrow 0} \int E(x,\varepsilon) \varphi(x,\varepsilon)\, dx = \varphi(0,0), \quad \varphi \in C_0^\infty(\mathbb{R}^{n+1}).$$

以上より

$$\langle E(x,t), (-\partial_t - \Delta)\varphi(x,t) \rangle = \lim_{\varepsilon \searrow 0} \int_\varepsilon^\infty \int E(x,t)(-\partial_t - \Delta)\varphi(x,t)\, dx dt$$
$$= \lim_{\varepsilon \searrow 0} \int E(x,\varepsilon)\varphi(x,\varepsilon)\, dx = \varphi(0,0).$$

これで(1.52)が示せた．この基本解 E も原点以外では C^∞ 級なので, $\partial_t - \Delta$ は準楕円型である． □

さて，多項式 p に対して

$$N(p) = \{\zeta \in \mathbb{C}^n\,;\, p(\zeta) = 0\}$$

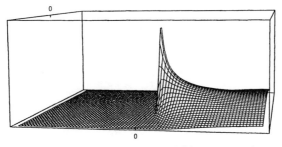

図 1.4 $\partial_t - \Delta_x$ の基本解 $E(x,t)$ のグラフ

とおく. $-\Delta$, $\partial_t - \Delta$ に対応する特性多項式 $p = \zeta_1^2 + \cdots + \zeta_n^2$, $i\zeta_{n+1} + \zeta_1^2 + \cdots + \zeta_n^2$ に対しては

(1.53) $N(p)$ 上では，$|\zeta| \to \infty$ ならば $|\mathrm{Im}\,\zeta| \to \infty$

であることが確かめられるが，実は一般に次の定理が成り立つ.

定理 1.23 定数係数偏微分作用素 $p(-i\partial_x)$ が準楕円型であるための必要十分条件は (1.53) である.

[証明の方針] 十分性を示すためには，(1.53) より $C^\infty(\mathbb{R}^n \setminus \{0\})$ に属する基本解を構成し (1.48) を用いる. 必要性を示すには，まず任意の $P = p(-i\partial_x)$ に対して基本解 E が存在することを示す. もし P が準楕円型ならば，$E \in C^\infty(\mathbb{R}^n \setminus \{0\})$ でなければならない. $r > 0$ に対して $B_r = \{x \in \mathbb{R}^n ; |x| < r\}$ とおく. $r < R < S$ とする. このとき，実数 C が存在して，B_S 上の方程式 $Pu = 0$ の任意の解 $u \in C^\infty(B_S)$ に対して

(1.54) $$\max_{|x| \leq r} |\nabla u(x)| \leq C \max_{|x| \leq R} |u(x)|$$

が成り立つ. 実際，χ として $\mathrm{Supp}\,\chi \subset B_\rho$, $\rho = \min((R-r)/2, (S-R)/2)$ となるものを選んで (1.48) を用いることにより，

$$\nabla u(x) = \int [\nabla P(1-\chi) E](x-y) u(y)\, dy, \quad x \in B_r$$

を得る. ここで

$$C = \max_{|x| \leq r} \int |\nabla P(1-\chi) E(x-y)|\, dy$$

とおけば(1.54)が成り立つ．さて，$\zeta = \xi + i\eta \in \mathbb{C}^n$ が $p(\zeta) = 0$ を満たすならば $u(x) = \exp(ix\zeta)$ は $Pu = 0$ の解である．これを(1.54)に代入して
$$(1.55) \qquad\qquad |\zeta| \leq Ce^{(R-r)|\eta|}.$$
これよりただちに(1.53)が従う．(証明の詳細，特に基本解の構成，については[金子]，[Höl]，[Fr1]などを参照されたい．) ∎

問 22
(1) 空間次元 $n > 1$ のとき，双曲型作用素 P は準楕円型でない．
(2) $n = 1$ のとき，すべての定数係数微分作用素は双曲型かつ準楕円型である．

問 23 $P = p(-i\partial_x)$ が楕円型ならば，P は準楕円型である．

では，楕円型作用素と拡散作用素 $\partial_t - \Delta$ との違いは何か？

定理 1.24 領域 D 上の方程式 $Pu = 0$ の任意の超関数解が実解析的になるための必要十分条件は，P が楕円型であることである．

[証明の方針] 必要性は，P が楕円型でなければ，定理1.10により零解が存在し，零解はもちろん実解析的ではないことからわかる．他方，P が楕円型ならば解が実解析的になることを示すには2通りの方法がある．1つは，$\mathbb{R}^n \setminus \{0\}$ で実解析的な基本解の存在を示す方法である(例1.21の基本解を見よ)．F. John は Cauchy–Kowalewski の定理(定理1.16)と Dirac のデルタ関数を平面波に分解する方法を用いて，C^ω 級係数の楕円型作用素に対してそのような基本解を構成した([John], [金子]参照)．もう1つの方法は解の導関数を逐次に評価してゆく方法である．これについては§2.2(c)および[Höl, Theorem 7.5.1 & Corollary 4.4.1], [Fr3]を参照されたい． ∎

問 24 $D = \{x \in \mathbb{R}^2; |x| < 1\}$ で $\Delta u(x) = 0$ を満たす解 u は，原点の近傍で実解析的であることを $\log |x| \in C^\omega(\mathbb{R}^2 \setminus \{0\})$ を用いて示せ．

楕円型方程式が**定常状態**を記述するものであることの反映として，楕円型方程式ではデータの滑らかさが解の滑らかさに最も自然な形で伝わる(詳し

くは, §2.2 および §2.5 参照). 解の実解析性はその一例である. それは楕円型方程式に対する初期値問題が(C^ω でない)C^∞ 級の初期値を与えては解けない理由でもあった(例 1.12 参照).

§1.5 境界値問題と Green 関数

この節では偏微分方程式論で中心的位置を占める**境界値問題** "微分方程式と境界条件を満たす関数を求めよ" を考えてみよう. 典型的境界値問題としてまず球 $B_R = \{x \in \mathbb{R}^n; |x| < R\}$ における Poisson 方程式に対する **Dirichlet 問題**

$$(1.56) \quad \begin{cases} -\Delta u(x) = f(x), & x \in B_R, \\ u(x) = g(x), & x \in \partial B_R \end{cases}$$

がある. データ f と g を与えて Poisson 方程式と Dirichlet 境界条件を満たす解 u を求めよという問題である. (この Dirichlet 問題の解法については §1.5 例 1.32, §1.6, および第 2 章を参照せよ.) この境界値問題は §1.3 で扱った局所的初期値問題と異なり**大域的**な問題であって, 解は方程式を与えられた境界の**片側**の領域でのみ満たすことを要求されている. §1.1 例 1.1 ですでに見たように, 局所的問題は解けても大域的問題が解けないことがある. また境界の両側で方程式を満たすことを要求すると境界値を自由に選べないことがある. 例えば, (1.56)の第 1 式で $-\Delta u = 0$ が ∂B_R の近傍で成り立つとすると, 定理 1.24 により g は実解析的でなければならない.

さらに §1.2 で扱った 2 つの問題 "微分方程式

$$(-\Delta - \lambda)u = f, \quad f \in L^2(Q) \quad (\text{または } f \in L^2(\mathbb{R}^n))$$

を満たす解 $u \in H^2_\#$(または $u \in H^2(\mathbb{R}^n)$)を求めよ" も典型的境界値問題である. 第 1 の問題では周期境界条件(すなわち, $u \in H^2_\#$)が課され, 第 2 の問題では解 u が L^2 の意味で無限遠で零になるという境界条件(すなわち, $u \in H^2(\mathbb{R}^n)$)が課されている.

もう 1 つ境界値問題の例を挙げよう. 境界値問題

(1.57) $\begin{cases} (\partial_t - \Delta)u(x,t) = f(x,t), & (x,t) \in \mathbb{R}^n \times (0,\infty), \\ u(x,0) = g(x), & x \in \mathbb{R}^n \end{cases}$

は通常, 初期値問題(または Cauchy 問題)と呼ばれるが, 解が初期平面 $\{t=0\}$ の片側で大域的に非斉次熱方程式を満たすことを要求されている点で境界値問題の一種である. 境界値問題ではデータと解が属する**関数空間**として何が自然かという問題はつねに重要であるが, この問題(1.57)では与えられた空間変数に関する領域 $\mathbb{R}^n$ が非有界であるためデータ f, g と解 u が属する関数空間の設定はより重大である. (初期値問題(1.57)の解法については本節例 1.28 および第 2 章を, 解の一意性については例 1.7 と例 1.20 および §4.2 を参照せよ.)

さて, 境界値問題が与えられたとする. このとき, 解は

(1) **存在**するだろうか?
(2) ただ 1 つに定まる(**一意性**)だろうか?
(3) データに連続的に依存する(**安定性**)だろうか?
(4) どのような特徴・性質(**輪郭**)を持っているだろうか?

満たすべき条件が多すぎれば解は存在しないし, 少なすぎれば解が一意に定まらない. また解が一意に存在した場合, どのような尺度で関数の大きさを測れば安定性がいえるのか? 数の大きさを測る尺度は基本的に絶対値に限るが, 関数の大きさを測るものさしは無数にある. 境界値問題に応じて自然な尺度を見つける必要があるのである(自然な関数空間の設定). さらに解の特質(例えば §1.4 で考察した解の正則性)を定性的にも定量的にも明確に把握する必要がある.

境界値問題が存在・一意性・安定性の 3 条件を満足するとき, その問題は**適切**(well posed)という. この節では適切な境界値問題について考察する. しかしながら適切でない(ill posed)問題でも重要なものがあることに注意しよう. (例えば, 種々の臨界現象を扱う際には適切でない問題が現れるであろう.)

(a) 大域的な片側での初期値問題

さて，T を正定数として，初期値問題

$$(1.58) \quad \begin{cases} Pu(x,t) \equiv \left[\partial_t^m + \sum_{j=0}^{m-1} \sum_{|\alpha| \leq m_j} a_{\alpha,j} \partial_x^\alpha \partial_t^j \right], \\ u(x,t) = 0, \quad (x,t) \in \mathbb{R}^n \times (0,T), \\ \partial_t^j u(x,0) = u_j(x), \quad j = 0,\cdots,m-1, \quad x \in \mathbb{R}^n \end{cases}$$

の適切性を考察しよう．ここで P は定数係数偏微分作用素である．まず

$(1.59) \quad H^\infty = \{f \in C^\infty(\mathbb{R}^n);\ 任意の多重指数 \alpha に対して \partial_x^\alpha f \in L^2(\mathbb{R}^n)\}$

とおく．この空間は次のセミノルムが与えられた **Fréchet** 空間である：

$$\|f\|_k = \left(\sum_{|\alpha| \leq k} \|\partial_x^\alpha f\|_{L^2}^2\right)^{1/2}, \quad k = 0,1,2,\cdots$$

（岡本・中村著『関数解析』参照）．すなわち，H^∞ はセミノルム $\|\cdot\|_k$ ($k = 0,1,\cdots$) を持ったベクトル空間であって，距離

$$d(f,g) = \sum_{k=0}^{\infty} \frac{1}{2^k} \frac{\|f-g\|_k}{1+\|f-g\|_k}$$

に関して完備な距離空間である．初期値が属する空間として $(H^\infty)^m$ をとる．$f = (f_0,\cdots,f_{m-1}) \in (H^\infty)^m$ に対し，

$$\|f\|_k = \left(\sum_{j=0}^{m-1} \|f_j\|_k^2\right)^{1/2}$$

とおく．次に解が属する空間として，H^∞ に値をとる $[0,T]$ 上 C^m 級の関数全体 $C^m([0,T];H^\infty)$ をとる．これはセミノルム

$$\||u\||_l = \max_{0 \leq t \leq T} \left(\sum_{j=0}^{m-1} \|\partial_t^j u(\cdot,t)\|_l^2\right)^{1/2}, \quad l = 0,1,2,\cdots$$

が与えられた Fréchet 空間である．さて，初期値問題(1.58)が H^∞ で**適切**であるとは，任意の初期値

$$U_0(x) \equiv (u_0(x),\cdots,u_{m-1}(x)) \in (H^\infty)^m$$

に対して解 $u(x,t) \in C^m([0,T];H^\infty)$ がただ 1 つ存在して，$(H^\infty)^m$ から $(H^\infty)^m$ への線形写像 $T(t)$, $0 \leq t \leq T$,

$$T(t)U_0(x) = U(x,t) \equiv (u(x,t),\cdots,\partial_t^{m-1}u(x,t))$$

が次の評価を満たすことである：任意の $l \geqq 0$ に対し $k \geqq 0$ と定数 $C > 0$ が存在して

(1.60) $$\max_{0 \leqq t \leqq T} \|T(t)U_0\|_l \leqq C\|U_0\|_k, \quad U_0 \in (H^\infty)^m.$$

一方，代数方程式

(1.61) $$p(-i\lambda,\xi) \equiv \lambda^m + \sum_{j=0}^{m-1} \sum_{|\alpha| \leqq m_j} a_{\alpha,j}(i\xi)^\alpha \lambda^j = 0, \quad \xi \in \mathbb{R}^n$$

の根を $\lambda_j(\xi)$ $(j=1,\cdots,m)$ として，

(1.62) $$\Lambda(\xi) = \max_{1 \leqq j \leqq m} \mathrm{Re}\,\lambda_j(\xi), \quad \mu(r) = \sup_{|\xi|=r} \Lambda(\xi)$$

とおく．

定理 1.25 初期値問題(1.58)が H^∞ で適切であるための必要十分条件は，定数 C が存在して

(1.63) $$\Lambda(\xi) \leqq C, \quad \xi \in \mathbb{R}^n$$

が成り立つことである． □

問 25 上の定理と定理 1.15 との違いは何か？

証明には次の 2 つの補題が必要である．

補題 1.26 実数 $A \neq 0$ と k が存在して
$$\mu(r) = Ar^k(1+o(1)) \quad (r \to \infty)$$
が成り立つ． □

この補題の証明には，実係数代数方程式と代数不等式の連立系に関する複雑な消去法の補題(Seidenberg–Tarski)により $\mu(r)$ が 2 変数代数方程式の根であることを示してからその Puiseux 展開を用いる．[Fr1] p.219 の Corollary, [金子]の付録, [Hö1]の Appendix 等を参照されたい．

補題 1.27 B を $m \times m$ 正方行列，λ_j $(j=1,\cdots,m)$ を B の特性根，$\Lambda = \max\{\mathrm{Re}\,\lambda_j; j=1,\cdots,m\}$ とする．このとき次の不等式が成立する：

$$(1.64) \quad e^{tA} \leqq \|e^{tB}\| \leqq \sum_{j=0}^{m-1}(2t\|B\|)^j e^{tA}, \quad t \geqq 0.$$

ここで,$\|B\| = \sup\{|Bv|\,;\, v \in \mathbb{C}^m,\, |v|=1\}$. □

問 26 (1.64)の1番目の不等式を証明せよ.

2番目の不等式の証明には,B の特性根がすべて異なるとき $(m-1)$ 次の多項式 $R(z) = b_1 + \sum_{k=2}^{m} b_k(z-\lambda_1)\cdots(z-\lambda_{k-1})$ が $R(\lambda_j) = e^{t\lambda_j}$,$j = 1,\cdots,m$ を満たせば $R(B) = e^{tB}$ であることを用いる.詳細については[Fr1] p.169 の Theorem 2 を参照されたい.

[定理 1.25 の証明] まず,(1.63)が十分条件であることを示す.方程式(1.58)の x に関する Fourier 変換をとれば,

$$(1.65) \quad \begin{cases} v^{(m)} + \sum_{j=0}^{m-1} b_j(\xi) v^{(j)} = 0, \quad t \in (0,T), \\ v^{(j)}|_{t=0} = v_j, \quad j = 0,\cdots,m-1 \end{cases}$$

を得る.ここで

$$v = v(\xi,t) = (2\pi)^{-n/2} \int u(x,t) e^{-ix\xi}\,dx, \quad v_j = v_j(\xi) = \mathcal{F}u_j(\xi),$$
$$v^{(j)} = (d/dt)^j v(\xi,t), \quad b_j(\xi) = \sum_{|\alpha|\leqq m_j} a_{\alpha,j}(i\xi)^\alpha.$$

この常微分方程式を1階連立系に直して解こう.$V = {}^t(v^{(0)},\cdots,v^{(m-1)})$,$V_0 = {}^t(v_0,\cdots,v_{m-1})$ とし,

$$b_{i,i+1} = 1 \quad (i=1,\cdots,m-1), \quad b_{m,j} = -b_{j-1}(\xi) \quad (j=1,\cdots,m),$$
$$b_{i,j} = 0 \quad (その他の i,j)$$

として $B = B(\xi) = (b_{i,j})_{i,j=1}^{m}$ とおくと(1.65)は

$$(1.66) \quad V' = BV, \quad 0 < t < T;\quad V|_{t=0} = V_0$$

となる.したがって

$$V(\xi,t) = e^{tB(\xi)} V_0(\xi).$$

$p = \max(m_0,\cdots,m_{m-1})$ として,ある定数 C_0 が存在して

$$\|B(\xi)\| \leq \left[\sum_{i,j=1}^{m} |b_{i,j}|^2\right]^{1/2} \leq C_0(|\xi|^p+1)$$

が成り立つので，補題 1.27 により，定数 C_1 が存在して

$$\|e^{tB(\xi)}\| \leq C_1[1+t(|\xi|^p+1)]^{m-1} e^{t\Lambda(\xi)}.$$

条件 (1.63) と §1.2 の等式 (1.30) より

$$T(t)U_0(x) = U(x,t) = \mathcal{F}^*[V(\xi,t)](x), \quad U_0(x) = \mathcal{F}^*[V_0(\xi)](x)$$

は (1.60) を満たし（任意の l に対して $k=l+p(m-1)$ とおけばよい），$U(x,t)$ の第 1 成分 $u(x,t)$ は $C^m([0,T];H^\infty)$ に属する (1.58) の解となる．これで解の存在と安定性が示せた．一意性は常微分方程式系に対する初期値問題 (1.66) の解の一意性より従う．

次に必要性を示そう．補題 1.26 より，適当な定数 C_2 と C_3 が存在して

(1.67) $$\mu(r) \leq C_2 \log(r+1) + C_3, \quad r>0$$

が成り立つことを示せばよい．もし成り立たないとすると，任意の自然数 q に対して $\xi_q \in \mathbb{R}^n$ と $w_q \in \mathbb{C}^m$ ($|w_q|=1$) が存在して

$$\Lambda(\xi_q) \geq 2q\log(|\xi_q|+1)+2q, \quad |\xi|_q \geq q, \quad |e^{tB(\xi_q)}w_q| = e^{t\Lambda(\xi_q)}$$

が成り立つ．（w_q の存在については問 26 の解答を参照せよ．）したがって ξ_q の近傍 O_q が存在して

$$O_q \subset \left\{\xi; \frac{1}{2}|\xi_q| \leq |\xi| \leq 2|\xi_q|\right\},$$
$$|e^{tB(\xi)}w_q| \geq \exp[t\{q\log(|\xi|+1)+q\}], \quad \xi \in O_q.$$

そこで $f_q(\xi) \in C_0^\infty(O_q)$ で $\|f_q\|_{L^2}=1$ なるものを選んで

$$U^q(x,t) = \mathcal{F}^*[e^{tB(\xi)}f_q(\xi)w_q](x)$$

とおく．$U^q \in C^m([0,T];H^\infty)$ でありその第 1 成分 $u^q(x,t)$ は (1.58) の解である．ところが

$$\|U^q(x,t)\|_0 = \left(\int |e^{tB(\xi)}f_q(\xi)w_q|^2 d\xi\right)^{1/2}$$
$$\geq \exp\left[t\left(q\log\left(\frac{1}{2}|\xi_q|+1\right)+q\right)\right] = e^{tq}\left(\frac{1}{2}|\xi_q|+1\right)^{tq}.$$

一方，任意の自然数 k に対して定数 $C(k)$ が存在して

$$\|U^q(x,0)\|_k = \left(\int \sum_{|\alpha|\leq k}|\xi^\alpha|^2|f_q(\xi)|^2\,d\xi\right)^{1/2} \leqq C(k)(2|\xi_q|+1)^k.$$

したがって，$l=0$ に対する不等式(1.60)はどのような k と C を選んでも成立しない．ゆえに(1.60)が成り立つならば(1.67)が成り立たねばならない．■

さて，初期値問題が $\mathbb{R}^n \times (0,\infty)$ で与えられているとき，すなわち(1.58)での T を ∞ に置き換えたとき，その初期値問題が H^∞ で適切であるとは，解が一意に存在して，任意の $T>0$ に対して定数 C が存在して(1.60)が成立することであると定義する．

例 1.28 初期値問題(1.57)を解いてみよう．$f=0$ の場合，この問題が H^∞ で適切であることは定理 1.25 よりただちにわかるが，実はさらに詳しい解の表示式が得られる．すなわち，$K(z,t)=(4\pi t)^{-n/2}\exp(-|z|^2/4t)$ とおくと，$f\in C^0([0,\infty);H^\infty)$, $g\in H^\infty$ に対する解 u は

$$(1.68) \quad u(x,t) = \int K(x-y,t)g(y)\,dy + \int_0^t ds \int K(x-y,t-s)f(y)\,dy$$

と表わされることを例 1.22 と問 12 より確かめることができる．この表示式に登場する積分核 $(K(x-y,t), K(x-y,t-s))$ を（または，$K(x-y,t)$ のみを）**初期値問題(1.57)の基本解**という．

問 27 次の（時間に関して逆向きの）初期値問題は H^∞ で適切でない．

$$\begin{cases} (\partial_t-\Delta)u(x,t)=0, & (x,t)\in\mathbb{R}^n\times(-T,0), \\ u(x,0)=u_0(x), & x\in\mathbb{R}^n. \end{cases}$$

問 28 (1.61)における多項式 $p(-i\lambda,\xi)$ が m 次斉次のとき（このとき，初期平面 $\{t=0\}$ は必然的に非特性的である）には，(1.63)が成り立てば

$$\min_{1\leqq j\leqq m}\operatorname{Re}\lambda_j(\xi) \geqq -C$$

が成り立つ．つまり P は双曲型である．

上記問 28 より一般に，"$\{t=0\}$ が P の非特性面で(1.63)が成り立てば P は双曲型である" ことが知られている．

さて, "双曲型作用素に対する初期値問題は $\{t>0\}$ と $\{t<0\}$ 両側に H^∞ で適切である" ことを定理 1.25 および問 25 ですでに確かめたが, 大域的な特性初期値問題で双曲型方程式とよく似た振舞いをする方程式の典型が Schrödinger 方程式である.

例 1.29 Schrödinger 方程式に対する初期値問題

$$(1.69) \quad \begin{cases} (i\partial_t + \Delta)u(x,t) = 0, & (x,t) \in \mathbb{R}^n \times (-\infty, \infty), \\ u(x,0) = g(x), & x \in \mathbb{R}^n \end{cases}$$

は $\{t>0\}$ と $\{t<0\}$ 両側に H^∞ で適切である. さらに次の意味で L^2 でも適切である: 任意の $g \in H^2$ に対してただ1つの解 $u(x,t) \in C^1(\mathbb{R}; H^2)$ が存在して

$$\|u(\cdot,t)\|_0 \leqq \|g\|_0, \quad t \in \mathbb{R}$$

が成り立つ. この場合, 実は, $\|u(\cdot,t)\|_0 = \|g\|_0$ である. さらに, 急減少 C^∞ 級関数 $g \in \mathcal{S}$ (§1.2(c)参照)に対する解 u は次の表示をもつ([黒田 2]).

$$u(x,t) = \int (4\pi i t)^{-n/2} e^{-|x-y|^2/4it} g(y)\, dy.$$

上式中の積分核が初期値問題(1.69)の基本解である.

さて, 初期値問題(1.58)が H^∞ で適切であるとき, その基本解を定義しよう. 定理 1.25 の証明中に現れた行列 $\exp(tB(\xi))$ の $(1,j)$ 成分 $e_j(t,\xi)$ は ξ に関する緩増加超関数である: $e_j(t,\xi) \in \mathcal{S}'_\xi$. そこで

$$(1.70) \quad E_j(x,t) = [\mathcal{F}^*(2\pi)^{-n/2} e_{j+1}(t,\xi)](x), \quad j = 0, \cdots, m-1$$

とおき, $(E_0(x-y,t), \cdots, E_{m-1}(x-y,t))$ を**初期値問題(1.58)の基本解**という. このとき, 初期値 $(u_0, \cdots, u_{m-1}) \in (\mathcal{S})^m$ に対する解 u は

$$(1.71) \quad u(x,t) = \sum_{j=0}^{m-1} \int E_j(x-y,t) u_j(y)\, dy$$

と表示されることが定理 1.25 の証明からわかる(問 16 の式(1.39)も参照). 偏微分作用素 P に対する基本解 E は $PE(x) = \delta(x)$ を満たしていさえすればよかった(§1.4 参照)ので, そのとり方は無数にあるが, 初期値問題に対する基本解は大域的な制限がついていて一意に定まる.

初期値問題に対する基本解は一般に関数ではなく超関数であるが,熱方程式の場合には $\{t>0\}$ で C^∞ 級の関数になる.これは熱方程式が

平滑化作用を受ける非可逆な伝播現象

を記述するものであることを反映している.この特性を持つ一群の方程式は**放物型方程式**と呼ばれる.ここでは定数係数偏微分作用素 $P = p(-i\partial_t, -i\partial_x)$ に対して放物型の定義をしておこう.P が半空間 $\{t>0\}$ に関して**放物型** (parabolic) とは,代数方程式(1.61)の根に関して

$$(1.72) \qquad \lim_{r\to\infty} \sup_{|\xi|=r} \max_{1\leq j\leq m} \operatorname{Re}\lambda_j(\xi) = -\infty$$

が成り立つことである.条件(1.72)は,補題1.26を考慮すれば,正の数 a, b が存在して

$$(1.73) \qquad \mu(r) = -ar^b(1+o(1)) \quad (r\to\infty)$$

と同等である.この条件より,放物型方程式に対する初期値問題の基本解は $\{t>0\}$ で C^∞ 級であることがわかる.

問29 空間次元 $n>1$ のとき,楕円型作用素はいかなる半空間に関しても放物型ではない.

ここで述べた放物型の定義は Shilov によるものである.放物型の定義には異なるものがいくつかある.それらについては[Eide], [Fr1], [Fr2], [GeSh], [Hö1]等を参照されたい.しかし,どの定義によっても $\partial_t - \Delta$ は $\{t>0\}$ に関して放物型である.また,放物型方程式の研究の基礎を築いたのは Petrowsky である.

(b) 楕円型境界値問題

楕円型微分方程式に対する境界値問題は研究の歴史も長く最も理論が整備されている分野である.これは "領域 D において楕円型微分方程式を満たし,何個かの境界条件を ∂D 上で満たす解を求めよ" という問題であり,その典型が本節冒頭にあげた Dirichlet 問題(1.56)である.この問題の詳しい

§1.5 境界値問題と Green 関数 —— 47

解析は第2章, 第3章および[アグモン], [島倉]に譲り, ここではいくつかの簡単な例を扱おう.

例 1.30 $(b,c) \in \mathbb{R}^{n+1}$, $n \geq 2$ とする. 半空間 $\mathbb{R}_+^n = \{(x',x_n) \in \mathbb{R}^n; x_n > 0\}$ における境界値問題

$$(1.74) \quad \begin{cases} -\Delta u(x) = 0, & x \in \mathbb{R}_+^n, \\ (Bu)(x',0) \equiv (b \cdot \nabla u + cu)(x',0) = g(x'), & x' \in \mathbb{R}^{n-1} \end{cases}$$

の H^∞ での適切性を考える. すなわち "任意に境界値 $g \in H^\infty = H^\infty(\mathbb{R}^{n-1})$ を与えたときただ1つの解 $u(x',x_n) \in C^2([0,\infty); H^\infty)$ が存在して境界値 g に連続的に依存する" ための必要十分条件は何かを考えてみよう. ここで境界 $\partial \mathbb{R}_+^n$ は境界作用素 B に関して非特性的とする. すなわち, 次の(イ)または(ロ)が成り立つと仮定する: (イ) $b_n \neq 0$; (ロ) $b=0$, $c \neq 0$.

Laplace 方程式は2階の偏微分方程式であるが, 境界条件をさらにもう1つ付け加えることは一般にできない. 例えば, $b_n \neq 0$ の場合には, 境界条件 $u(x',0) = h(x')$ を付け加えると

$$\frac{\partial}{\partial x_n} u(x',0) = \frac{1}{b_n} \left\{ g(x') - \left(\sum_{j=1}^{n-1} b_j \frac{\partial}{\partial x_j} + c \right) h(x') \right\}$$

となり, 初期条件を与えたことになる. ところが定理1.25によりこの初期値問題は H^∞ で不適切であることがわかる. また解があったとすると, その解はある点の近傍での g と h の値によって完全に決まってしまう. なぜならば Holmgren の定理1.18は片側での解に対しても成り立つから解 u は局所的に定まり, $-\Delta u = 0$ の解は実解析的であるから, 一致の定理により局所的に定められた u から大域的に u が決まるのである.

さて, 境界値問題(1.74)が H^∞ で適切であるための必要十分条件は何か? λ に関する代数方程式

$$-\lambda^2 - \sum_{j=1}^{n-1} (i\xi_j)^2 = 0, \quad \xi = (\xi_1, \cdots, \xi_{n-1}) \in \mathbb{R}^{n-1}$$

の2根は $\pm|\xi|$ であることに注意して定理1.25の証明と同様の議論をすれば, 次のことがわかる: $D(\xi) \equiv -b_n|\xi| + ib' \cdot \xi + c \neq 0$ ($\xi \in \mathbb{R}^{n-1}$) ならば(1.74)は

H^∞ で適切であり，ただ 1 つの解 u は

$$u(x', x_n) = (2\pi)^{-(n-1)/2} \int_{\mathbb{R}^{n-1}} \frac{\widehat{g}(\xi) e^{-x_n |\xi|}}{D(\xi)} e^{ix'\xi} d\xi$$

によって与えられる．ここで，(イ) の場合には十分大きな $|\xi|$ に対して

$$|D(\xi)|^2 = (c - b_n |\xi|)^2 + (b' \cdot \xi)^2 \geqq (b_n |\xi|)^2 / 2$$

が成り立つことを用いた．一方，$D(\xi)$ が零点を持てば不等式

$$\max_{0 \leqq t \leqq T} \|u(\cdot, x_n)\|_{L^2(\mathbb{R}^{n-1})} \leqq C \|g\|_{H^k(\mathbb{R}^{n-1})}, \quad g \in H^\infty(\mathbb{R}^{n-1})$$

はどのように k と C を選んでも成り立たないことが確かめられる．すなわち，境界値問題(1.74)が H^∞ で適切であるための必要十分条件は

$$D(\xi) \neq 0, \quad \xi \in \mathbb{R}^{n-1}$$

である．このとき

$$K(x', x_n) = (2\pi)^{-(n-1)} \int_{\mathbb{R}^{n-1}} D(\xi)^{-1} e^{-x_n |\xi| + ix'\xi} d\xi$$

とおくと，解は次のように表わされる：

$$u(x) = \int_{\mathbb{R}^{n-1}} K(x' - y', x_n) g(y') \, dy'.$$

この $K(x' - y', x_n)$ を境界値問題(1.74)の**基本解**(または **Poisson 核**)という．境界値問題(1.74)は $b = 0$, $c = 1$ の場合には **Dirichlet** 問題と呼ばれ；$b_n = 1$, $b' = 0$, $c = 0$ の場合には **Neumann** 問題と呼ばれ；$b_n = \alpha - 1$, $b' = 0$, $c = \alpha$ $(0 < \alpha < 1)$ の場合には **Robin** 問題と呼ばれる．Dirichlet 問題と Robin 問題は H^∞ で適切だが，Neumann 問題は H^∞ で適切にならない．

問 30 $\mathbb{R}^{n-1}$ で $D(\xi) \neq 0$ となるための必要十分条件を求めよ．

例 1.31 $\mathbb{R}_+^n$ $(n \geqq 2)$ における Dirichlet 問題

(1.75) $\quad -\Delta u(x) = f(x), \quad x \in \mathbb{R}_+^n; \quad u(x', 0) = g(x'), \quad x' \in \mathbb{R}^{n-1}$

を $f \in C_0^\infty(\mathbb{R}_+^n)$, $g \in C_0^\infty(\mathbb{R}^{n-1})$ に対して解いてみよう．例 1.21 で求めた $-\Delta$ の基本解 E を用いて

§1.5 境界値問題と Green 関数

$$G(x,y) = E(x'-y', x_n-y_n) - E(x'-y', x_n+y_n),$$
$$K(x,y') = \frac{\partial}{\partial y_n}G(x,y)\Big|_{y_n=0} = \frac{2}{\omega_n}\frac{x_n}{[(x'-y')^2+x_n^2]^{n/2}}$$

とおく. このとき,

(1.76) $\quad u(x) = \int_{\mathbb{R}_+^n} G(x,y)f(y)\,dy + \int_{\mathbb{R}^{n-1}} K(x,y')g(y')\,dy'$

によって定義される関数 u は $C^2(\mathbb{R}_+^n) \cap C^0(\overline{\mathbb{R}_+^n})$ に属し

$$\lim_{x_n \geq 0,\ |x|\to\infty} u(x) = 0$$

を満たす(1.75)の解であることが確かめられる. (G,K) を**境界値問題**(1.75)**の基本解**(または, G を **Green 関数**, K を **Poisson 核**)と呼ぶ. なお, (1.76)を示すには x' に関する Fourier 変換により得られた常微分方程式を解いてもよい.

問 31 (1.75)の解 $u \in C^2(\mathbb{R}_+^n) \cap C^0(\overline{\mathbb{R}_+^n})$ で $\lim_{|x|\to\infty} u(x) = 0$ を満たすものはただ 1 つである.

例 1.32 本節冒頭に述べた $\mathbb{R}^n$ ($n \geq 2$) 内の球 B_R における Poisson 方程式に対する Dirichlet 問題(1.56)の解法を思い出してみよう([俣神]参照). $f \in C_0^\infty(B_R)$, $g \in C^\infty(\partial B_R)$ とする. このとき(1.56)はただ 1 つの解 $u \in C^2(B_R) \cap C^0(\overline{B_R})$ を持ち

(1.77) $\quad u(x) = \int_{B_R} G(x,y)f(y)\,dy + \int_{\partial B_R} K(x,y)g(y)\,dS(y)$

と表わされる. ここで $dS(y)$ は球面 ∂B_R 上の面積要素,
$$K(x,y) = \frac{1}{\omega_n R}\frac{R^2-|x|^2}{|x-y|^n},$$
$$G(x,y) = \frac{1}{4\pi}\log\frac{(|x||y|/R)^2-2xy+R^2}{|x-y|^2},\quad n=2,$$

$$G(x,y) = \frac{1}{\omega_n(n-2)}\{|x-y|^{2-n} - [(|x||y|/R)^2 - 2xy + R^2]^{(2-n)/2}\}, \quad n \geq 3.$$

この G と K を B_R における Poisson 方程式に対する Dirichlet 問題の Green 関数と Poisson 核といい，$f=0$ のときの公式(1.77)を **Poisson の積分公式** という．さらに後述の最大値原理(§2.4)により，$u \in C^2(B_R) \cap C^0(\overline{B_R})$ が解であれば

$$\max_{x \in \overline{B_R}}\left|u(x) - \int_{B_R} G(x,y)f(y)\,dy\right| \leq \max_{x \in \partial B_R}|u(x)| = \|g\|_{L^\infty(\partial B_R)}$$

が成り立つ．したがって

(1.78) $$\|u\|_{L^\infty(B_R)} \leq C\|f\|_{L^\infty(B_R)} + \|g\|_{L^\infty(\partial B_R)},$$

$$C = \sup_{|x| \leq R} \int_{B_R} G(x,y)\,dy.$$

不等式(1.78)は解が一意に定まることを示すとともに，解の L^∞-ノルムがデータ f, g に連続的に依存することをも示している． □

問 32 (1.78)における定数 C を求めよ．

問 33 例1.32で求めた B_R での Green 関数 G の $R \to \infty$ での極限を求めよ．

(c) 混合問題

D を $\mathbb{R}^n$ 内の領域とする．"筒状領域 $D \times (0,T)$ で偏微分方程式 $Pu = f$ を満たし，初期条件 $u(x,0) = g$ と境界条件

$$B_j u(x,t) = h_j(x,t), \quad (x,t) \in \partial D \times (0,T), \quad j = 1,\cdots,m$$

を満たす解を求めよ" という問題が**混合問題**(または**初期・境界値問題**)である．双曲型または放物型作用素 P に対する混合問題の詳しい解析は，井川満著『双曲型偏微分方程式と波動現象』(岩波書店，2006)，本書第2章，[井川]，[Eide]，[Fr2]，[Hö2]に譲り，ここでは一例のみを挙げる．

例 1.33 $0 < \alpha < 1$, $\mathbb{R}_+ = (0,\infty)$ とする．混合問題

$$\text{(1.79)} \quad \begin{cases} (\partial_t - \partial_x^2)u(x,t) = f(x,t), & (x,t) \in \mathbb{R}_+ \times \mathbb{R}_+, \\ u(x,0) = g(x), & x \in \mathbb{R}_+, \\ [\alpha u - (1-\alpha)\partial_x u](0,t) = 0, & t \in \mathbb{R}^+ \end{cases}$$

を解いてみよう.ここで $f \in C_0^\infty((\mathbb{R}_+)^2)$, $g \in C_0^\infty(\mathbb{R}_+)$ とする. K を例 1.28 で与えた熱方程式に対する初期値問題の基本解とし,

$$U(x,y,t) = K(x-y,t) + K(x+y,t)$$
$$- \frac{2\alpha}{1-\alpha} \int_0^\infty \exp\left(-\frac{\alpha z}{1-\alpha}\right) K(x+y+z,t)\,dz$$

とおく. $K(w,t) = (4\pi t)^{-1/2} \exp(-w^2/4t)$ であった.このとき

$$[\partial_t - \partial_x^2]U(x,y,t) = 0, \quad [\alpha - (1-\alpha)\partial_x]U(x,y,t)|_{x=0} = 0,$$
$$\lim_{t \to 0} U(x,y,t) = \delta(x-y), \quad U(y,x,t) = U(x,y,t)$$

が成り立つことがわかる.さらに

$$u(x,t) = \int_0^t ds \int_0^\infty U(x,y,t-s)f(y,s)\,dy + \int_0^\infty U(x,y,t)g(y)\,dy$$

は $C^2([0,\infty) \times (0,\infty)) \cap C^0([0,\infty) \times [0,\infty)]$ に属する (1.79) の解であることが確かめられる.$(U(x,y,t), U(x,y,t-s))$ を(または $U(x,y,t)$ のみを)**混合問題(1.79)の基本解**という.

問 34 上記基本解 $U(x,y,t)$ の $\alpha \to 0$ および $\alpha \to 1$ での極限を求めよ.

§1.6 7つの解法

ここでは $\mathbb{R}^2$ 内の領域 D における Laplace 方程式に対する Dirichlet 問題

(1.80) $\quad \Delta u(x) = 0, \quad x \in D; \quad u(x) = g(x), \quad x \in \partial D$

を素材として境界値問題の解法を列挙してみよう.

問 35 以下述べる解法についてそれぞれの長所・短所,適用範囲,相互の関係

等を検討せよ.

変数分離法

これは固有関数展開やFourier変換等により独立変数の個数を減らし，常微分方程式や代数方程式等に帰着させる方法である(§1.2, §1.5, §2.7 参照). この方法は領域 D が長方形や円板の場合にDirichlet問題(1.80)を解く典型的方法の1つである. また，Bessel関数やLegendre多項式などの特殊関数がこの方法を通して生み出された.

Green 関数法

これは何らかの手段でGreen関数, Poisson核, 基本解等を求めて解を表現する方法である. この方法が定数係数偏微分作用素に関して有効であることはすでに見た通りであるが, 変数係数の場合にも有効かつ重要であり解の詳しい性質を得ることができる(§2.6(c), §3.3(b), §4.3(b)参照). 近年発達した**擬微分作用素**の理論を基本解の構成に用いるのは簡明かつ見通しのよい方法であるが, これについては[Hö2], [熊ノ郷2], [新開]等を参照されたい.

変分法

これは, $\mathbb{R}^n$ 上の実数値 C^1 級関数 f が極値をとる点では $\nabla f = 0$ を満たすのと同様にして, 関数空間(例えば $H^1(D)$)上の "C^1 級" 実数値汎関数 F が極値をとる点(この場合 "点" は関数である)では "$\nabla F = 0$" に相当する**Euler–Lagrangeの方程式**を満たすことを活用する方法である. すなわち, 微分方程式を解く立場からいえば, 与えられた微分方程式がEuler–Lagrangeの方程式になるような汎関数を見つけ, その汎関数が極値をとる点(関数)を直接求めることによりその微分方程式の解を見つける方法が変分法である. この方法は関数解析学の発達につれ微分方程式の解の存在を示す有効な方法となった.

例 1.34 D を滑らかな境界を持つ有界領域とし, g を $\overline{D}$ の近傍で滑らかな関数とする.

$$X = \{v+g\, ;\, v \in H_0^1(D)\}$$

とおく．ここで $H_0^1(D)$ は 1 階の Sobolev 空間 $H^1(D)$ で $C_0^\infty(D)$ の閉包をとったものである(§1.1(c))．

$$F(u) = \int_D |\nabla u|^2 \, dx, \quad u \in X$$

とおく．$F(u) \geqq 0$ なので，点列 $\{u_j\}_{j=1}^\infty \subset X$ が存在して

$$\lim_{j \to \infty} F(u_j) = m \equiv \inf_{u \in X} F(u).$$

$\mathbb{C}^2$ での中線定理により

$$F\left(\frac{u_j - u_k}{2}\right) = \frac{1}{2}(F(u_j) + F(u_k)) - F\left(\frac{u_j + u_k}{2}\right)$$
$$\leqq \frac{1}{2}(F(u_j) + F(u_k)) - m.$$

ゆえに

$$\int_D |\nabla(u_j - u_k)|^2 \, dx = 4F\left(\frac{u_j - u_k}{2}\right) \to 0 \quad (j, k \to \infty).$$

一方，ある正の数 λ が存在して

$$\lambda \int_D |v|^2 \, dx \leqq \int_D |\nabla v|^2 \, dx, \quad v \in H_0^1(D)$$

が成り立つ(後述の補題 2.8 参照)．(これは **Poincaré の不等式**と呼ばれる．)したがって $u_j \ (j=1, 2, \cdots)$ は $H^1(D)$ における Cauchy 列である．$H^1(D)$ は完備なので極限 $u \in X$ が存在して，$F(u) = m$．すなわち F は u で最小値をとる．さて，この関数 u が実は(1.80)の解であることを示そう．任意の $\varepsilon > 0$, $v \in C_0^\infty(D)$ に対して

$$F(u) \leqq F(u + \varepsilon v) = F(u) + 2\varepsilon \operatorname{Re} \int \nabla u \cdot \nabla \bar{v} \, dx + \varepsilon^2 F(v)$$

であるから，

$$0 \leqq \operatorname{Re} \int \nabla u \cdot \nabla \bar{v} \, dx = -\operatorname{Re} \int \Delta u \bar{v} \, dx.$$

v を $-v$ や iv にとりかえても上式が成立するので,

$$\int \Delta u v \, dx = 0, \quad v \in C_0^\infty(D).$$

すなわち, D 上の超関数の意味で $\Delta u = 0$. すると解の正則性定理(§2.2 参照)により $u \in C^2(D) \cap C^0(\overline{D})$ が従う. ゆえに u は(1.80)の解である. □

上の例からわかるように, 汎関数が 2 次形式ならば Euler–Lagrange の方程式は一般に線形微分方程式になる. 変分法の一端はすでにシリーズ『現代数学への入門』の深谷賢治著「解析力学と微分形式」(岩波書店, 2004), [高橋], [俣神]等でふれられているが, さらに詳しくは[増田2], [谷島], [Stru]等を参照されたい. なお, 第 2 章で述べる解の存在に関する L^2 理論や固有値に対する min-max 原理は変分法と深く関わっている. また, 非線形変分問題の例については§3.3(d)を参照されたい.

先験的評価(a priori estimates)法

これは解の存在を論ずるよりさきに解であるとすればどのような評価(§1.5 の不等式(1.60), (1.78)などを想像せよ)を満たすのかを調べて, 与えられた境界値問題を適当な関数空間の間の連続写像の問題に直してしまう方法である. この方法は**作用素論的**であり, 縮小写像の原理・不動点定理・写像度の理論・連続法(岡本・中村著『関数解析』, [増田2], [島倉], [Fr2]参照)などが適用できるように(先験的評価と呼ばれる)不等式を求めるのが鍵である. 第 2 章と第 3 章ではいくつかの先験的評価を導き, その応用を与える.

境界上の積分方程式に帰着する方法

これは一定の手続きで境界上の未知関数を用いて微分方程式の解を構成し, しかるのちに境界条件を満たすための条件(境界上の方程式)を求めてそれを解く方法である. 例えば例 1.30 では, Dirichlet 問題の解が境界条件 $Bu = g$ を満たすためには Dirichlet データが何であればよいのかを調べたことになる. この方法は擬微分作用素の理論の発達につれ複雑な境界条件を扱う有効な方法となった. また, 古典的な**2 重層ポテンシャル**による Dirichlet 問題

の解法([ペトロ]参照)は20世紀における関数解析学発展の契機となったものであるとともに，精密な評価を得るための強力な方法として今も生きている．

Perronの方法

これは，D で連続な優調和関数 v で

$$\liminf_{D \ni x \to y} v(x) \geqq g(y), \quad y \in \partial D$$

を満たすものの全体 $\mathcal{F}$ を考えて，

$$u(x) = \inf\{v(x); v \in \mathcal{F}\}$$

によって Dirichlet 問題(1.80)の解を求めようという方法である．面白いことに ∂D がかなり複雑であってもこの方法で解が構成できるのである．例えば領域 D が図1.5(a)の場合には，任意の $g \in C^0(\partial D)$ に対して(1.80)の解 $u \in C^2(D) \cap C^0(\overline{D})$ が存在する．この2次元領域は第3章 p.178 で述べる外部錐条件を満たさないが，"よい"領域なのである([Helms, Theorem 8.25], [ペトロ, §31, p.311]参照)．もちろん，解が存在しないこともある．

問36 $D = \{0 < |x| < 1\}$ (図1.5(b)参照)，$g(x) = 1$ $(|x| = 1)$，$g(0) = 0$ に対する(1.80)の解 $u \in C^2(D) \cap C^0(\overline{D})$ は存在しない．

Perron の方法による(1.80)の解法については[ペトロ]，[Helms]，[GiTr]等を参照されたい．なお，この方法の適用範囲は今では第2,3章で述べる最大値原理や Harnack の不等式に基づいてより一般の楕円型方程式さらには放物

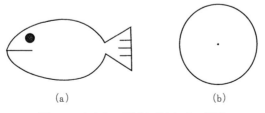

図 1.5 (a)よい領域と(b)わるい領域

型方程式にも広がっている.

複素関数論的方法

これは複素平面 $\mathbb{C}$ 内の領域 D で正則な関数 $f(z)$ $(z=x_1+ix_2)$ の実部 $\operatorname{Re}f(z)$ は D で調和であることを活用して Dirichlet 問題を解く方法である.

例えば上半平面 $H=\mathbb{R}^2_+$ での Laplace 方程式に対する Poisson 核(例 1.31 参照)

$$K_H(x,y_1) = \frac{1}{\pi}\frac{x_2}{(x_1-y_1)^2+x_2^2}$$

は単位円板 B に関する Poisson 核(例 1.32 参照)の複素数表示

$$K_B(z,e^{i\varphi}) = \frac{1}{2\pi}\frac{1-|z|^2}{|z-e^{i\varphi}|}, \quad z\in B$$

より求められる.また問 31 で述べた解の一意性を($n=2$ の場合に)B を H の上に写す 1 次分数変換を用いて示すこともできる.

問 37 (8 つめの解法) 上に述べた 7 つの解法の他にどんな解法があるか?

《要約》

1.1 偏微分方程式の解の空間は一般に無限次元である.解を表現する助変数として初期値・境界値(これらも関数である)がある.

1.2 偏微分方程式では局所的問題と大域的問題がある.大域的問題では領域の形によって問題の質が変わることがある.

1.3 問題に応じて自然な関数(または超関数)空間がある.

1.4 偏微分する方向がたくさんあることから,特性方向という概念が生ずる.あらゆる方向に平等に偏微分している作用素が楕円型作用素である.

1.5 Fourier 変換は $\mathcal{S}, L^2(\mathbb{R}^n), \mathcal{S}'$ を $\mathcal{S}, L^2(\mathbb{R}^n), \mathcal{S}'$ の上に写す線形連続写像であり,L^2-関数に対して Parseval の等式が成り立つ.Fourier 変換により微分演算は掛算になるために Fourier 変換は偏微分方程式を解析する道具として重要かつ自然である.

1.6 （局所的）初期値問題が C^∞ 級関数のクラスで一意に解けるための必要十分条件として双曲型方程式という概念が形成された．また，双曲型方程式に対する（大域的）非特性初期値問題は H^∞ で適切である．

1.7 Cauchy–Kowalewski の定理は非特性初期値問題が C^ω 級関数のクラスで一意に解けることを保証する．その応用として，Holmgren の定理は非特性初期値問題の C^∞ 級関数のクラスでの解の一意性を保証する．

1.8 定数係数偏微分方程式の超関数解が実解析的であるための必要十分条件は方程式が楕円型であることである．

1.9 H^∞ で適切な（大域的な片側での）初期値問題の解は対応する基本解を用いて表わされる．

1.10 放物型方程式に対する特性初期値問題は H^∞ で適切であり，その基本解は滑らかである．

1.11 楕円型境界値問題の解は Green 関数と Poisson 核を用いて表わされる．

1.12 どのような方程式の解のどんな性質をどの程度明らかにしたいかに応じて偏微分方程式を解く様々な方法が生みだされた．

──────── 演習問題 ────────

1.1
(1) $n \geq 2$, $a = (a_1, \cdots, a_n) \in \mathbb{R}^n \setminus \{0\}$ とし，g を $\mathbb{R}^{n-1}$ の原点の近傍で C^∞ 級の実数値関数とする．このとき（局所的両側での）初期値問題

(1.81) $$a \cdot \nabla u(x) = 0, \quad u(x', 0) = g(x'), \quad x' \in \mathbb{R}^{n-1}$$

の $\mathbb{R}^n$ の原点の近傍での（実数値）解 u を求めよ．

(2) $a \in \mathbb{C}^n$ で，g が C^∞ 級複素数値関数の場合に (1.81) の（複素数値）解は存在するか？

1.2 単位円板 $B = \{x \in \mathbb{R}^2 ; |x| < 1\}$ 上の実数値調和関数全体を求めよ．

1.3 $g \in \mathcal{S}(\mathbb{R}^n)$ とする．例 1.29 で扱った Schrödinger 方程式の解 u について次の漸近公式が成り立つ：

(1.82) $$\lim_{t \to \pm\infty} \left\| u(x,t) - (2it)^{-n/2} e^{i|x|^2/4t} \hat{g}\left(\frac{x}{2t}\right) \right\|_{L^2(\mathbb{R}^n_x)} = 0.$$

1.4 熱方程式に対する初期値問題

$$(\partial_t - \partial_x^2)u(x,t) = 0, \quad u(x,0) = e^{x^2}$$

について次の問に答えよ.

(1) 例 1.17 と同様にして形式解を求めその収束・発散を調べよ.

(2) 例 1.28 で与えた基本解を用いて解を求めよ.

1.5 半空間 $\mathbb{R}_+^n$ での Dirichlet 問題
$$(-\Delta+1)u(x) = 0, \quad x \in \mathbb{R}_+^n; \quad u(x',0) = g(x'), \quad x' \in \mathbb{R}^{n-1}$$

は H^∞ で適切であり,その解 u について
$$\lim_{x_n \searrow 0} \frac{\partial}{\partial x_n} u(x) = \mathcal{F}^* \big(\sqrt{|\xi|^2+1}\, \widehat{g}(\xi) \big)(x')$$

が成り立つことを確かめよ. $\mathcal{F}^* \circ \sqrt{|\xi|^2+1} \circ \mathcal{F}$ によって定義される作用素を $\sqrt{-\Delta+1}$ と書く.(これは**擬微分作用素**の典型であり 1 階の微分作用素の類似物であるが,以下述べるような微分作用素とはまったく異質の性質——**反局所性**——を持っている.)$g \in H^\infty$ が $\mathbb{R}^{n-1}$ の開集合 U 上で
$$g(x) = 0 \quad \text{かつ} \quad \sqrt{-\Delta+1}\, g(x) = 0$$

を満たすならば,$g \equiv 0$ であることを示せ.

2 階楕円型・放物型偏微分方程式の基礎理論

　19 世紀の数学者たちを悩ませた変分問題における Dirichlet 原理は 20 世紀初めに復活をとげた．現代では Dirichlet 原理は Sobolev 空間を土台とした楕円型方程式の L^2 理論という美しく "整備された都市" の中に位置づけられ，その精神は近年の非線形変分問題の解の存在問題においてもなお生きている．L^2 理論では，データに滑らかさがない自然現象の解析において 1 つの自然な関数空間(Sobolev 空間)を与え，古典的な解との橋渡しを正則性理論および Sobolev の埋め込み定理が担う．楕円型方程式はまた熱伝導，拡散，弦(膜，音波)の振動現象などの定常状態を記述するものであり，それらの現象の時間発展の様子はその楕円型作用素の固有値(一般にスペクトル)と固有関数により記述される．

　この章では 2 階楕円型作用素の L^2 理論を展開し，そのスペクトル理論と楕円型境界値問題の可解性との関係を明らかにする．また対応する放物型方程式の混合問題の L^2 理論を展開し，解の固有関数展開を与える．

　記号　第 1 章では複素数値関数や複素数値超関数を扱い $L^2(D)$, $H_0^1(D)$, $H^1(D)$ 等の関数空間を導入した(§1.1(c)参照)が，本章では実数値関数を前面に出して理論を展開した方がわかりやすい．以後，実数値関数の空間か複素数値関数の空間かを区別する必要があるときには $L^2(D;\mathbb{R})$, $L^2(D;\mathbb{C})$ 等の記号を用いる．また以下の記号を用いる．$\mathbb{N}_0 = \mathbb{N} \cup \{0\}$．集合 $A, B \subset \mathbb{R}^n$ に対し，$\mathrm{dist}(A,B) = \inf\{|x-y|; x \in A, y \in B\}$．有界領域 D の直径を

$\operatorname{diam} D = \sup_{x,y \in D} |x-y|$ と書く. $k \in \mathbb{N}_0$ に対し, $u \in C^k(\overline{D})$ とは, $u \in C^k(D)$ であって, 任意の $|\alpha| \leq k$ に対し $\partial_x^\alpha u(x)$ が $\overline{D}$ まで連続に拡張されることをいう. $C^\infty(\overline{D}) = \bigcap_{k=1}^\infty C^k(\overline{D})$ と書く. さらに D が非有界領域の場合, $u \in C_b^k(\overline{D})$ とは $u \in C^k(\overline{D})$ であって, $\|u\|_{C_b^k(\overline{D})} = \sup_{x \in D, |\alpha| \leq k} |\partial_x^\alpha u(x)| < \infty$ なることをいう.

§2.1 弱解の存在と一意性 I (斉次境界条件)

本節では $\mathbb{R}^n$ 内の領域 D 上での 2 階楕円型方程式に対する境界値問題および放物型方程式に対する初期・境界値問題の弱い意味での解(**弱解**)の存在と一意性を斉次境界条件の場合について述べる. この結果は次の §2.2 の弱解の正則性理論や §2.3 の非斉次境界条件の場合と合わせて, ***L^2 理論***というべきものである. まず領域 D や作用素の係数にできるだけ滑らかさを仮定しない場合の問題の必然性およびその弱解の定式化を述べる. 弱解の一意存在の証明を, 楕円型の場合は方程式が形式的自己共役な場合に Riesz の表現定理を用いて与える. 放物型の場合は Galerkin の方法を用いる. 以下, **§2.7** 以外この章を通して扱う関数はすべて実数値関数とし, $C_0^\infty(D)$, $H_0^1(D)$ 等は $C_0^\infty(D; \mathbb{R})$, $H_0^1(D; \mathbb{R})$ 等を表わすものとする.

(a) 楕円型方程式に対する Dirichlet 境界値問題

多くの重要な偏微分方程式は変分問題から生ずる.

例 2.1(**変分問題の最小解と偏微分方程式の弱解**) D を $\mathbb{R}^n$ の領域とし, $f \in L^2(D)$ とする. Sobolev 空間 $H_0^1(D)$ 上の汎関数

$$F(v) = \int_D \left(\frac{1}{2} \sum_{i,j=1}^n a_{ij}(x) \partial_j v(x) \partial_i v(x) - f(x) v(x) \right) dx$$

の極値問題を考えてみよう. ここで $\partial_i = \partial/\partial x_i$ であり, $A(x) = (a_{ij}(x))_{i,j=1}^n$ は正定値対称行列値有界可測関数である. さて, F が "点" $u \in H_0^1(D)$ で最小値をとるとしよう. このとき例 1.34 での計算とまったく同様にして

$$(2.1) \quad \int_D \sum_{i,j=1}^n a_{ij}(x)\partial_j u(x)\partial_i \phi(x)\,dx = \int_D f(x)\phi(x)\,dx, \quad \phi \in C_0^\infty(D)$$

が成り立つ．ゆえに $u \in H_0^1(D)$ は偏微分方程式

$$(2.2) \quad -\sum_{i,j=1}^n \partial_i(a_{ij}(x)\partial_j u(x)) = f(x)$$

の解である．ここで左辺の $\partial_i(\cdots)$ は超関数の意味での導関数である．逆に，$u \in H_0^1(D)$ が (2.2) の超関数の意味での解（あとで弱解と呼ぶ）とすると，u は変分問題: Minimize $\{F(v); v \in H_0^1(D)\}$ の解（最小解）である．実際，任意の $v \in H_0^1(D)$ に対して

$$F(v) = F(u + (v-u))$$
$$= F(u) + \frac{1}{2}\int_D \sum_{i,j=1}^n a_{ij}(x)\partial_j(v-u)(x)\partial_i(v-u)(x)\,dx \geqq F(u)$$

となるからである．ここで (2.1) が任意の $\phi \in H_0^1(D)$ に対して成り立つこと（後述の稠密性の原理を参照）を用いた． □

さて，D を $\mathbb{R}^n$ $(n \geqq 1)$ の領域とし，L を D 上の楕円型作用素

$$(2.3) \quad L = -\sum_{i,j=1}^n \partial_i(a_{ij}(x)\partial_j) + V(x)$$

とする．以下この章を通して L の係数 $a_{ij}(x)$ $(i, j = 1, \cdots, n)$，$V(x)$ は次の仮定 2.2 を満たす D 上の実数値可測関数とする．（さらに付加的な仮定が必要なときはその都度述べることにする．）

仮定 2.2

（1）（一様楕円性） 定数 $0 < \mu \leqq 1$ が存在して，次を満たす:

$$\mu|\xi|^2 \leqq \sum_{i,j=1}^n a_{ij}(x)\xi_i\xi_j \leqq \mu^{-1}|\xi|^2, \quad x \in D,\ \xi \in \mathbb{R}^n.$$

（2）（対称性） $a_{ij}(x) = a_{ji}(x),\ i, j = 1, \cdots, n,\ x \in D$.

（3）（有界性） 定数 M が存在して $|V(x)| \leqq M,\ x \in D$. □

この作用素 L は $a_{ij}(x)$ が C^1 級でないとすると通常の楕円型偏微分作用素ではない．しかし不均質な媒質や物質中の波動現象や熱伝播現象の定常状態を扱う際にはこのような作用素を考えるのが自然である．

この項では"与えられた D 上の実数値関数 $f(x)$ に対して

(2.4) $\quad Lu(x) = f(x), \ x \in D; \quad u(x) = 0, \ x \in \partial D$

を満たす実数値関数 $u(x)$ を求めよ",という **Dirichlet** 境界値問題(以後単に **Dirichlet** 問題と呼ぶ)を考える(ただし,$D=\mathbb{R}^n$ の場合は境界条件を課さない).

まず§1.1で述べたようにどの関数空間の中で解を探すかを明確にし,また係数に微分可能性を仮定しないため Dirichlet 問題(2.4)の意味を解釈し直す必要がある.例2.1 および条件 $u \in H_0^1(D)$ が ∂D 上で $u=0$ となることを示唆していることに注意して Dirichlet 問題(2.4)を次のように定式化する.以下,この章を通して次の略記を用いる:

(2.5) $\quad \begin{aligned} \partial_i(a_{ij}(x)\partial_j u(x)) &= \sum_{i,j=1}^n \partial_i(a_{ij}(x)\partial_j u(x)), \\ a_{ij}(x)\partial_j u(x)\partial_i \phi(x) &= \sum_{i,j=1}^n a_{ij}(x)\partial_j u(x)\partial_i \phi(x). \end{aligned}$

定義 2.3 $f \in L^2(D)$ とする.任意の**試験関数**(test function) $\phi \in C_0^\infty(D)$ に対し,次を満たす $u \in H_0^1(D)$ を Dirichlet 問題(2.4)の**弱解**(weak solution) という.

(2.6) $\quad \displaystyle\int_D (a_{ij}(x)\partial_j u(x)\partial_i \phi(x)+V(x)u(x)\phi(x))\,dx = \int_D f(x)\phi(x)\,dx.$ □

ここで $C_0^\infty(D)$ は $H_0^1(D)$ で稠密であるから,(2.4)の弱解 $u \in H_0^1(D)$ は任意の $\phi \in H_0^1(D)$ に対しても(2.6)を満たすことになる.実際,$Q(u,\phi) = \displaystyle\int_D (a_{ij}(x)\partial_j u(x)\partial_i \phi(x)+V(x)u(x)\phi(x))\,dx$ とおくと,仮定2.2 と Schwarz の不等式によりある定数 $C(\mu,M)$ が存在して

(2.7) $\quad |Q(u,\phi)| \leqq C(\mu,M)\|u\|_{H_0^1(D)}\|\phi\|_{H_0^1(D)}$

が成り立つ.ここで $C(\mu,M)$ は定数が μ と M のみによることを表わす.この場合 $C(\mu,M) = \max(\mu^{-1},M)$ とおけばよい.また

$$\left|\int_D f\phi\,dx\right| \leqq \|f\|_{L^2(D)}\|\phi\|_{L^2(D)} \leqq \|f\|_{L^2(D)}\|\phi\|_{H_0^1(D)}.$$

したがって,$\phi \in H_0^1(D)$ に収束する $C_0^\infty(D)$ 関数列 ϕ_j, $j=1,2,\cdots$, を選ぶと

$$\lim_{j\to\infty}|Q(u,\phi_j)-Q(u,\phi)|=0,\quad \lim_{j\to\infty}|(f,\phi_j)_{L^2(D)}-(f,\phi)_{L^2(D)}|=0.$$

ゆえに $Q(u,\phi_j)=(f,\phi_j)_{L^2(D)}$ より $Q(u,\phi)=(f,\phi)_{L^2(D)}$. つまり (2.6) は任意の $\phi\in H_0^1(D)$ に対しても成立するように拡張される. この議論は**稠密性の原理**と呼ばれる. よって $u\in H_0^1(D)$ が (2.4) の弱解であることは $Q(u,\phi)=(f,\phi)_{L^2(D)}$ $(\phi\in H_0^1(D))$ を満たすことと同値になる. a_{ij},V および u が滑らかならば $Q(u,\phi)=(Lu,\phi)_{L^2(D)}$ $(\phi\in C_0^\infty(D))$ となり**変分法の基本補題**(§1.1(c) 問 5 参照)より u は (2.4) の古典解となる. また a_{ij} が滑らかなとき $(L\varphi,\phi)_{L^2(D)}=(\varphi,L\phi)_{L^2(D)}$ $(\varphi,\phi\in C_0^\infty(D))$ となる. すなわち L の転置作用素 (§1.4 参照) は L 自身となる. このような L を**形式的自己共役**であるという.

さて,弱解が存在しかつ一意的となるための十分条件を与えよう. 改めて $H_0^1(D)\times H_0^1(D)$ 上の有界な**双 1 次形式**(bilinear form):

$$(2.8)\qquad Q(u,v)=\int(a_{ij}(x)\partial_j u(x)\partial_i v(x)+V(x)u(x)v(x))\,dx$$

を考えよう. 明らかに Q は対称性を持つ,すなわち $Q(u,v)=Q(v,u)$ $(u,v\in H_0^1(D))$. 双 1 次形式 $Q(u,v)$ が $H_0^1(D)$ 上で**強圧的**(coercive)であるとは,ある $\delta>0$ が存在して

$$(2.9)\qquad Q(u,u)\geqq \delta\|u\|_{H_0^1(D)}^2,\quad u\in H_0^1(D)$$

が成立することをいう. 例えば,ある $\kappa>0$ に対して $V(x)\geqq \kappa$ $(x\in D)$ ならば $Q(u,v)$ は $H_0^1(D)$ 上強圧的である ($\delta=\min(\mu,\kappa)$ とおけばよい).

問 1 L から決まる $Q(u,v)$ が強圧的であるとする. $u(x)\in H_0^1(D)$ が Dirichlet 問題 (2.4) の弱解であることと,u が $I(u)=(1/2)Q(u,u)-(f,u)_{L^2(D)}$ に対する変分問題:Minimize $\{I(u);u\in H_0^1(D)\}$ の解(最小解)であることは同値である.

定理 2.4 双 1 次形式 $Q(u,v)$ が $H_0^1(D)$ 上で強圧的であるとする. このとき,任意の $f\in L^2(D)$ に対して Dirichlet 問題 (2.4) の弱解 $u\in H_0^1(D)$ がただ 1 つ存在する. さらに正定数 C が存在して次の評価が成り立つ.

(2.10) $\|u\|_{H_0^1(D)} \leqq C\|f\|_{L^2(D)}, \quad f \in L^2(D).$ □

この定理の証明には Hilbert 空間における **Riesz の表現定理** を用いる．ここで応用上重要であるばかりでなく，それ自身美しく簡明な Riesz の表現定理を述べておこう．X, Y を内積 $(\cdot, \cdot)_X, (\cdot, \cdot)_Y$ を持つ実 Hilbert 空間とし，対応するノルムを $\|\cdot\|_X, \|\cdot\|_Y$ で表わす．$\|f\|_X = \sqrt{(f,f)_X}$ である．X 全体で定義された連続な X から Y への線形写像の全体を $\mathcal{L}(X,Y)$ と表わす．$A \in \mathcal{L}(X,Y)$ に対して $\|A\|_{X,Y}$ は A の作用素ノルムを表わす:

(2.11) $\|A\|_{X,Y} = \sup_{g \in X \setminus \{0\}} \frac{\|Ag\|_Y}{\|g\|_X}.$

X 全体で定義された X から Y への線形写像 A に対して，$A \in \mathcal{L}(X,Y)$ と (2.11) の右辺が有限であることとは同値である．この意味で $A \in \mathcal{L}(X,Y)$ を **有界線形作用素** (bounded linear operator) という．特に $X' = \mathcal{L}(X, \mathbb{R})$ を X の **共役空間** (dual space) といい，元 $F \in X'$ を **有界線形汎関数** (bounded linear functional) と呼ぶ．また $\|F\|_{X'} = \|F\|_{X,\mathbb{R}}$ と書く．

命題 2.5 (Riesz の表現定理) 任意の $F \in X'$ に対してただ 1 つの $f \in X$ が存在して，すべての $g \in X$ に対して $F(g) = (g,f)_X$ が成り立つ．さらに，$\|F\|_{X'} = \|f\|_X$ が成立する．

［証明の方針］ f_0 $(\|f_0\|_X = 1)$ を $\{g \in X ; F(g) = 0\}$ の直交補空間の元として $f = F(f_0)f_0$ とおけばよい．詳しくは岡本・中村著『関数解析』を参照せよ． ■

［定理 2.4 の証明］ 仮定 2.2 と (2.7) より，ある定数 $\delta, \gamma > 0$ が存在して $\delta\|u\|_{H_0^1(D)}^2 \leqq Q(u,u) \leqq \gamma\|u\|_{H_0^1(D)}^2$ $(u \in H_0^1(D))$ となる．よって $[u,v]_X = Q(u,v)$ とおくと，$[u,v]_X = [v,u]_X$ が成り立ち，$X = H_0^1(D)$ は $(\cdot, \cdot)_{H_0^1(D)}$ と同値な内積 $[\cdot, \cdot]_X$ に関する Hilbert 空間とみなせる．$\|\|u\|\| = [u,u]_X^{1/2}$ とおく．今，$f \in L^2(D)$ に対し $H_0^1(D)$ 上の線形汎関数 $F(\phi) = (f, \phi)_{L^2(D)}$ $(\phi \in H_0^1(D))$ を考えると $|F(\phi)| \leqq (1/\sqrt{\delta})\|f\|_{L^2(D)}\|\|\phi\|\|$ となり，$(X, [\cdot, \cdot]_X)$ 上の有界線形汎関数となる．したがって，Riesz の表現定理からただ 1 つの $u \in H_0^1(D)$ が存在して $Q(u, \phi) = [u, \phi]_X = F(\phi) = (f, \phi)_{L^2(D)}$ $(\phi \in H_0^1(D))$ が成り立つ．さらに，不等式 $\sqrt{\delta}\|u\|_{H_0^1(D)} \leqq \|\|u\|\| = \|F\|_{X'} \leqq (1/\sqrt{\delta})\|f\|_{L^2(D)}$ より (2.10) が従う． ■

さて，実 Hilbert 空間 $Y = H_0^1(D)$ の共役空間 Y' の元 F が $\mathcal{D}'(D)$ の元(すなわち超関数)と見なせることは定義からわかる(確かめよ)．では F はどのような超関数だろうか？ Riesz の定理より $f \in H_0^1(D)$ が存在して $F(\phi) = (\phi, f)_Y \equiv \int_D (\nabla f \cdot \nabla \phi + f\phi) dx$ $(\phi \in C_0^\infty(D))$．したがって $(f, -\nabla f) = (f_0, f_1, \cdots, f_n) \in (L^2(D))^{n+1}$ として

$$(2.12) \qquad F = \sum_{j=1}^n \partial_j f_j + f_0.$$

ここで $\partial_j f_j$ は超関数の意味の導関数である．逆に L^2-関数 $f_0, f_1, \cdots, f_n$ を用いて(2.12)と書ける超関数 F は Y' の元である．この意味で Y' を $H^{-1}(D)$ と表わす．$F \in H^{-1}(D)$ に対して，$u \in H_0^1(D)$ が $Q(u, \phi) = F(\phi)$ $(\phi \in H_0^1(D))$ を満たすとき，u を D における**方程式** $Lu = F$ に対する **Dirichlet 問題の弱解**という．定理 2.4 とまったく同様にして次の定理が成り立つ．

定理 2.6 双 1 次形式 $Q(u, v)$ が $Y = H_0^1(D)$ 上で強圧的であるとする．このとき，任意の $F \in Y' = H^{-1}(D)$ に対して D 上の方程式 $Lu = F$ に対する Dirichlet 問題の弱解 $u \in H_0^1(D)$ がただ 1 つ存在する．さらに正定数 C が存在して次の評価が成り立つ：

$$(2.13) \qquad \|u\|_Y \leqq C\|F\|_{Y'}, \quad F \in Y'. \qquad \square$$

注意 2.7（L_D） ここで $Y = H_0^1(D)$ から $Y' = H^{-1}(D)$ への有界線形作用素 L_D を定義しておこう．(2.7)により任意の $u \in Y$ に対して $\mathcal{V} \in Y'$ を $\mathcal{V}(\phi) = Q(u, \phi)$ $(\phi \in Y)$ によって定義できる．そこで $L_D u = \mathcal{V}$ とおくと $L_D \in \mathcal{L}(Y, Y')$ がわかる．さらに，$\lambda < -M$ ならば $L - \lambda$ に対応する双 1 次形式は強圧的なので $(L_D - \lambda)^{-1} \in \mathcal{L}(Y', Y)$．すなわち $L_D - \lambda$ は Y から Y' への同型写像である．

$Q(u, v)$ が強圧的となるかどうかは $V(x)$ と D による．

補題 2.8（**Poincaré の不等式**） ある正定数 $d > 0$ があって，D は単位ベクトル $\gamma \in \mathbb{R}^n$ に関する帯領域 $\{x \in \mathbb{R}^n; |x \cdot \gamma| < d\}$ に含まれるとする．このとき，d のみに依存する定数 C_P が存在して次を満たす．

$$(2.14) \qquad \int_D |u|^2 dx \leq C_P \int_D |\partial_x u|^2 dx, \quad u \in H_0^1(D).$$

[証明] 稠密性の原理より $u \in C_0^\infty(D)$ に対して(2.14)を示せば十分であ

る.また簡単のため, $\gamma=(1,0,\cdots,0)$ として示す.$u\in C_0^\infty(D)$ に対し $u(x)=0$ $(x\in D^c)$ として $\mathbb{R}^n$ 全体に **0-拡張**(zero extension)したものを改めて u と書くと,$u\in C_0^\infty(\mathbb{R}^n)$ かつ $\operatorname{Supp} u\subset D$ となる.Schwarz の不等式から $x=(x_1,x')$, $x'\in\mathbb{R}^{n-1}$ として

$$|u(x)|^2 = \left|\int_{-d}^{x_1}\partial_1 u(y,x')\,dy\right|^2 \leq (x_1+d)\left(\int_{-d}^{d}|\partial_1 u(y,x')|^2\,dy\right)$$

となる.これを x_1 と $x'\in\mathbb{R}^{n-1}$ に関して順に積分し,$\operatorname{Supp} u\subset D$ なので

(2.15) $$\int_D |u(x)|^2\,dx \leq 2d^2 \int_D |\partial_1 u(x)|^2\,dx$$

となり,$C_P=2d^2$ として結論を得る. ∎

この補題で D は非有界領域でもよい.$Q(u,v)$ が強圧的となるための V の条件を導こう.V の負の部分を $V^-(x)=\max(-V(x),0)$ とおく.

補題 2.9 領域 D は補題 2.8 の仮定を満たすとし,(2.14)の定数 C_P に対し $\|V^-\|_{L^\infty(D)}<\mu/C_P$ ならば,$Q(u,v)$ は $H_0^1(D)$ 上強圧的である.

[証明] まずこのような領域 D に対し,$\|\partial_x u\|_{L^2(D)}$ は $\|u\|_{H_0^1(D)}$ と同値なノルムを与えることに注意する.また Poincaré の不等式から

$$Q(u,u) \geq (\mu - C_P\|V^-\|_{L^\infty(D)})\int_D |\partial_x u|^2\,dx, \quad u\in H_0^1(D)$$

が成り立つ.よって,仮定のもとで Q は強圧的となる. ∎

補題 2.9 と(2.15)より仮定 2.2 の M を D によらず固定すれば十分小さい $d>0$ に対し,$D\subset\{x\in\mathbb{R}^n;|x_1|<d\}$ ならば Q は強圧的となる.また Poincaré の不等式の定数 C_P の最良の評価を得れば,$Q(u,v)$ が強圧的となるための V の条件をゆるめられる.

例 2.10(**強圧性と第 1 固有値**) D が有界領域の場合,Poincaré の不等式の定数 C_P の最良値は $-\Delta$ の Dirichlet 境界条件の下での固有値問題の第 1 固有値 λ_1 の逆数である(§2.7 参照).実は $\lambda_1\geq C(n)/|D|^{2/n}$ なることがわかる(例えば[GiTr, §7.8]).したがって,$V\in L^\infty(D)$ に対して領域 D の体積 $|D|$ が十分小さければ,(2.4)の弱解の一意存在が保証される.さらに実は,$\rho>0$ を最大内接球の半径としたとき一様外部錐条件を満たす(§3.3 参照)な

図 2.1 狭い帯領域には含まれないが体積の小さい領域

どの適当な状況のもとで，$\lambda_1 \geq C(n,\rho_0)/\rho^2$ ($\rho \leq \rho_0$) なる評価が知られている ([Davi, Theorem 1.5.5 および 1.5.8])．これより体積がいくら大きくても ρ が小さければ λ_1 は大きくなるのである． □

(b) Neumann 境界値問題，非対称作用素

次に，$N_A u(x) = \sum_{i,j=1}^{n} \nu_i(x) a_{ij}(x) \partial_j u(x)$ として **Neumann** 境界値問題(以後，単に **Neumann** 問題と呼ぶ)：

(2.16)　　$Lu(x) = f(x),\ x \in D;\quad N_A u(x) = 0,\ x \in \partial D$

の弱解の一意存在について述べる．ここで，L は仮定 2.2 を満たす楕円型作用素であり，$\nu(x) = (\nu_1(x), \cdots, \nu_n(x))$ は $x \in \partial D$ における外向き単位法線ベクトルである．(2.16)の Neumann 境界条件は，熱伝導の問題では境界での熱の出入りがないことに，膜の振動の問題では境界で膜が固定されず自由に振動することに，それぞれ対応する．まず，領域および係数に滑らかさがない場合の弱解の定式化を探ろう．今，仮に D は滑らかな有界領域とし，$A(x), V(x), f(x)$ がすべて滑らかで(2.16)の滑らかな解 u が存在するとする．(2.16)に勝手な $\phi \in C^\infty(\overline{D})$ をかけて積分すると，Gauss の発散定理から

(2.17)　　$\int_{\partial D} N_A u \phi\, dS + Q(u, \phi) = \int_D f \phi\, dx$

となる．u が境界条件を満たすことより

$$(2.18) \quad Q(u,\phi) = \int_D f\phi\, dx, \quad \phi \in C^\infty(\overline{D}).$$

逆に,任意の試験関数 $\phi \in C^\infty(\overline{D})$ に対して(2.18)を満たす $u \in C^\infty(\overline{D})$ が存在したとすると,特に任意の $\phi \in C_0^\infty(D)$ に対して成立することから $\int_D (Lu-f)\phi\, dx = 0$ $(\phi \in C_0^\infty(D))$ となる.変分法の基本補題から $Lu(x) = f(x)$ $(x \in D)$ を得る.したがってまた(2.17)より u は Neumann 境界条件 $N_A u(x) = 0$ $(x \in \partial D)$ を満たすことになる.ここで,滑らかな D に対し $C^\infty(\overline{D})$ は $H^1(D)$ で稠密であることに注意する(§2.2(d)参照).(2.18)をもとに次のように Neumann 問題の定式化を行なう.

定義 2.11 $Y = H^1(D)$ として,$F \in Y'$ に対して $Q(u,\phi) = F(\phi)$ $(\phi \in Y)$ を満たす $u \in H^1(D)$ を Neumann 問題(2.16)の**弱解**という.　□

この定義においては領域 D の滑らかさについて何も仮定されていないし,Neumann 境界条件も隠れている.しかしながら,ひとたび領域,データおよび弱解の微分可能性が増せば,境界条件が表に現れる.

この定式化において,Neumann 問題の弱解の一意存在条件を述べよう.ここでは,(2.8)の $Q(u,v)$ を $H^1(D) \times H^1(D)$ 上の双 1 次形式とみる.$Q(u,v)$ が $H^1(D)$ 上で**強圧的**とは,ある $\delta > 0$ が存在して

$$(2.19) \quad Q(u,u) \geqq \delta \|u\|_{H^1(D)}^2, \quad u \in H^1(D)$$

なることをいう.

定理 2.12 $Q(u,v)$ は $Y = H^1(D)$ 上強圧的であるとする.このとき,任意の $F \in Y'$ に対して(2.16)の弱解 $u \in H^1(D)$ がただ 1 つ存在する.さらに正定数 C が存在して $\|u\|_Y \leqq C\|F\|_{Y'}$ が成り立つ.

[証明] 定理 2.4 および定理 2.6 の証明と同様なので省略する.　■

注意 2.13 (L_N) $Y = H^1(D)$ から Y' への有界線形作用素 L_N を定義しておく.任意の $u \in Y$ に対して $\mathcal{U} \in Y'$ を $\mathcal{U}(\phi) = Q(u,\phi)$ $(\phi \in Y)$ により定義でき,$L_N u = \mathcal{U}$ とおくと $L_N \in \mathcal{L}(Y,Y')$ となる.注意 2.7 同様,$\lambda < -M$ ならば $L_N - \lambda$ は Y から Y' への同型写像を与える.

例 2.14 ある正定数 κ に対し,$V(x) \geqq \kappa > 0$ $(x \in D)$ が成り立つなら任

意の領域 D で定理 2.12 が適用できる．一方，有界領域 D で $V(x) \equiv 0$ とすると，弱解の一意性がくずれる．実際，1つの弱解に定数をたしても弱解となる．Dirichlet 問題との相違に注意されたい．この違いは 0 が作用素 $L_0 = -\partial_i(a_{ij}(x)\partial_i)$ の固有値になるかどうかが境界条件によって異なることから生じる (§2.7 参照). □

次に，形式的自己共役ではない楕円型作用素

(2.20) $\qquad J = -\partial_i(a_{ij}(x)\partial_j) - \boldsymbol{b}(x)\cdot\nabla + V(x)$

を考えよう．ここで $\boldsymbol{b}(x) = (b_1(x), \cdots, b_n(x))$, $\boldsymbol{b}(x)\cdot\nabla = \sum_{i=1}^n b_i(x)\partial_i$ で，$b_i(x)$ は次の条件を満たす実数値可測関数とする：

(2.21) $\qquad |\boldsymbol{b}(x)|^2 = \sum_{i=1}^n |b_i(x)|^2 \leqq M, \quad x \in D.$

$\boldsymbol{b}(x)$ は拡散現象において輸送効果を表わしドリフト (drift) と呼ばれている．
さて，$Y = H_0^1(D)$ または $Y = H^1(D)$ として J に付随する双 1 次形式 B を

(2.22) $\quad B(u,v) = \int_D (a_{ij}\partial_j u \partial_i v - (\boldsymbol{b}\cdot\nabla u)v + Vuv)\,dx, \quad u, v \in Y$

で定義する．$F \in Y'$ に対し，**方程式** $Ju = F$ **の弱解** $u \in Y$ を

(2.23) $\qquad\qquad B(u, \phi) = F(\phi), \quad \phi \in Y$

によって定義する．この弱解 u を $Y = H_0^1(D)$ のとき (または $Y = H^1(D)$ のとき) $Ju = F$ の **Dirichlet 問題の** (または **Neumann 問題の**) **弱解**という．ドリフト $\boldsymbol{b}(x)$ がある場合，$B(u,v)$ は非対称で直接 Riesz の表現定理を用いることはできない．しかしながら，このような場合でも Riesz の定理を拡張した **Lax–Milgram の定理** ([GiTr] 参照) を用いることによって次の弱解の一意存在が得られることを証明なしで述べておこう (演習問題 2.2 参照).

定理 2.15 $Y = H_0^1(D)$ または $Y = H^1(D)$ とする．十分大きい λ_0 があって，$\lambda \geqq \lambda_0$ ならば任意の $F \in Y'$ に対し方程式 $(J + \lambda)u = F$ の弱解 $u \in Y$ がただ 1 つ存在する． □

(c) 放物型方程式に対する初期・境界値問題

D を $\mathbb{R}^n$ の領域，$T > 0$ を定数，$L = -\partial_i(a_{ij}(x)\partial_j) + V(x)$ とする．ここで

は放物型方程式の初期・境界値問題:

(2.24) $(\partial_t + L)u(x,t) = f(x,t), \ (x,t) \in D \times (0,T);$
$u(x,0) = g(x), \ x \in D; \ Bu(x,t) = 0, \ (x,t) \in \partial D \times (0,T)$

の弱解の存在と一意性について述べる. B は境界条件を表わし，Dirichlet 境界条件 ($Bu = u$) または Neumann 境界条件 ($Bu = N_A u = \sum_{i,j=1}^{n} \nu_i a_{ij} \partial_j u$) のいずれかとする. 仮定 2.2 のように係数に滑らかさがない場合の弱解はどう定義すればよいのであろうか？ まず Dirichlet 境界条件の下で考えて，係数 $a_{ij}(x), V(x), f(x,t)$ および領域 D は滑らかとし，(2.24) の滑らかな解 $u(x,t)$ があるとする. 任意の $\phi \in C_0^\infty(D)$ を方程式 (2.24) にかけて D 上で積分し，さらに任意の $\eta(t) \in C^\infty([0,T])$ で $\eta(T) = 0$ なるものをかけて $[0,T]$ 上積分すると，$\varphi(x,t) = \phi(x)\eta(t) \in C^\infty(D \times [0,T])$ として

(2.25) $-\int_0^T (u(t), \partial_t \varphi(t))\, dt - (u(0), \varphi(0)) + \int_0^T Q(u(t), \varphi(t))\, dt$
$= \int_0^T (f(t), \varphi(t))\, dt$

となる. ここで $(f(t), \varphi(t)) = \int_D f(x,t)\varphi(x,t)\, dx$ および

$$Q(u(t), \varphi(t)) = \int_D (a_{ij}(x)\partial_j u(x,t)\partial_i \varphi(x,t) + V(x)u(x,t)\varphi(x,t))\, dx$$

などの記号を用いた. (2.25) は仮定 2.2 の下で，$(u(0), \varphi(0))$ を除けば，$f(x,t)$ および $u(x,t)$ が $L^2(D)$ あるいは $H_0^1(D)$ に値を持つ t に関する関数として 2 乗可積分であれば意味を持つので，(2.25) を弱解の定式化の出発点にする.

解の空間を設定するための準備として，一般に実 Hilbert 空間 Z に値を持つ Z-値関数全体の空間に関する必要な事柄をまとめておこう. (詳細は例えば [Yosi], [Zeid, 23 章] 参照.) 実 Hilbert 空間 Z の内積を $(\cdot, \cdot)_Z$，ノルムを $\|\cdot\|_Z$ で表わす. まず $k \in \mathbb{N}_0$ に対し，$C^k([0,T]; Z)$ によって，Z-値関数として k 階までの導関数が $[0,T]$ 上連続なもの全体を表わすとする. また $1 \leq p < \infty$ に対し，$(0,T)$ 上の Z-値可測関数で $\|u\|_{L^p(0,T;Z)} = \left(\int_0^T \|u(t)\|_Z^p\, dt \right)^{1/p} < \infty$ な

るもの(あるいは同値類)全体の集合を $L^p(0,T;Z)$ で表わす. また Z-値関数の弱微分の概念も実数値(あるいは複素数値)関数の場合と同様に定義される. すなわち $u \in L^1(0,T;Z)$ に対して, ある $w \in L^1(0,T;Z)$ が存在して

$$\int_0^T \frac{d^k\varphi}{dt^k} u(t)\,dt = (-1)^k \int_0^T \varphi(t)w(t)\,dt, \quad \varphi \in C_0^\infty(0,T)$$

なるとき $w(t)$ を $u(t)$ の k 階の**弱微分**(または超関数の意味での微分)といい $w = d^k u/dt^k$ と書く. そうして Z-値 Sobolev 空間を $H^k(0,T;Z) = \{u \in L^2(0,T;Z);\ d^j u/dt^j \in L^2(0,T;Z),\ j=1,\cdots,k\}$ で定義する.

注意 2.16($H^1(0,T;Z)$ **の性質**) これらは $Z = \mathbb{R}^1$ のときの通常の p-乗可積分関数全体の集合 $L^p(0,T;\mathbb{R}^1)$ および Sobolev 空間 $H^k(0,T;\mathbb{R}^1)$ と同様の性質を備えている. 例えば, $C^k([0,T];Z)$ は $H^k(0,T;Z)$ で稠密であり, さらに Z-値多項式関数全体の集合も $H^k(0,T;Z)$ で稠密となる. また(§2.2(d)の Sobolev の定理に対応して)$H^1(0,T;Z) \subset C^0([0,T];Z)$ で, しかも $u \in H^1(0,T;Z)$ は Z-値関数として絶対連続となる.

これらの空間を用いて放物型方程式の初期・境界値問題(2.24)の弱定式化を行なう. Dirichlet 境界条件と Neumann 境界条件とを統一的に扱う. X, Y を 2 つの**可分**(separable)(可算個からなる部分集合で稠密なものが存在すること)な実 Hilbert 空間とし, Y は X に**稠密に埋め込まれている**, すなわち Y は X の稠密な部分空間で, しかもある定数 $C > 0$ が存在して

(2.26) $$\|u\|_X \leqq C\|u\|_Y, \quad u \in Y$$

が成り立つとする. このことを以後 $Y \hookrightarrow X$ と書くことにする. X', Y' をそれぞれ X, Y の共役空間とすると $X' \hookrightarrow Y'$ となる(確かめよ). ここで X は Hilbert 空間ゆえ, Riesz の定理によって X と X' を同一視することにより $Y \hookrightarrow X \hookrightarrow Y'$ となる. $f \in Y'$, $v \in Y$ に対して $\langle f, v \rangle = f(v)$ と書く.

注意 2.17 $u \in X$ から定まる汎関数を $F_u(v) = (u,v)_X\ (v \in Y)$ とおくと $|F_u(v)| \leqq C\|u\|_X \|v\|_Y$ より $F \in Y'$ となる. 以後, $u \in X$ を Y' の元とみなすときはこの $F_u \in Y'$ と同一視する. すなわち $\langle u,v \rangle = (u,v)_X\ (u \in X,\ v \in Y)$. よって $\|v\|_X^2 \leqq \|v\|_Y \|v\|_{Y'}\ (v \in Y)$.

今，ある $\mathcal{A} \in \mathcal{L}(Y, Y')$ に対し $Q(u,v) = \langle \mathcal{A}u, v \rangle$ $(u, v \in Y)$ で定義される $Y \times Y$ 上の双1次形式 Q が**正値性**を持つとする：すなわち，ある定数 $a > 0$ と $b \geq 0$ が存在して

(2.27) $\qquad Q(u, u) \geqq a\|u\|_Y^2 - b\|u\|_X^2, \quad u \in Y$

を満たすものとする．ここで $\mathcal{A} \in \mathcal{L}(Y, Y')$ よりある定数 $M > 0$ が存在して

(2.28) $\qquad |Q(u, v)| \leqq M\|u\|_Y \|v\|_Y, \quad u, v \in Y$

が成り立つ．以下，弱微分 du/dt を単に u_t と書くことにする．さて，このとき(2.25)を念頭におき，"$g \in X$, $f \in L^2(0, T; Y')$ とするとき，$\varphi(T) = 0$ なる任意の $\varphi \in C^\infty([0, T]; Y)$ に対して

(2.29)
$$-\int_0^T \langle u(t), \varphi_t(t) \rangle \, dt - (g, \varphi(0))_X + \int_0^T Q(u(t), \varphi(t)) \, dt = \int_0^T \langle f(t), \varphi(t) \rangle \, dt$$

を満たす $u \in L^2(0, T; Y) \cap H^1(0, T; Y')$ を求める問題"を考えよう．ここで $u \in H^1(0, T; Y')$ を課したのは，$u(0)$ に意味を持たせるためである(注意2.16参照)．通常のSobolev空間同様，$\varphi \in C^\infty([0, T]; Y)$ で $\varphi(T) = 0$ なるもの全体の集合は，$\{\psi \in H^1(0, T; Y); \psi(T) = 0\}$ で稠密となる．よって稠密性の原理より(2.29)は $\varphi \in \{\psi \in H^1(0, T; Y); \psi(T) = 0\}$ に対して成立することと同値である．

ここで(2.29)の別の表現について述べておこう．まず，$u \in H^1(0, T; Y')$，$\varphi \in H^1(0, T; Y)$ に対して

(2.30)
$$\int_0^T \langle u_t(t), \varphi(t) \rangle \, dt + \int_0^T \langle u(t), \varphi_t(t) \rangle \, dt = \langle u(T), \varphi(T) \rangle - \langle u(0), \varphi(0) \rangle$$

が成り立つ．これは $H^1(0, T; Y')$ および $H^1(0, T; Y)$ の絶対連続性からの帰結である([Zeid]参照)．したがって，u が任意の $\varphi \in \{\psi \in H^1(0, T; Y); \psi(T) = 0\}$ に対して(2.29)を満たすことと，$u(0) = g$ かつ

(2.31) $\quad \displaystyle\int_0^T \langle u_t(t), \varphi(t) \rangle \, dt + \int_0^T Q(u(t), \varphi(t)) \, dt = \int_0^T \langle f(t), \varphi(t) \rangle \, dt$

を満たすこととは同値となる．よってまた，$u \in L^2(0, T; Y) \cap H^1(0, T; Y')$ が

§2.1 弱解の存在と一意性 I (斉次境界条件) —— 73

(2.32) $u_t + \mathcal{A}u = f$ in $L^2(0,T;Y')$; $u(0) = g$ in Y'

を満たすこととも同値となる. このとき u を方程式 $u_t + \mathcal{A}u = f$, $u(0) = g$ の**弱解**と呼ぼう. この設定の下で弱解の一意存在定理を述べる.

定理 2.18 $g \in X$, $f \in L^2(0,T;Y')$ に対して, 方程式 $u_t + \mathcal{A}u = f$, $u(0) = g$ の弱解 $u \in L^2(0,T;Y) \cap H^1(0,T;Y')$ がただ 1 つ存在する. さらに $u \in C^0([0,T];X)$ となり $u(0) = g \in X$ を満たす.   □

まずこの抽象的定理を放物型方程式の混合問題(2.24)に応用してみよう. $X = L^2(D)$, $Y = Y_D = H_0^1(D)$ あるいは $Y = Y_N = H^1(D)$ とし, $\mathcal{A} = L_D \in \mathcal{L}(Y_D, Y_D')$, あるいは $\mathcal{A} = L_N \in \mathcal{L}(Y_N, Y_N')$ とする. D および N はそれぞれ Dirichlet 境界条件, Neumann 境界条件を意味する. 定理 2.18 および注意 2.7, 注意 2.13 よりただちに次を得る. 以下, $\$$ は D または N を表わす.

系 2.19 $X = L^2(D)$, $Y = Y_\$$ とする. このとき任意の $g \in X$, $f \in L^2(0,T;Y_\$')$ に対して, 放物型方程式の混合問題(2.24)の弱解 $u \in L^2(0,T;Y_\$) \cap H^1(0,T;Y_\$')$, したがって $u \in C^0([0,T];X)$, がただ 1 つ存在する.   □

さて, 次のことに注意しよう.

補題 2.20 $u \in L^2(0,T;Y) \cap H^1(0,T;Y')$ ならば $u \in C^0([0,T];X)$ となる.

[証明] まず $C^1([0,T];Y)$ は $L^2(0,T;Y) \cap H^1(0,T;Y')$ で稠密となる(注意 2.16 参照). よって $u \in C^1([0,T];Y)$ に対し, T のみによる定数 C が存在して,

(2.33) $\displaystyle\sup_{t \in [0,T]} \|u(t)\|_X^2 \leqq C\bigl(\|u\|_{H^1(0,T;Y')}^2 + \|u\|_{L^2(0,T;Y)}^2\bigr)$

が成り立つことを示せばよい. このとき, $\dfrac{d}{dt}\|u(t)\|_X^2 = 2(u_t(t), u(t))_X = 2\langle u_t(t), u(t)\rangle$ を勝手な t^* から t まで積分して

(2.34) $\|u(t)\|_X^2 - \|u(t^*)\|_X^2 = 2\displaystyle\int_{t^*}^t \langle u_t(s), u(s)\rangle\,ds$

を得る. 今, $t^* \in [0,T]$ を $\|u(t^*)\|_X^2 = (1/T)\displaystyle\int_0^T \|u(s)\|_X^2\,ds$ なるようにとると, 任意の $t \in [0,T]$ に対して

$\|u(t)\|_X^2 \leqq (1/T)\displaystyle\int_0^T \|u(s)\|_X^2\,ds + 2\int_0^T \|u_t(s)\|_{Y'}\|u(s)\|_Y\,ds$

を得る. よって注意 2.17 より,

$$\sup_{t\in[0,T]} \|u(t)\|_X^2 \leqq (1/T)\|u\|_{L^2(0,T;Y)}\|u\|_{L^2(0,T;Y')} + 2\int_0^T \|u_t(s)\|_{Y'}\|u(s)\|_Y\, ds$$

となり Schwarz の不等式から (2.33) が得られる. ∎

定理 2.18 の証明の前に, 双 1 次形式 $Q(u,v)$ に対する正値性の仮定 (2.27) で, $b=0$ として一般性を失わない. 実際, $\tilde{\mathcal{A}} = \mathcal{A} + bI$, $\tilde{Q}(w,z) = Q(w,z) + b(w,z)_X$, I は注意 2.17 の同一視する作用素 ($Iw = F_w$ のこと) とおく. すると $\tilde{Q}$ は (2.27) で $b=0$ なる不等式を満たす. また $v(x,t) = e^{-bt}u(x,t)$ とおくことにより, $v_t = \tilde{\mathcal{A}}v + f$, $v(0) = g$ の一意可解性と $u_t = \mathcal{A}u + f$, $u(0) = g$ の一意可解性とは同値となるからである. この議論は放物型方程式の解析においてしばしば用いられる.

[定理 2.18 の一意性の証明] $b=0$ としてよい. まず, (2.31) は任意の $\varphi \in L^2(0,T;Y)$ に対して成立する. 実際, 集合 $\{\psi \in H^1(0,T;Y);\ \psi(T) = 0\}$ は $L^2(0,T;Y)$ で稠密だからである. よって $\varphi = u \in L^2(0,T;Y)$ が代入できて

$$\int_0^T \langle u_t(t), u(t)\rangle\, dt + \int_0^T Q(u(t), u(t))\, dt = \int_0^T \langle f(t), u(t)\rangle\, dt$$

となる. ここで $u \in L^2(0,T;Y) \cap H^1(0,T;Y')$ に対しても (2.34) が成り立つことに注意して

$$\frac{1}{2}(\|u(T)\|_X^2 - \|u(0)\|_X^2) + \int_0^T Q(u(t), u(t))\, dt = \int_0^T \langle f(t), u(t)\rangle\, dt.$$

(2.27) と Cauchy の不等式 $2\alpha\beta \leqq \varepsilon\alpha^2 + \varepsilon^{-1}\beta^2$ ($\varepsilon > 0$, $\alpha, \beta \geqq 0$) より

$$\frac{1}{2}\|u(T)\|_X^2 + a\int_0^T \|u(t)\|_Y^2\, dt$$
$$\leqq \frac{1}{2}\|u(0)\|_X^2 + \frac{1}{2}\left(a\int_0^T \|u(t)\|_Y^2\, dt + \frac{1}{a}\int_0^T \|f(t)\|_{Y'}^2\, dt\right)$$

となる. よって

(2.35) $\quad \dfrac{1}{2}\|u(T)\|_X^2 + \dfrac{a}{2}\|u\|_{L^2(0,T;Y)}^2 \leqq \dfrac{1}{2}\|g\|_X^2 + \dfrac{1}{2a}\|f\|_{L^2(0,T;Y')}^2$

が成り立つ. (2.35)より一意性が導かれる. ∎

注意 2.21(エネルギー評価) 任意の $t \in [0,T]$ に対し $\chi(s) = 1$ $(s \in [0,t])$; $= 0$ $(s \in (t,T])$ とし, $\varphi = \chi u \in L^2(0,T;Y)$ を代入することにより(2.35)は任意の $t \in [0,T]$ で成り立つ. ゆえに

$$(2.36) \quad \frac{1}{2} \sup_{t \in [0,T]} \|u(t)\|_X^2 + \frac{a}{2} \|u\|_{L^2(0,T;Y)}^2 \leqq \frac{1}{2} \|g\|_X^2 + \frac{1}{2a} \|f\|_{L^2(0,T;Y')}^2$$

が成り立つ. これは**エネルギー評価**と呼ばれる.

さて, Hilbert 空間 Z の有界集合は**弱コンパクト性**(weak compactness)を持つことを述べておこう(証明は[井川, p.80]参照).

命題 2.22 Hilbert 空間 Z の点列 z_n, $n = 1, 2, \cdots$, が有界とする: すなわち, ある定数 C があって $\|z_n\|_Z \leqq C$. このとき, ある部分列 $\{z_{n_k}\}_{k=1}^\infty \subset \{z_n\}$ とある $z \in Z$ があって z_{n_k} は z に Z で**弱収束**(weakly converge)する: すなわち, 任意の $w \in Z$ に対して $\lim_{k \to \infty} (z_{n_k}, w)_Z = (z, w)_Z$ を満たす. ∎

次の解の存在証明は **Galerkin の方法**といわれるものである.

[定理 2.18 の存在証明] まず $f \in C^0([0,T]; Y')$ に対して解を構成すれば十分である. なぜなら一般の $f \in L^2(0,T; Y')$ に対しては $f_n \in C^0([0,T]; Y')$ で f を $L^2(0,T; Y')$ で近似し, f_n に対する解 u_n のエネルギー評価をもとに u_n の極限として f に対する弱解 u をつかまえられるからである. 以下 $f \in C^0([0,T]; Y')$ とする.

第 1 段(近似解の構成): まず Y は可分なので可算個の 1 次独立な Y の部分集合 $\{\phi_n\}_{n=1}^\infty$ で Y で稠密となるものが存在する. Y_n を $\{\phi_j\}_{j=1}^n$ の張る部分空間とし P_n で X から Y_n への**直交射影**(orthogonal projection)を表わす. このとき $u_n(t) = \sum_{i=1}^n \alpha_i(t) \phi_i$, $\alpha_i(t) \in C^1[0,T]$ で

$$(2.37) \quad \langle (u_n)_t, \phi_j \rangle + \langle \mathcal{A} u_n, \phi_j \rangle = \langle f(t), \phi_j \rangle, \quad j = 1, \cdots, n, \quad u_n(0) = P_n g$$

を満たすものがただ 1 つ存在する. 実際, 係数 $\{\alpha_i(t)\}_{i=1}^n$ の満たすべき方程式は $g_{ij} = \langle \phi_i, \phi_j \rangle = (\phi_i, \phi_j)_X$ $(G = (g_{ij})_{1 \leqq i,j \leqq n}$ は正則行列となる$)$ として

$$(2.38) \quad \sum_{i=1}^{n} g_{ij}\frac{d\alpha_i(t)}{dt} + \sum_{i=1}^{n}\langle \mathcal{A}\phi_i, \phi_j\rangle \alpha_i(t) = \langle f(t), \phi_j\rangle, \quad \alpha_i(0)=\beta_i$$

となる. ただし $P_n g = \sum_{i=1}^{n}\beta_i\phi_i$ とした. $\langle f(t), \phi_j\rangle \in C^0[0,T]$ ゆえ, この1階の常微分方程式系はただ1つの解 $\{\alpha_i(t)\}_{i=1}^{n}$, $\alpha_i \in C^1[0,T]$ を持つ.

第2段(近似解の収束): 一意性の証明と同様に(2.38)に $\alpha_j(t)$ をかけ j についてたして積分することにより次を得る.

$$\frac{1}{2}(\|u_n(T)\|_X^2 - \|P_n g\|_X^2) + \int_0^T Q(u_n(t), u_n(t))\, dt = \int_0^T \langle f(t), u_n(t)\rangle\, dt.$$

また $\|P_n g\|_X \le \|g\|_X$ より, 定数 C が存在して

$$(2.39) \quad \|u_n\|_{L^2(0,T;Y)} \le C(\|f\|_{L^2(0,T;Y')} + \|g\|_X)$$

が成り立つ. よって $\{u_n\}$ は $L^2(0,T;Y)$ の有界列となり, Hilbert 空間 $L^2(0,T;Y)$ の弱コンパクト性より部分列 $\{u_{n_k}\}_{k=1}^{\infty}$ があって, ある $u \in L^2(0,T;Y)$ に弱収束する. このとき $\mathcal{A}u_{n_k}$ は $\mathcal{A}u$ に $L^2(0,T;Y')$ で弱収束することがわかる. また $L^2(0,T;Y) \hookrightarrow L^2(0,T;Y')$ なので u_{n_k} は u に $L^2(0,T;Y')$ でも弱収束する.

第3段(極限関数が方程式を満たすこと): $\mathcal{B} = \Big\{\phi(t) = \sum_{j=1}^{N}\beta_j(t)\phi_j;\ N \in \mathbb{N}, \beta_j \in C_0^{\infty}((0,T))\Big\}$ とおくと $\mathcal{B}$ は $C_0^{\infty}((0,T);Y)$ で稠密となる([Zeid, §23.9]参照). $\phi(t) = \sum_{j=1}^{N}\beta_j(t)\phi_j \in \mathcal{B}$ とおくと, $n \ge N$ に対し $\langle (u_n)_t, \phi(t)\rangle + \langle \mathcal{A}u_n(t), \phi(t)\rangle = \langle f(t), \phi(t)\rangle$ となる. ここで $\int_0^T \langle (u_n)_t, \phi(t)\rangle\, dt = -\int_0^T \langle u_n(t), \phi_t(t)\rangle\, dt$ に注意して

$$-\int_0^T \langle u_n(t), \phi_t(t)\rangle\, dt + \int_0^T \langle \mathcal{A}u_n(t), \phi(t)\rangle\, dt = \int_0^T \langle f(t), \phi(t)\rangle\, dt$$

を得る. この式で $n = n_k$ とし, さらに $k \to \infty$ として

$$(2.40) \quad -\int_0^T \langle u(t), \phi_t(t)\rangle\, dt + \int_0^T \langle \mathcal{A}u(t), \phi(t)\rangle\, dt = \int_0^T \langle f(t), \phi(t)\rangle\, dt, \quad \phi \in \mathcal{B}$$

を得る. さらに稠密性の原理より(2.40)は任意の $\phi \in C_0^{\infty}((0,T);Y)$ に対して成り立つ. したがって Y'-値超関数として u は $u_t + \mathcal{A}u = f$ を満たし, $u_t \in$

$L^2(0,T;Y')$ となる. よって $u\in L^2(0,T;Y)\cap H^1(0,T;Y')$ となり, また補題 2.20 より $u\in C^0([0,T];X)$ となる.

第4段(初期条件を満たすこと): 最後に $u(0)=g$ を示そう. まず(2.40) はさらに $\phi\in L^2(0,T;Y)$ に対しても成立することになるので, 特に $\mathcal{B}_T = \left\{\phi = \sum_{j=1}^{N} \beta_j(t)\phi_j; \ N\in\mathbb{N}, \ \beta_j\in C^\infty([0,T]), \ \beta_j(T)=0\right\}\subset H^1(0,T;Y)$ とおくと き, $\phi\in\mathcal{B}_T$ に対して(2.40)は成り立つ. よって(2.30)より, $\phi\in\mathcal{B}_T$ に対し

(2.41)
$$-\int_0^T \langle u(t),\phi_t(t)\rangle\,dt - \langle u(0),\phi(0)\rangle + \int_0^T \langle \mathcal{A}u(t),\phi(t)\rangle\,dt = \int_0^T \langle f(t),\phi(t)\rangle\,dt$$

を得る. 一方 $\phi = \sum_{j=1}^{N}\beta_j(t)\phi_j\in\mathcal{B}_T$ に対し $n\geq N$ のとき(2.37)と(2.30)より

(2.42)
$$-\int_0^T \langle u_n(t),\phi_t(t)\rangle\,dt - \langle u_n(0),\phi(0)\rangle + \int_0^T \langle \mathcal{A}u_n(t),\phi(t)\rangle\,dt = \int_0^T \langle f(t),\phi(t)\rangle\,dt$$

となる. ここで $u_n(0)=P_n g\to g$ in Y' である. 実際, $P_n g-g\in X$ より $\phi\in Y$ に対し $\langle P_n g-g,\phi\rangle = (P_n g-g,\phi)_X = (g,P_n\phi-\phi)_X$ となり, $\|P_n\phi-\phi\|_X \leq C\|P_n\phi-\phi\|_Y\to 0$ より $\langle P_n g-g,\phi\rangle\to 0$ を得る. よって(2.42)で $n=n_k$ とし, さらに $k\to\infty$ として

(2.43)
$$-\int_0^T \langle u(t),\phi_t(t)\rangle\,dt - \langle g,\phi(0)\rangle + \int_0^T \langle \mathcal{A}u(t),\phi(t)\rangle\,dt = \int_0^T \langle f(t),\phi(t)\rangle\,dt$$

を得る. (2.41)と(2.43)より, $\langle u(0)-g,\phi(0)\rangle = 0$ $(\phi\in\mathcal{B}_T)$. 特に, $\langle u(0)-g,\phi_j\rangle = 0$ $(j=1,\cdots)$ となる. $\{\phi_j\}$ は Y で稠密なので $u(0)=g$ を得る. ∎

§2.2　L^2-先験的評価と弱解の正則性

この節では §2.1 で構成した弱解が係数 $a_{ij}(x), V(x), f(x)$ および領域 D の滑らかさに応じてその解の Sobolev の意味での滑らかさが増すという **楕円型方程式の弱解の正則性理論**(elliptic regularity theory, H^s-**正則性理論**ともい

う)を示す．特に係数等が C^∞ 級なるとき，弱解も C^∞ 級になる．同時に弱解の H^s-ノルムを L^2-ノルムで押さえる **L^2-先験的評価**(L^2 a priori estimate) も示す．

(a) 楕円型方程式に対する内部 L^2-先験的評価と内部正則性

この項では楕円型方程式の弱解に対し，境界条件によらない**内部先験的評価**(interior a priori estimate)と**内部正則性**(interior regularity)について述べる．領域 D の部分領域 $D' \subset D$ に対して $\overline{D'}$ がコンパクトでかつ $\overline{D'} \subset D$ なることを，以後 $D' \Subset D$ なる記号で表わすことにする．まず，弱解の局所的性質だけを論じるのに便利な局所 Sobolev 空間を導入しよう．

定義 2.23 $k \in \mathbb{N}_0$ に対し $u \in H^k_{\mathrm{loc}}(D)$ とは，任意の $D' \Subset D$ に対して $u \in H^k(D')$ となることをいい，$H^k_{\mathrm{loc}}(D)$ を**局所 Sobolev 空間**と呼ぶ． □

問 2 $u \in H^k_{\mathrm{loc}}(D)$ は，任意の $\phi \in C_0^\infty(D)$ に対して $\phi u \in H^k_0(D)$ なることと同値である．またこのとき $\partial_x^\alpha (\phi u) = \sum_{\beta \leq \alpha} (\alpha!/\beta!(\alpha-\beta)!) \partial_x^\beta \phi \partial_x^{\alpha-\beta} u$ が成立する．

さて Lipschitz 連続性を思い出しておこう([高橋, p18]参照)．$f(x)$ が D で **Lipschitz 連続**であるとは $\|f\|_{C^{0,1}(\overline{D})} = \sup_{x,y \in D,\ x \neq y} |f(x)-f(y)|/|x-y| < \infty$ なることをいい，$f \in C^{0,1}(\overline{D})$ と書く．また $f(x)$ が D で**局所 Lipschitz 連続**であるとは各 $D' \Subset D$ に対し定数 $C_{D'}$ が存在して $\|f\|_{C^{0,1}(\overline{D'})} \leq C_{D'}$ なることをいい，$f \in C^{0,1}(D)$ と書く．また $k \in \mathbb{N}$ に対し $f \in C^{k,1}(D)$ とは $f \in C^k(D)$ であって，かつ $|\alpha| = k$ なる任意の α に対し $\partial_x^\alpha f \in C^{0,1}(D)$ なることをいう．

注意 2.24(**Lipschitz 関数の微分可能性**) $f \in C^1(D)$ なら $f \in C^{0,1}(D)$ なることは明らか．一方，$f \in C^{0,1}(D)$ ならば $f(x)$ は a.e. $x \in D$ で微分可能となる．また $f \in C^{0,1}(D)$ なることと，$f \in L^\infty_{\mathrm{loc}}(D)$ かつ f の超関数微分 $\partial_x f \in L^\infty_{\mathrm{loc}}(D)$ なることとは同値となる([EvGa, 4 章]参照)．

さて，この節を通して $L = -\partial_j(a_{ij}(x)\partial_j) + V(x)$ を考える．ここで $f \in L^2_{\mathrm{loc}}(D)$ に対し，$u \in H^1_{\mathrm{loc}}(D)$ が方程式 $Lu = f$ の**弱解**であるとは

§2.2 L^2-先験的評価と弱解の正則性 —— 79

(2.44) $$\int_D (a_{ij}\partial_j u \partial_i \phi + Vu\phi)\,dx = \int_D f\phi\,dx, \quad \phi \in C_0^\infty(D)$$

を満たすこととする.このとき(2.44)は $\operatorname{Supp}\phi \subset D$ なる任意の $\phi \in H_0^1(D)$ に対して成り立つ. §2.1 の境界値問題の弱解は,特に方程式 $Lu=f$ の弱解となる.さて,a_{ij}, V, f の局所的滑らかさが増せば,方程式 $Lu=f$ の弱解 u の局所的滑らかさも増すことを正確に述べよう.$k \in \mathbb{N}_0$, $A(x)=(a_{ij}(x))_{1\leq i,j \leq n}$ として,$a_{ij} \in C^{k,1}(D)$, $V \in C^{k-1,1}(D)$, $f \in H_{\mathrm{loc}}^k(D)$ なるとき,(A, V, f) は仮定 $(A)_{k,\mathrm{loc}}$ を満たすという.(ただし,$k=0$ のときの V の仮定は $V \in L^\infty(D)$ とする.)

定理 2.25(内部 H^s-正則性定理と内部 L^2-先験的評価) $k \in \mathbb{N}_0$ として,(A, V, f) は仮定 $(A)_{k,\mathrm{loc}}$ を満たすとする.このとき $u \in H_{\mathrm{loc}}^1(D)$ が方程式 $Lu=f$ の弱解ならば $u \in H_{\mathrm{loc}}^{k+2}(D)$ となる.また任意の $D_1 \Subset D_2 \Subset D$ に対し,$k, A(x), V(x)$ および $\operatorname{dist}(D_1, \partial D_2)$ のみによる定数 C が存在して次の評価が成り立つ.

(2.45) $$\|u\|_{H^{k+2}(D_1)} \leq C(\|u\|_{L^2(D_2)} + \|f\|_{H^k(D_2)}). \qquad \square$$

注意 2.26 この評価を含め以下のほとんどすべての評価は,より一般の作用素 $J = -\partial_j(a_{ij}(x)\partial_j) - b(x)\cdot\nabla + V(x)$ に対しても成り立つ.

系 2.27 $a_{ij}, V, f \in C^\infty(D)$ なるとき,方程式 $Lu=f$ の弱解 $u \in H_{\mathrm{loc}}^1(D)$ は $u \in C^\infty(D)$ となる.また(2.45)がすべての自然数 k に対して成り立つ. $\square$

定理 2.25 の証明は次項で行なう.系 2.27 は定理 2.25 と次の**局所的 Sobolev の埋め込み定理**(Sobolev's embedding theorem)から従う.

定理 2.28 整数 m, k が $0 \leq m < k - n/2$ を満たすとき,$H_{\mathrm{loc}}^k(D) \subset C^m(D)$ となる.特に各 $D_1 \Subset D_2 \Subset D$ に対し,m, k, n, D_1, D_2 のみによる定数 C が存在して,任意の $u \in H_{\mathrm{loc}}^k(D)$ に対して $\|u\|_{C^m(\overline{D_1})} \leq C\|u\|_{H^k(D_2)}$ が成り立つ.

[証明] $u \in H_{\mathrm{loc}}^k(D)$ より,任意の $\phi \in C_0^\infty(D)$ に対して $\phi u \in H_0^k(D)$ となる.ここで,一般に $g \in H_0^k(D)$ を D の外側に 0-拡張したものを $g^\sharp$ とおくと $g^\sharp \in H^k(\mathbb{R}^n)$ で $\|g^\sharp\|_{H^k(\mathbb{R}^n)} = \|g\|_{H^k(D)}$ が成り立つ(確かめよ).また定理 1.5 より $m < k - n/2$ のとき $H^k(\mathbb{R}^n) \subset C_b^m(\mathbb{R}^n)$ で,ある定数 C に対し次の評価が

成り立つ.

(2.46) $\quad \|f\|_{C_b^m(\mathbb{R}^n)} \leqq C\|f\|_{H^k(\mathbb{R}^n)}, \quad f \in H^k(\mathbb{R}^n).$

よって $\|\phi u\|_{C^m(\overline{D})} = \|(\phi u)^\sharp\|_{C_b^m(\mathbb{R}^n)} \leqq C\|(\phi u)^\sharp\|_{H^k(\mathbb{R}^n)} = C\|\phi u\|_{H^k(D)}.$ $D_1 \Subset D_2$ $\Subset D$ に対して $\phi \in C_0^\infty(D)$ を $\phi(x) \equiv 1$ $(x \in D_1),$ Supp $\phi \subset D_2$ なるようにとることによって結論を得る. ■

最後に,任意の領域 D に対する次の **Meyers–Serrin** の定理を述べておく:"$k \in \mathbb{N}_0$ とする. $C^\infty(D) \cap H^k(D)$ は $H^k(D)$ で稠密となる". 証明は例えば[GiTr, Theorem 7.9]を参照されたい.

(b) 楕円型方程式に対する内部正則性定理の証明

この項では,差分商の方法により定理 2.25 の証明を与える.最初の H^2-正則性の証明が本質的であり,一般の H^k-正則性は帰納的な議論から従う.まず準備として **Mazur の定理**(証明は例えば[Yosi, p.120]を参照)を思い出しておこう.

命題 2.29(Mazur) Banach 空間 X の点列 $\{w_i\}$ が $w \in X$ に X で弱収束するとき,w は $\{w_i\}$ の**閉凸包**(closed convex hull)に含まれる:すなわち各 i に対してある $k_i \in \mathbb{N}$ と正定数 $C_{i,j}$ $(j=1,\cdots,k_i)$ で $\sum_{j=1}^{k_i} C_{i,j} = 1$ なるものが存在して $z_i = \sum_{j=1}^{k_i} C_{i,j} w_j \to w$ in X が成り立つ. □

各 $i = 1, \cdots, n$ に対し i 座標方向の単位ベクトルを e_i とし,$h \neq 0,\ h \in \mathbb{R}$ に対し**差分商**(difference quotient)$(\Delta_i^h u)(x)$ を $(\Delta_i^h u)(x) = (u(x+he_i)-u(x))/h$ で定義する.次のことは容易にわかる(確かめよ).

補題 2.30 $D' \Subset D$ かつ $0 < h < \mathrm{dist}(D',\partial D)$ とする.このとき $u \in L^2(D),$ $v \in L^2(D)$ で Supp $v \subset D'$ なるとき次が成り立つ.

(2.47) $\quad \displaystyle\int_D (\Delta_i^h u)(x) v(x)\, dx = -\int_D u(x)(\Delta_i^{-h} v)(x)\, dx,$

(2.48) $\quad \Delta_i^h(uv)(x) = u(x)(\Delta_i^h v)(x) + (\Delta_i^h u)(x) v(x+he_i).$ □

補題 2.31 $i \in \{1,\cdots,n\}$ を1つ固定し $u \in H^1(D)$ とする.このとき任意の $D' \Subset D$ と任意の $h \neq 0,\ |h| < \mathrm{dist}(D',\partial D)$ に対して $\Delta_i^h u \in L^2(D')$ で次が成り立つ.

(2.49) $$\|\Delta_i^h u\|_{L^2(D')} \leqq \|\partial_i u\|_{L^2(D)}.$$

[証明の方針] Meyers–Serrin の定理と稠密性の原理より $u \in C^\infty(D) \cap H^1(D)$ に対して(2.49)を示せば十分である．また $h > 0$ で $i = 1$ として一般性を失わない．そこで $u \in C^\infty(D) \cap H^1(D)$ とし，$\Delta_1^h u$ を単に $\Delta^h u$ と書く．$x \in D'$ と $0 < h < \mathrm{dist}(D', \partial D)$ に対して $x = (x_1, x')$ として

$$\Delta^h u(x) = \frac{1}{h}(u(x + he_1) - u(x)) = \frac{1}{h}\int_0^h (\partial_1 u)(x_1 + t, x')\,dt$$

となる．これを積分して評価すればよい． ∎

問3 補題 2.31 を証明せよ．

逆に次が成り立つ．以下，超関数の意味での微分を**弱微分**と呼ぶ．

補題 2.32 $i \in \{1, \cdots, n\}$ を 1 つ固定し，$u \in L^2(D)$ として $D' \Subset D$ とする．ある定数 $K > 0$ が存在して $\|\Delta_i^h u\|_{L^2(D')} \leqq K$ $(0 < h < \mathrm{dist}(D', \partial D))$ ならば，弱微分 $\partial_i u \in L^2(D')$ が存在して $\|\partial_i u\|_{L^2(D')} \leqq K$ が成り立つ．

[証明] $i = 1$ としてよい．$\Delta^h u = \Delta_1^h u$, $h' = \mathrm{dist}(D', \partial D)$ とおく．仮定より $\{\Delta^h u\}_{0 < h < h'}$ は $L^2(D')$ の有界集合となるので，$L^2(D')$ の弱コンパクト性より，適当な部分列 $\{\Delta^{h_m} u\}$, $h_m \to 0$ $(m \to \infty)$ と $v \in L^2(D')$ があって $\Delta^{h_m} u$ は v に $L^2(D')$ で弱収束し，かつ

$$\|v\|_{L^2(D')} \leqq \varliminf_{m \to \infty} \|\Delta^{h_m} u\|_{L^2(D')} \leqq K.$$

したがって特に $\int_{D'} \varphi \Delta^{h_m} u\,dx \to \int_{D'} \varphi v\,dx$ $(m \to \infty)$ $(\varphi \in C_0^\infty(D'))$．一方 $\varphi \in C_0^\infty(D')$ を 1 つ固定するとき $0 < h_m < \mathrm{dist}(\mathrm{Supp}\,\varphi, \partial D')$ なる h_m に対し補題 2.30 より $\int_{D'} \varphi \Delta^{h_m} u\,dx = -\int_{D'} u \Delta^{-h_m} \varphi\,dx$ である．よって Lebesgue の収束定理から $\int_{D'} \varphi \Delta^{h_m} u\,dx \to -\int_{D'} u \partial_1 \varphi\,dx$ $(m \to \infty)$．ゆえに $-\int_{D'} u \partial_1 \varphi\,dx = \int_{D'} \varphi v\,dx$ となり，これは u が弱微分 $\partial_1 u = v \in L^2(D')$ を持つことを意味し $\|\partial_1 u\|_{L^2(D')} \leqq K$ となる． ∎

さて，弱解の局所 H^1-ノルムは局所 L^2-ノルムで押さえられる．

補題 2.33（Caccioppoli の不等式） a_{ij}, V は仮定 2.2 を満たすとし $f \in L^2_{\text{loc}}(D)$ と仮定する．$u \in H^1_{\text{loc}}(D)$ が $Lu = f$ の弱解であるとき，任意の $D_1 \Subset D_2 \Subset D$ に対し u, f によらない定数 C が存在して次が成り立つ．

(2.50) $$\|u\|_{H^1(D_1)} \leqq C(\|u\|_{L^2(D_2)} + \|f\|_{L^2(D_2)}).$$

特に $B_r(x_0) \equiv \{x \in \mathbb{R}^n ; |x - x_0| < r\} \Subset D$ なる $x_0 \in D$, $r > 0$ に対して u, f, r, x_0 によらない定数 C が存在して次が成り立つ．

(2.51)
$$\int_{B_{r/2}(x_0)} |\partial_x u|^2 \, dx \leq C\left[(r^{-2} + (1 + \|V^-\|_{L^\infty(B_r(x_0))}))\int_{B_r(x_0)} |u|^2 \, dx + \int_{B_r(x_0)} |f|^2 \, dx\right]$$

[証明] $\eta \in C_0^\infty(D_2)$ を $\eta(x) \equiv 1$ $(x \in D_1)$, $0 \leqq \eta(x) \leqq 1$, $|\partial_x \eta(x)| \leqq K$ (K はある定数) なるようにとり，$\phi = \eta^2 u \in H_0^1(D)$ を試験関数として (2.44) に代入する．Schwarz の不等式と $2ab \leqq \varepsilon a^2 + \varepsilon^{-1} b^2$ ($\varepsilon > 0$, $a, b \geqq 0$) を用いて

(2.52)
$$\frac{\mu}{2}\int_{D_1}|\partial_x u|^2\,dx \leq \frac{2K^2}{\mu}\int_{D_2}|u|^2\,dx + \frac{1}{2}\|f\|^2_{L^2(D_2)} + \left(\frac{1}{2} + \|V^-\|_{L^\infty(D_2)}\right)\|u\|^2_{L^2(D_2)}$$

を得る（確かめよ）．これから (2.50) が得られる．(2.51) は $\eta \in C_0^\infty(B_r(x_0))$ を $\eta(x) \equiv 1$ $(x \in B_{r/2}(x_0))$, $|\partial_x \eta(x)| \leqq K/r$ なるようにとればよい． ∎

[定理 2.25 の証明] 第 1 段：$k = 0$ の場合を示す．まず仮定から，$u \in H^1_{\text{loc}}(D)$ は $\text{Supp}\,\phi \subset D$ なる任意の $\phi \in H_0^1(D)$ に対して

(2.53) $$\int_D a_{ij}\partial_j u \partial_i \phi \, dx = \int_D g\phi \, dx$$

を満たす．ここで $g(x) = f(x) - V(x)u(x) \in L^2_{\text{loc}}(D)$ である．$D_1 \Subset D_2 \Subset D$ とし，$h_0 = (1/2)\text{dist}(D_1, \partial D_2)$ とするとき，$D' = B_{h_0}(D_1)$ とおくと $D_1 \Subset D' \Subset D_2$ となる．ここで $B_{h_0}(D_1) = \bigcup_{x \in D_1} B_{h_0}(x)$. そこで $\eta \in C_0^\infty(D_2)$ を $0 \leqq \eta(x) \leqq 1$, $\eta(x) \equiv 1$ $(x \in D_1)$, $\text{Supp}\,\eta \subset D'$ となるようにとる．$|h| < h_1 \equiv (1/2)\text{dist}(D', \partial D_2)$ と $l \in \{1, \cdots, n\}$ に対して $v = \eta^2 \Delta_l^h u$ とおくと $v \in H_0^1(D)$ かつ $\text{Supp}\,v \subset D'$ となる．よって $\text{Supp}(\Delta_l^{-h} v) \subset D_2 \Subset D$ となり $\Delta_l^{-h} v \in H_0^1(D)$ を得る（後述の補題 2.50 参照）．以後 l を 1 つ固定して $\Delta_l^h v$ を単に $\Delta^h v$ と書く．この

§2.2　L^2-先験的評価と弱解の正則性

とき $\phi = \Delta^{-h}v \in H_0^1(D)$ を (2.44) に代入して補題 2.30 より

(2.54)
$$\int_D a_{ij}(x+he_l)\partial_j(\Delta^h u)\partial_i v\, dx = \int_D (\Delta^h a_{ij}(x))\partial_j u \partial_i v\, dx + \int_D g\Delta^{-h}v\, dx.$$

$a_{ij} \in C^{0,1}(D)$ と $B_{h_1}(D') \Subset D_2$ より $|\Delta^h a_{ij}(x)| \leq \|a_{ij}\|_{C^{0,1}(\overline{D_2})} \leq K < \infty$. よって補題 2.31 より

$$|(2.54)\text{の右辺}| \leq K\|\partial_x u\|_{L^2(D_2)}\|\partial_x v\|_{L^2(D_2)} + \|g\|_{L^2(D_2)}\|\partial_x v\|_{L^2(D_2)}$$

を得る. さらに $\partial_i v = 2\eta\partial_i\eta(\Delta^h u) + \eta^2\partial_i(\Delta^h u)$ より補題 2.31 と Cauchy の不等式から, 任意の $\varepsilon > 0$ に対し ε と μ のみによる定数 $C(\varepsilon, \mu)$ が存在して

$$\mu\int_D \eta^2|\partial_x(\Delta^h u)|^2\, dx \leq \int_D \eta^2 a_{ij}(x+he_l)\partial_j(\Delta^h u)\partial_i(\Delta^h u)\, dx$$
$$\leq \varepsilon\int_D \eta^2|\partial_x(\Delta^h u)|^2\, dx + C(\varepsilon,\mu)(\|\partial_x u\|_{L^2(D_2)}^2 + \|f\|_{L^2(D_2)}^2 + \|u\|_{L^2(D_2)}^2)$$

が得られる(計算してみよ). よって $\varepsilon = \mu/2$ として $\eta(x) \equiv 1$ $(x \in D_1)$ に注意すれば, $0 < h < h_1$ なる h に対して

$$\frac{\mu}{2}\|\Delta^h(\partial_x u)\|_{L^2(D_1)}^2 \leq \frac{\mu}{2}\|\eta\Delta^h(\partial_x u)\|_{L^2(D)}^2 \leq C(\|u\|_{H^1(D_2)}^2 + \|f\|_{L^2(D_2)}^2)$$

を得る. したがって補題 2.32 より, $\partial_x u \in H^1(D_1)$ かつ

$$\|\partial_i\partial_j u\|_{L^2(D_1)} \leq C(\|u\|_{H^1(D_2)} + \|f\|_{L^2(D_2)}), \quad i,j=1,\cdots,n$$

が成り立つ. ゆえに $\|u\|_{H^2(D_1)} \leq C(\|u\|_{H^1(D_2)} + \|f\|_{L^2(D_2)})$ となる. D_2 をとりなおして Caccioppoli の不等式から結論を得る.

第 2 段: $k \geq 1$ に対しては第 1 段の議論を帰納的に用いて示される. ここでは $k=1$ の場合を示そう. このとき仮定は $a_{ij} \in C^{1,1}(D)$, $V \in C^{0,1}(D)$, $f \in H^1_{\mathrm{loc}}(D)$ である. 勝手な $\varphi \in C_0^\infty(D)$ に対し $\phi = \partial_k\varphi \in C_0^\infty(D)$, $k=1,\cdots,n$ を (2.53) に代入する. すでに第 1 段で $u \in H^2_{\mathrm{loc}}(D)$ はわかっていて(§3.2 の積公式から) $\int_D a_{ij}\partial_j\partial_k u\partial_i\varphi\, dx + \int_D \partial_k a_{ij}\partial_j u\partial_i\varphi\, dx = \int_D \partial_k g\varphi\, dx$ となる. したがって $\widetilde{g} = \partial_k g + \partial_i(\partial_k a_{ij}\partial_j u)$ とおくと, 仮定と $u \in H^2_{\mathrm{loc}}(D)$ および注意 2.24 より $\widetilde{g} \in L^2_{\mathrm{loc}}(D)$ となり, $w = \partial_k u \in H^1_{\mathrm{loc}}(D)$ は

(2.55)
$$\int_D a_{ij}\partial_j w\partial_i\varphi\, dx = \int_D \widetilde{g}\varphi\, dx, \quad \varphi \in C_0^\infty(D)$$

を満たすことになる．(2.55) は $\mathrm{Supp}\,\varphi \subset D$ なる任意の $\varphi \in H_0^1(D)$ に対しても成立することになり，第1段より $w \in H_{\mathrm{loc}}^2(D)$ かつ
$$\|w\|_{H^2(D_1)} \leqq C(\|w\|_{H^1(D_2)} + \|\widetilde{g}\|_{L^2(D_2)}) \leqq C'(\|u\|_{H^2(D_2)} + \|f\|_{H^1(D_2)})$$
を得る．$w = \partial_k u$ なので結局 $u \in H_{\mathrm{loc}}^3(D)$ となり，第1段の評価と合わせて
$$\|u\|_{H^3(D_1)} \leqq C(\|u\|_{L^2(D_2)} + \|f\|_{H^1(D_2)})$$
が得られる．$k \geqq 2$ の場合は読者にまかせる． ∎

(c) 楕円型方程式の解の解析性

2階楕円型方程式 $Lu = f$ の解 u に対し，a_{ij}, V, f が $C^\infty(D)$ に属するなら $u \in C^\infty(D)$ となることはすでに学んだが，a_{ij}, V, f が実解析的であるとき u も実解析的になる．したがって特に $f = 0$ のとき，解 u は恒等的に 0 でなければ，ある点 $x_0 \in D$ で無限次の位数 (order) で消えることはない．この性質を**強一意接続性**(strong unique continuation) という．この性質は実解析的でない係数 a_{ij}, b_j, V に対しても，かなりゆるい条件のもとで成り立ち(演習問題2.8参照)，解 u の零点(すなわち $u(x) = 0$ なる点 x)の近くでの u の挙動がある程度わかることになる．

さて，$u \in C^\infty(D)$ が $x_0 \in D$ で実解析的であるとは，x_0 のある近傍 U とある定数 $C, A > 0$ があって

$$(2.56) \quad \sup_{x \in U} |\partial_x^\alpha u(x)| \leqq C A^{|\alpha|} \alpha!$$

が任意の多重指数 α に対して成立することであり，任意の $x_0 \in D$ で実解析的であるとき u は D で実解析的であるといい，$u \in C^\omega(D)$ と書いた(§1.1, §1.3参照)．ここで $n^{|\alpha|} = (1 + \cdots + 1)^{|\alpha|} = \sum_{|\beta|=|\alpha|} |\beta|!/\beta! \geqq |\alpha|!/\alpha! \geqq 1$ より $\alpha! \leqq |\alpha|! \leqq \alpha! n^{|\alpha|}$ が成り立つので(2.56)は

$$(2.57) \quad \sup_{x \in U} |\partial_x^\alpha u(x)| \leqq C' A^{|\alpha|} |\alpha|!$$

と同値となる．

定理 2.34(解の解析性) $a_{ij}, V, f \in C^\omega(D)$ とする．このとき $u \in C^\infty(D)$

が D 上での $Lu=f$ の解ならば $u\in C^\omega(D)$ となる.

[証明の方針] 各 $x_0\in D$ での実解析性を示せばよい. $m>n/2$ とし, 球 $B=B_r(x_0)\Subset D$ をとり固定する. $\phi\in C_0^\infty(B)$ を $\phi(x)\equiv 1$ $(x\in B_{r/2}(x_0))$, $0\leqq\phi\leqq 1$ なるようにとる. このとき定数 M,A が存在して, 任意の α に対して

(2.58) $$\|\phi^{|\alpha|}\partial_x^\alpha u\|_{H^m(B)} \leqq MA^{|\alpha|}|\alpha|!$$

が成り立つ. 実際, "$u,v\in H^m(B)$ ならば $uv\in H^m(B)$ となること" (演習問題 2.3) および交換子の方法によって, 適当に定数 M,A を選べば上の評価が成り立つことが帰納法によってわかる ([Kato] を参照されたい). (2.58) から Sobolev の埋め込み定理によって (2.57) が得られ, これから u は x_0 で実解析的となる. ∎

注意 2.35(解析的準楕円性) 実解析的係数を持つ線形偏微分作用素 P に対して, "$Pu=0$ の超関数解は実解析的となる" とき, P は**解析的準楕円型** (analytically hypoelliptic) であるという. P が楕円型ならば解析的準楕円型であるが, その逆は P が定数係数ならば成立する (定理 1.24) が, 一般にはもはや成立しないことが知られている.

(d) 大域的 L^2-先験的評価と大域的正則性

ここでは D は有界領域とし, Dirichlet (あるいは Neumann) 境界値問題の弱解の**大域的正則性** (global regularity) と**大域的先験的評価** (global a priori estimate) について述べる. 例えば $\Delta u=f\in L^2(D)$ の弱解 $u\in H_0^1(D)$ に対して $u\in H^2(D)$ となるであろうか? この大域的正則性を得るには領域 D に対して制限がいる.

例 2.36 $a,b>0$, $2\pi>\omega>\pi$ とし, D を次の 3 次元領域 $D=\{(r\cos\theta,\ r\sin\theta,z)\in\mathbb{R}^3;\ 0<r<1,\ 0<\theta<\omega,\ a<z<b\}$ とする. $\eta(r)\in C_0^\infty([0,1))$, $\eta(r)\equiv 1$ $(r\leqq 1/2)$, $\varphi(z)\in C_0^\infty(a,b)$ として $u(r,\theta,z)=\eta(r)r^{\pi/\omega}\sin(\pi\theta/\omega)\varphi(z)$ を考える. このとき $u\in H_0^1(D)$ かつ $\Delta u\in L^2(D)$ となるが $u\notin H^2(D)$ となることがわかる. 実は凸領域 D に対して (上の領域で $0<\omega\leqq\pi$ の場合) なら上の大域的正則性が成り立つことが知られている ([Gris, 3 章] 参照). □

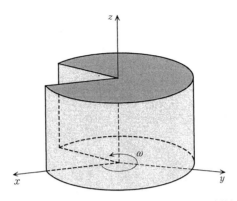

図 2.2 大域的正則性定理が成り立たない領域

大域的正則性定理が成り立つための領域の条件を述べよう.

定義 2.37（C^k 級領域, $C^{k-1,1}$ 級領域） $k \in \mathbb{N}$ とする. 有界領域 D の境界 ∂D 上の各点 x_0 のある近傍 U で D が C^k 級の関数 ϕ のグラフの片側として書けるとき(すなわち, 適当な座標変換と $\phi \in C^k(\Omega)$ (Ω は $\mathbb{R}^{n-1}$ における原点のある近傍)によって, $\partial D \cap U = \{x \in U; x_n = \phi(x_1, \cdots, x_{n-1})\}$ かつ $D \cap U = \{x \in U; x_n > \phi(x_1, \cdots, x_{n-1})\}$ が成立すること), D は C^k 級領域であるといい, また $C^{k-1,1}$ 級の関数のグラフの片側として書けるとき, D は $C^{k-1,1}$ 級領域であるという. 特に $C^{0,1}$ 級領域を **Lipschitz 領域**という. □

もちろん, C^k 級領域は $C^{k-1,1}$ 級領域である. 直方体, 多角形領域などのように Lipschitz 領域は自然に現れる. さて D を C^k 級領域とする. このとき次のことがわかる(例えば[Wlok, p.49]参照). 各 $x_0 \in \partial D$ に対して x_0 を中心とした十分小さい半径の球 $B = B(x_0)$ と B から $\mathbb{R}^n$ のある開集合 $G \ni O$ ($G \subset \mathbb{R}^n$) への 1 対 1, 上への写像 Φ が存在して次を満たす: $\Phi \in C^k(\overline{B})$ かつ $\Psi = \Phi^{-1} \in C^k(\overline{G})$, $G_+ \equiv \Phi(B \cap D) \subset \mathbb{R}^n_+ = \{x \in \mathbb{R}^n; x_n > 0\}$, $\Phi(B \cap \partial D) \subset \partial \mathbb{R}^n_+$ かつ $\Phi(x_0) = O$. この Φ を B から G への **k-微分同型写像**という. $C^{k-1,1}$ 級領域 D に対しても, 同様に $(k-1,1)$-微分同型写像 Φ が存在する. このとき $\Phi(\Psi(y)) = y$ ($y \in G$) より, ある正定数 C, C' が存在して

$$C \leq \left|\frac{\partial \Phi}{\partial x}\right| \leq C^{-1}, \quad C' \leq \left|\frac{\partial \Psi}{\partial y}\right| \leq C'^{-1}$$

が(a. e. x, y で)成り立つ. ここで $\left|\dfrac{\partial \Phi}{\partial x}\right|$ 等は Jacobi 行列式であり, Lipschitz 関数はほとんどいたるところで微分可能であったことを思い出していただきたい. さて $k \in \mathbb{N}_0$ に対し, D は C^{k+2} 級領域で $a_{ij} \in C^{k,1}(\overline{D})$, $V \in C^{k-1,1}(\overline{D})$, $f \in H^k(D)$ (ただし, $k=0$ のときの V の仮定は $V \in L^{\infty}(D)$ とする)なるとき, (A, V, f, D) は仮定 $(\mathbf{A})_k$ を満たすという. ここで $g \in C^{k,1}(\overline{D})$ とは $g \in C^k(\overline{D})$ で任意の $|\alpha| = k$ に対して $\partial_x^{\alpha} g \in C^{0,1}(\overline{D})$ なることをいう.

定理 2.38(大域的正則性定理と大域的 L^2-先験的評価) $k \in \mathbb{N}_0$ とし, (A, V, f, D) は仮定 $(\mathbf{A})_k$ を満たすとする. $u \in H_0^1(D)$ を Dirichlet 問題 (2.4) の弱解とするとき (あるいは $u \in H^1(D)$ を Neumann 問題 (2.16) の弱解とするとき), $u \in H^{k+2}(D)$ となる. また, $k, A(x), V(x), D$ のみによる定数 C が存在して次の評価が成り立つ.

(2.59) $$\|u\|_{H^{k+2}(D)} \leqq C(\|u\|_{L^2(D)} + \|f\|_{H^k(D)}).$$ □

系 2.39 D が C^{∞} 級領域で $a_{ij}, V, f \in C^{\infty}(\overline{D})$ のとき, (2.4) の弱解 $u \in H_0^1(D)$ (あるいは (2.16) の弱解 $u \in H^1(D)$)) は, $u \in C^{\infty}(\overline{D})$ となり $u(x) = 0$ $(x \in \partial D)$ (あるいは $N_A u(x) = 0$ $(x \in \partial D)$)を満たす. □

定理 2.38 の証明は本項の最後に行なう. 系 2.39 は定理 2.38 と次の定理から従う.

定理 2.40(Sobolev の埋め込み定理, I) D は $C^{0,1}$ 級領域とする. 整数 m, k が $0 \leqq m < k - n/2$ を満たすとき $H^k(D) \subset C^m(\overline{D})$ が成り立つ. さらに m, k, n, D のみによる定数 C が存在して次の評価が成り立つ:

(2.60) $$\|u\|_{C^m(\overline{D})} \leqq C\|u\|_{H^k(D)}, \quad u \in H^k(D).$$ □

例 2.41 $\mathbb{R}^n$ の C^{∞} 級領域 D と $T > 0$ に対し筒状領域 $Q = D \times (0, T) \subset \mathbb{R}^{n+1}$ は $\mathbb{R}^{n+1}$ における $C^{0,1}$ 領域となる (これ以上の滑らかさはない). したがって $0 \leqq m < k - (n+1)/2$ なる整数 m, k に対して定理 2.40 より $H^k(Q) \subset C^m(\overline{Q})$ が成り立つ. □

定理 2.40 は次の拡張定理を用いて, 定理 2.28 と同様にして容易に導くことができる.

定理 2.42(拡張定理) $k \in \mathbb{N}$ とし D は $C^{0,1}$ 級領域とする. このとき有界線形作用素 $E: H^k(D) \to H^k(\mathbb{R}^n)$ で $(Eu)(x) = u(x)$ $(x \in D, u \in H^k(D))$ か

つ Supp(Eu) がコンパクトとなるものが存在する. □

上の性質を持つ作用素 E を H^k-**拡張作用素**という. 領域 D で H^k-拡張作用素 E が存在するとき D は H^k-**拡張性**(H^k-extension property)を持つという. D が H^k-拡張性を持つとき, "$C^\infty(\overline{D})$ が $H^k(D)$ で稠密になる" ことが $C_0^\infty(\mathbb{R}^n)$ の $H^k(\mathbb{R}^n)$ での稠密性からわかる. したがって定理 2.42 より Lipschitz 領域 D に対して, すべての $k \in \mathbb{N}$ で $C^\infty(\overline{D})$ は $H^k(D)$ で稠密となる. 本書では次節において, まず半空間 $D = \mathbb{R}_+^n$ のときの拡張定理を述べ, $k \in \mathbb{N}$ で D が $C^{k-1,1}$ 級領域なら H^k-拡張性を持つことを $(k-1,1)$-微分同型写像を用いて説明するにとどめておく. $C^{0,1}$ 級領域での H^k-拡張性の証明については[アグモン], [Wlok]等を参照されたい.

さてここでは Dirichlet 問題の弱解の大域的正則性の証明を与えよう (Neumann 問題についても同様であるので省略する). この証明には次の境界正則性が本質的である. 以下, $u \in H_0^1(D)$ は Dirichlet 問題(2.4)の弱解とし, $k \in \mathbb{N}_0$ に対し (A, V, f, D) は仮定 $(\mathrm{A})_k$ を満たしているとする.

定理 2.43(**境界正則性定理**) 各 $x_0 \in \partial D$ に対して, x_0 のある近傍 U_{x_0} が存在して $u \in H^{k+2}(U_{x_0} \cap D)$ となり, ある定数 $C (= C(x_0))$ が存在して次が成り立つ.

$$(2.61) \qquad \|u\|_{H^{k+2}(U_{x_0} \cap D)} \leqq C(\|u\|_{H^1(D)} + \|f\|_{H^k(D)}).$$

[証明の方針] 第1段: 各 $x_0 \in \partial D$ に対し, $B = B_1(O)$ として x_0 の近傍 $U = U_{x_0}$ および $(k+2)$-微分同型写像 Φ が存在して, $U = \Phi^{-1}(B)$, $U \cap \partial D = \Phi^{-1}(B \cap \partial \mathbb{R}_+^n)$, $\Phi \in C^{k+2}(\overline{U})$, $\Phi^{-1} \in C^{k+2}(\overline{B})$, が成り立つとしてよい. $D_+ = B \cap \mathbb{R}_+^n$, $U_+ = \Phi^{-1}(D_+) = D \cap U$ とおく. さて, $u \in H_0^1(D)$ なので任意の $\eta \in C_0^\infty(U)$ に対して $\eta u \in H_0^1(U_+)$ となる. そこで $y \in D_+$ に対して $u^*(y) = u(\Phi^{-1}(y))$ とおくと, 任意の $\eta^* \in C_0^\infty(B)$ に対し $\eta^* u^* \in H_0^1(D_+)$ となる. よって, 変数変換 $x = \Phi^{-1}(y)$ により, D_+ 上で仮定 $(\mathrm{A})_k$ を満たす (a_{ij}^*, V^*, f^*) が存在して u^* は次を満たすことがわかる.

$$(2.62) \qquad \int_{D_+} (a_{ij}^* \partial_j u^* \partial_i \phi + V^* u^* \phi) \, dy = \int_{D_+} f^* \phi \, dy, \quad \phi \in H_0^1(D_+).$$

第2段: $0 < \lambda < 1$ なる λ を 1 つ固定し, $D_{\lambda,+} = B_\lambda(O) \cap \mathbb{R}_+^n$, $U_{\lambda,+} = $

§2.2 L^2-先験的評価と弱解の正則性 —— 89

$\Phi^{-1}(D_{\lambda,+})$ とおく．このとき $u^* \in H^{k+2}(D_{\lambda,+})$ となり，定数 C が存在して

(2.63) $\qquad \|u^*\|_{H^{k+2}(D_{\lambda,+})} \leqq C(\|u^*\|_{H^1(D_+)} + \|f^*\|_{H^k(D_+)})$

が成り立つことを示せばよい．実際(2.63)から変数変換により $U_{\lambda,+} = \Phi^{-1}(D_{\lambda,+})$ として，もとの u に対して $u \in H^{k+2}(U_{\lambda,+})$ となり $\|u\|_{H^{k+2}(U_{\lambda,+})} \leqq C(\|u\|_{H^1(U_+)} + \|f\|_{H^k(U_+)})$ が成り立つことになり，定理2.43が従う．$k=0$ の場合の(2.63)の証明の方針を述べよう．まず $1 \leqq l \leqq n-1$, $1 \leqq j \leqq n$ に対し，各 l 方向が $D_{\lambda,+}$ の境界の接方向であることから内部評価の場合と同様にして $\partial_l \partial_j u^* \in L^2(D_{\lambda,+})$ なることを差分商の方法で示す．最後に方程式

(2.64)
$$\partial_n^2 u^* = (a_{nn}^*(y))^{-1}\left(-\sum_{\substack{1 \leqq i,j \leqq n \\ i+j < 2n}} a_{ij}^*(y) \partial_j \partial_i u^* - \sum_{1 \leqq i,j \leqq n} (\partial_i a_{ij}^*) \partial_j u^* + V^* u^* - f^*\right)$$

を利用して $\partial_n^2 u^* \in L^2(D_{\lambda,+})$ を得る．したがって $k=0$ の場合の(2.63)が得られる．$k \geqq 1$ のときの(2.63)は帰納的な議論により $k=0$ の場合と同様の手順で示される(詳細については[GiTr]参照)． ■

[定理2.38の証明]　内部正則性定理と境界正則性定理より $u \in H^{k+2}(D)$ となり，定数 C が存在して $\|u\|_{H^{k+2}(D)} \leqq C(\|u\|_{H^1(D)} + \|f\|_{H^k(D)})$ が成り立つ(1の分解を用いよ)．一方 $u \in H_0^1(D)$ を試験関数として(2.6)に代入することにより $\|\partial_x u\|_{L^2(D)} \leqq C(\|u\|_{L^2(D)} + \|f\|_{L^2(D)})$ が成り立つことが容易にわかる．よって求める評価を得る． ■

(e)　放物型方程式の弱解の正則性定理

ここでは§2.1で構成した放物型方程式の初期・境界値問題の弱解の正則性について述べる．§2.1での設定で考え，記号も§2.1でのものを用いることにする．§2.1では $g \in X$, $f \in L^2(0,T;Y')$ に対し

(2.65) $\qquad \partial_t u = \mathcal{A}u + f, \quad u(0) = g$

の弱解 $u \in L^2(0,T;Y) \cap H^1(0,T;Y')$ (したがって $u \in C^0([0,T];X)$)の一意存在を示した．ここで $X = L^2(D)$, $Y = Y_D = H_0^1(D)$ あるいは $Y = Y_N = H^1(D)$

で $\mathcal{A}$ は $Q(u,v) = \int_D (a_{ij}\partial_j u \partial_i v + Vuv)\,dx$ に付随して定まる作用素 $\mathcal{A} = L_\$ \in \mathcal{L}(Y_\$, Y'_\$)$, $\$ = \mathrm{D}$ または N, であった. また一般性を失うことなくある定数 $a > 0$ が存在して $Q(u,u) = \langle \mathcal{A}u, u \rangle \geqq a\|u\|_Y^2$ ($u \in Y$) が成り立つとしてよい. このとき $\mathcal{A}$ は1対1で $G = \mathcal{A}^{-1} \in \mathcal{L}(Y', Y)$ となる. 楕円型の場合と同様, 係数 $a_{ij}(x), V(x)$ およびデータ $g(x), f(x,t)$ の滑らかさが増せば(2.65)の弱解 u の滑らかさも増すことを示すのがこの項の目標である. 方針としては, まず t に関する正則性について示し, それと楕円型方程式に対する正則性定理とを組み合わせて (x,t) に関する正則性を示す.

各 $k \in \mathbb{N}$ に対し次の仮定をおく. $f^{(k)}(t) = (\partial_t^k f)(t)$ なる記号を用いる.

仮定 $(\mathrm{P})_k$: $f \in H^k(0, T; Y')$ かつ $g, \mathcal{A}g, \cdots, \mathcal{A}^{k-1}g \in Y$, $\mathcal{A}^k g \in X$; $f(0)$, $\mathcal{A}f(0), \cdots, \mathcal{A}^{k-2}f(0) \in Y$, $\mathcal{A}^{k-1}f(0) \in X$; $\cdots$; $f^{(k-2)}(0) \in Y$, $\mathcal{A}f^{(k-2)}(0) \in X$; $f^{(k-1)}(0) \in X$ が成り立つ. (ただし, $k=1$ のときの上の条件は $g \in Y$, $\mathcal{A}g \in X$, $f(0) \in X$ と解釈する.)

定理 2.44 $k \in \mathbb{N}$ とする. 仮定 $(\mathrm{P})_k$ の下で(2.65)の弱解 u は $u \in H^k(0, T; Y)$ かつ $\partial_t^{k+1} u \in L^2(0, T; Y')$ を満たす. □

仮定 $(\mathrm{P})_k$ は, 定理の主張が成り立つための**整合条件**(compatibility condition)である(ここでは単に記述を簡単にするため少し強い形で与えた).

[定理 2.44 の証明の概略] $k=1$ の場合のみを示す. ($k \geqq 2$ の場合は帰納法で示されるが詳細は読者にまかせよう.) まず

(2.66) $\qquad \partial_t v = \mathcal{A}v + \partial_t f, \quad v(0) = \mathcal{A}g + f(0) \in X$

なる問題を考えると, 仮定 $(\mathrm{P})_1$ のもとでは定理 2.18 より (2.66) はただ1つの弱解 $v \in L^2(0, T; Y) \cap H^1(0, T; Y')$ (したがって $v \in C^0([0,T]; X)$ となる) を持つ. このとき $v(t) = (\partial_t u)(t)$ が示されれば $k=1$ のときの結論を得る. $w(t) = g + \int_0^t v(s)\,ds$ とおくと $v \in L^2(0, T; Y)$ と $g \in Y$ より $w \in H^1(0, T; Y)$ かつ $\partial_t w(t) = v(t)$ (a.e. $t \in (0, T)$) となる. (2.66)を積分して $v(t) - v(0) = \int_0^t \mathcal{A}v(s)\,ds + f(t) - f(0)$ となる. ここで, $\int_0^t \mathcal{A}v(s)\,ds = \mathcal{A}\left(\int_0^t v(s)\,ds\right) = \mathcal{A}(w(t) - g)$ に注意して([Yosi, 5章5節]参照), $\partial_t w = \mathcal{A}w(t) + f(t)$ を得る. よって(2.65)の弱解の一意性から $u = w \in H^1(0, T; Y)$ かつ $\partial_t u = \partial_t w = v$ を

§2.2 L^2-先験的評価と弱解の正則性 —— 91

得る. ∎

今, (A, V, D) が仮定 (A)$_q$, $q \in \mathbb{N}_0$ を満たすとすると, $G = \mathcal{A}^{-1} \in \mathcal{L}(Y', Y)$ $\hookrightarrow \mathcal{L}(L^2(D), L^2(D))$ であるから, 定理 2.38 より, ある定数 C が存在して
$$\|Gg\|_{H^{q+2}(D)} \leqq C\|g\|_{H^q(D)}, \quad g \in H^q(D)$$
が成り立つ. このときさらに各 $k \in \mathbb{N}_0$ に対して $G \in \mathcal{L}(H^k(0, T; H^q(D)),$ $H^k(0, T; H^{q+2}(D) \cap Y)$ が成り立つこともわかる(確かめよ). このことより次の放物型方程式に対する大域的正則性定理を得る.

定理 2.45 $q \in \mathbb{N}_0$ とし, 仮定 (A)$_q$ と (P)$_{q+1}$ が満たされるとする. さらに $f \in H^q(0, T; H^q(D))$ なるとき, (2.65)の弱解 u に対し次が成り立つ:

(i) $q = 0$ なら $u \in L^2(0, T; H^2(D) \cap Y)$;

(ii) $q \geqq s \geqq 1$ のとき, $m(1) = 3$, $m(s) = 2 + \min(m(s-1), q)$ ($s \geqq 2$) として $u \in H^{q+1-s}(0, T; H^{m(s)}(D) \cap Y)$.

特に任意の $q \in \mathbb{N}$ に対して仮定 (A)$_q$ と (P)$_{q+1}$ を満たすとき, u は任意の l に対し $u \in H^l(0, T; H^l(D) \cap Y)$ を満たす.

[証明] 第1段: $q = 0$ とする. 定理 2.44 より $u_t \in L^2(0, T; Y)$ となり, また仮定から $f \in L^2(0, T; L^2(D))$ である. よって $\mathcal{A}u = u_t - f(t) \in L^2(0, T; L^2(D))$. したがって $G = \mathcal{A}^{-1} \in \mathcal{L}(L^2(D), H^2(D) \cap Y)$ より $u \in L^2(0, T; H^2(D) \cap Y)$ を得る. 次に $q \geqq 1$ とする. 定理 2.44 より $u_t \in H^q(0, T; Y)$. よって仮定より $\mathcal{A}u = u_t - f(t) \in H^q(0, T; H^1(D))$ となる. したがってまた $G \in \mathcal{L}(H^1(D), H^3(D) \cap Y)$ より $u \in H^q(0, T; H^3(D) \cap Y)$ を得る.

第2段: $q \geqq 2$ とする. 第1段と仮定から $\mathcal{A}u = u_t - f(t) \in H^{q-1}(0, T; H^{\min(3, q)}(D))$ となり, したがってまた G の有界性より, $u \in H^{q-1}(0, T; H^{2+\min(3, q)}(D) \cap Y)$ を得る. 以後帰納的に示される. ∎

系 2.46 D は C^∞ 級領域で, $a_{ij}, V \in C^\infty(\overline{D})$, かつ任意の $k, l \in \mathbb{N}$ に対して $\mathcal{A}^l g \in Y$, $f \in H^l(0, T; H^l(D))$, $\mathcal{A}^k f^{(l)}(0) \in Y$ なるものと仮定する. このとき (2.65) の弱解 u は $u \in C^\infty(\overline{D} \times [0, T])$ となる. □

これは定理 2.45, Sobolev の埋め込み定理(定理 2.40)および次の事実 "任意の $l \in \mathbb{N}_0$ に対して $H^l(0, T; H^l(D)) \subset H^l(D \times (0, T))$ で, この埋め込み作用素は連続である" から従う. この事実の証明については [Fr3, Lemma 10.1] を

問4 楕円型方程式に対する内部正則性定理 2.25 と系 2.27 にならって，大域的な定理 2.45 と系 2.46 に対応する局所的な定理とその系(**放物型方程式に対する内部正則性定理**とその系)を定式化せよ．

§2.3 弱解の存在と一意性 II (非斉次境界条件)

この節ではまず滑らかでない関数を滑らかな関数で近似するための便利な道具として，軟化作用素について述べる．これを用いて半空間 $D = \mathbb{R}^n_+ = \{x = (x_1, \cdots, x_n) \in \mathbb{R}^n ; x_n > 0\}$ の場合および $C^{k-1,1}$ 級領域 D に対する H^k-拡張性を論ずる．また $H^k(D)$ の元の ∂D 上への制限についてのトレース定理について述べ，それを用いて非斉次境界条件に対する境界値問題および混合問題をそれぞれ斉次境界条件の場合に帰着して論じる．これは，L^2 理論において非斉次境界条件を考えるときの自然な方法である．

(a) 軟化作用素

$\eta \in C_0^\infty(\mathbb{R}^n)$ で $\eta(x) \geq 0$, $\eta(x) = \eta(|x|) = 0$ ($|x| \geq 1$) かつ $\int_{\mathbb{R}^n} \eta(x)\,dx = 1$ なるものを 1 つとり，$\varepsilon > 0$ に対し $\eta_\varepsilon(x) = \varepsilon^{-n}\eta(x/\varepsilon)$ とおく．$\eta(x)$ としては例えば，適当な定数 $C > 0$ に対し $\eta(x) = C\exp(1/(|x|^2 - 1))$ ($|x| < 1$); $\eta(x) = 0$ ($|x| \geq 1$) とすればよい．$\operatorname{Supp}\eta_\varepsilon \subset \{x \in \mathbb{R}^n ; |x| \leq \varepsilon\}$, $\int_{\mathbb{R}^n} \eta_\varepsilon(x)\,dx = 1$ なることに注意しよう．関数 u に対し

$$(S_\varepsilon u)(x) = (\eta_\varepsilon * u)(x) = \int_{\mathbb{R}^n} \eta_\varepsilon(x-y)u(y)dy$$

とおく．S_ε を**軟化作用素**，η_ε を**軟化子**(mollifier)という．これに対し，次の基本的事項が知られている([溝畑]参照)．簡単のため $L^p = L^p(\mathbb{R}^n)$ と書く．

命題 2.47 $1 \leq p \leq \infty$, $u \in L^p(D)$ とする．(u は D^c では 0-拡張して $\mathbb{R}^n$ 上の関数とみなす．) このとき次の(i)–(v)が成り立つ．

(i) 任意の $\varepsilon > 0$ に対し，$S_\varepsilon u \in C^\infty(\mathbb{R}^n)$ かつ $\|S_\varepsilon u\|_{L^p} \leq \|u\|_{L^p}$．

(ⅱ) $\mathrm{Supp}\, u \Subset D$ なら,任意の $0<\varepsilon<\varepsilon_0=\mathrm{dist}(\mathrm{Supp}\, u, \partial D)$ に対して $S_\varepsilon u \in C_0^\infty(D)$ となる.

(ⅲ) 適当な部分列 $\varepsilon_j \searrow 0$ に対し,$(S_{\varepsilon_j} u)(x) \to u(x)$ a.e. $x \in D$.

(ⅳ) さらに,$p<+\infty$ ならば,$\|S_\varepsilon u - u\|_{L^p} \to 0$ $(\varepsilon \to 0)$.

(ⅴ) さらに D が有界で $u \in C^0(\overline{D})$, $u(x)=0$ $(x \in \partial D)$ とする.このとき $\overline{D} \subset G$ なる任意のコンパクト集合 G に対し $\|S_\varepsilon u - u\|_{L^\infty(G)} \to 0$ $(\varepsilon \to 0)$ となる. □

軟化作用素を用いて弱微分や Sobolev 空間に関するいくつかの基本的性質を導いておこう.以下,$u \in L^p_{\mathrm{loc}}(D)$ とは任意の $G \Subset D$ に対し $u \in L^p(G)$ なることとする.

補題 2.48 $1 \le p < \infty$ とする.$u \in L^p_{\mathrm{loc}}(D)$ で弱微分 $\partial_x^\alpha u \in L^p_{\mathrm{loc}}(D)$ が存在するとする.このとき $0<\varepsilon<\mathrm{dist}(x,\partial D)$ に対し $\partial_x^\alpha(S_\varepsilon u)(x)=(S_\varepsilon \partial_x^\alpha u)(x)$ が成立し,$G \Subset D$ に対し $\|\partial_x^\alpha(S_\varepsilon u) - \partial_x^\alpha u\|_{L^p(G)} \to 0$ $(\varepsilon \to 0)$ が成り立つ.さらに $\partial_x^\alpha u \in C^0(D)$ なら $\|\partial_x^\alpha(S_\varepsilon u) - \partial_x^\alpha u\|_{L^\infty(G)} \to 0$ $(\varepsilon \to 0)$ が成り立つ. □

問 5 補題 2.48 を示せ.

補題 2.49 $u, v \in L^1_{\mathrm{loc}}(D)$ に対して次は同値となる.

(ⅰ) 弱微分 $\partial_x^\alpha u$ が D 上で $\partial_x^\alpha u = v$ を満たす.

(ⅱ) ある $\{\varphi_j\} \subset C^\infty(D)$ が存在して $\varphi_j \to u$ in $L^1_{\mathrm{loc}}(D)$ かつ $\partial_x^\alpha \varphi_j \to v$ in $L^1_{\mathrm{loc}}(D)$ が成り立つ.ここで $f_j \to f$ in $L^1_{\mathrm{loc}}(D)$ とは,任意の $G \Subset D$ に対して $\|f_j - f\|_{L^1(G)} \to 0$ $(j \to \infty)$ なることである.

[証明] (ⅱ)ならば(ⅰ)は弱微分の定義より明らか.(ⅰ)ならば(ⅱ)は $D_m = \{x \in D;\ \mathrm{dist}(x,\partial D)>1/m\}$ として $\tilde{u}_m(x)=u(x)$ $(x \in D_m)$, $\tilde{u}_m(x)=0$ $(x \notin D_m)$ として $\varphi_j = S_{1/j}(\tilde{u}_{1/j}) \in C_0^\infty(\mathbb{R}^n)$ とおけば補題 2.48 より従う. ■

補題 2.50 $\mathrm{Supp}\, u \subset D$ とする.このとき $u \in H^k(D)$ ならば $u \in H_0^k(D)$ となる.

[証明] $G = \mathrm{Supp}\, u \subset D$ とする.このとき $u_n = S_{1/n} u$ とおくと,命題 2.47 (ⅱ)より十分大きい n に対し $u_n \in C_0^\infty(D)$ となり,補題 2.48 より $\|u_n - u\|_{H^k(D)}$

$\to 0$ $(n \to \infty)$ となる. よって $u \in H_0^k(D)$.

(b) 拡張定理

まず $D = \mathbb{R}_+^n$ のときの拡張定理を述べる.

定理 2.51 $l \in \mathbb{N}_0$ とする. このとき有界線形作用素 $E: H^l(\mathbb{R}_+^n) \to H^l(\mathbb{R}^n)$ で $(Eu)(x) = u(x)$ $(x \in \mathbb{R}_+^n, u \in H^l(\mathbb{R}_+^n))$ なるものが存在する. □

補題 2.52 $C^\infty(\overline{\mathbb{R}_+^n})$ で台が有界なるもの全体の集合 $C_0^\infty(\overline{\mathbb{R}_+^n})$ は $H^l(\mathbb{R}_+^n)$ で稠密である.

[証明] まず $u \in H^l(\mathbb{R}_+^n)$ は台が有界なもので近似できる(以下の問 6 参照). そこで $u \in H^l(\mathbb{R}_+^n)$ で台が有界なものを考える. このとき $\eta \in C_0^\infty(\mathbb{R}^n)$ で $\eta(x) \equiv 1$ ($|x| \leq 1/2$); $\eta(x) \equiv 0$ ($|x| \geq 1$); $\int_{\mathbb{R}^n} \eta(x)\,dx = 1$ かつ $|\partial_x \eta(x)| \leq K$ (K は定数)なるものをとり, $h > 0$ に対して

$$u_h(x) = h^{-n} \int_{\{y_n > 0\}} u(y) \eta\Big(\frac{x + 2he_n - y}{h}\Big) dy, \quad e_n = (0, \cdots, 0, 1)$$

とおく. すると $u_h \in C^\infty(\overline{\mathbb{R}_+^n})$ かつ $\mathrm{Supp}\, u_h$ は有界となり

$$\partial_x^\alpha u_h(x) = h^{-n} \int_{\{y_n > h\}} \partial_y^\alpha u(y) \eta\Big(\frac{x + 2he_n - y}{h}\Big) dy = (\eta_h * \partial_x^\alpha U^h)(x)$$

となる. ここで $\eta_h(x) = h^{-n}\eta(x/h)$, $U^h(y) = u(y + 2he_n)$ である. $|\alpha| \leq l$ で $\|\partial_x^\alpha U^h - \partial_x^\alpha u\|_{L^2(\mathbb{R}_+^n)} \to 0$ $(h \to 0)$ なることと軟化子の性質より $\|u_h - u\|_{H^l(\mathbb{R}_+^n)} \to 0$ $(h \to 0)$ を得る. よって結論を得る. ∎

問 6 $H^l(D)$ において台が有界なもの全体は稠密である.

[定理 2.51 の証明] $u \in C_0^\infty(\overline{\mathbb{R}_+^n})$ とする. $x_n < 0$ に対して

$$(2.67) \qquad u(x', x_n) = \sum_{j=0}^l \alpha_j u(x', -x_n/(j+1))$$

と定義し u を $\mathbb{R}^n$ へ拡張したものを $(Eu)(x)$ と書く. $x_n = 0$ において Eu の l 次までの微係数が連続になるためには

(2.68) $$\sum_{j=0}^{l}\left(-\frac{1}{j+1}\right)^{i}\alpha_{j}=1, \quad i=0,1,\cdots,l$$

なるよう $\{\alpha_j\}_{j=0}^l$ を定めればよい.実際,$V=(v_{ij})_{0\leq i,j\leq l}$,$v_{ij}=(-1/(j+1))^i$ は正則行列となり(確かめよ),(2.68)を満たす $\{\alpha_j\}_{j=0}^l$ がただ1組存在する.よって $Eu\in C^l(\mathbb{R}^n)$ かつ $\mathrm{Supp}(Eu)$ は有界,またある定数 C が存在して $\|Eu\|_{H^l(\mathbb{R}^n)}\leq C\|u\|_{H^l(\mathbb{R}^n)}$ が成り立つ.以上のことと補題2.52より結論が得られる. ∎

定理2.51から次の $C^{k-1,1}$ 級領域の $\boldsymbol{H^k}$-**拡張性**が得られる."$k\geq 1$ で D は $C^{k-1,1}$ 級領域とする.このときある有界領域 $D'\ni D$ があって拡張作用素 $E\colon H^k(D)\to H_0^k(D')$ が存在する."この証明の方針としては,境界上の各点の近傍の $(k-1,1)$-微分同型写像と1の分解を利用して,問題を半空間の境界点の近傍での話に局所化し定理2.51を適用する.詳細は例えば[ReRo, §6.4]を参照されたい.

(c) トレース定理

この項ではSobolev空間 $H^k(D)$ の境界 ∂D 上への制限について論じる.まず§1.2において $s\in\mathbb{N}_0$ に対して定義された $H^s(\mathbb{R}^n)$ は自然に任意の実数 s に対しても定義される.すなわち

$$H^s(\mathbb{R}^n)=\left\{\varphi\in\mathcal{S}';\int_{\mathbb{R}^n}(1+|\xi|^2)^s|\widehat{\varphi}(\xi)|^2\,d\xi<\infty\right\}$$

とし,$\|\varphi\|_{H^s(\mathbb{R}^n)}^2=\int_{\mathbb{R}^n}(1+|\xi|^2)^s|\widehat{\varphi}(\xi)|^2\,d\xi$ とおく.$s\in\mathbb{N}_0$ のとき(1.30)よりここでの定義は§1.2の定義と一致する.

定理2.53 $s>1/2$ なる実数 s に対して次が成り立つ.
(ⅰ) $\varphi\in C_0^\infty(\mathbb{R}^n)$ に対し $x=(x',x_n)\in\mathbb{R}^{n-1}\times\mathbb{R}$ として $(T\varphi)(x')=\varphi(x',0)$ によって定義される作用素 T は $H^s(\mathbb{R}^n)$ から $H^{s-1/2}(\mathbb{R}^{n-1})$ への有界線形作用素に拡張される.
(ⅱ) 有界線形作用素 $Z\colon H^{s-1/2}(\mathbb{R}^{n-1})\to H^s(\mathbb{R}^n)$ が存在して $T\circ Z=I$ (恒等作用素)となる.

[証明] (ⅰ) $C_0^\infty(\mathbb{R}^n)$ は $H^s(\mathbb{R}^n)$ で稠密となるので,$\varphi\in C_0^\infty(\mathbb{R}^n)$ に対しあ

る定数 C が存在して $\|T\varphi\|_{H^{s-1/2}(\mathbb{R}^{n-1})} \leqq C\|\varphi\|_{H^s(\mathbb{R}^n)}$ となることを示せばよい. $g(x') = (T\varphi)(x')$ $(x' \in \mathbb{R}^{n-1})$ とおく. $x' \in \mathbb{R}^{n-1}$ に対し $\widetilde{\varphi}(x', \xi_n)$ を第 n 変数 x_n に関する 1 変数 Fourier 変換とすると $\mathcal{S}(\mathbb{R}^1)$ における反転公式から

$$\varphi(x', x_n) = (2\pi)^{-1/2} \int_{-\infty}^{+\infty} \widetilde{\varphi}(x', \xi_n) e^{ix_n \xi_n} d\xi_n.$$

特に $g(x') = \varphi(x', 0) = (2\pi)^{-1/2} \int \widetilde{\varphi}(x', \xi_n) d\xi_n$ を得る. x' に関する $(n-1)$ 変数 Fourier 変換を $\widehat{g}(\xi')$ で表わすと, Fubini の定理から

$$\widehat{g}(\xi') = (2\pi)^{-1/2} \int (\mathcal{F}\varphi)(\xi', \xi_n) d\xi_n$$

を得る. ここで $(\mathcal{F}\varphi)(\xi)$ は n 変数 Fourier 変換である. よって Schwarz の不等式から

$$|\widehat{g}(\xi')|^2 \leqq (2\pi)^{-1} \left(\int_{-\infty}^{+\infty} (1+|\xi|^2)^s |(\mathcal{F}\varphi)(\xi)|^2 d\xi_n \right) \left(\int_{-\infty}^{+\infty} (1+|\xi|^2)^{-s} d\xi_n \right)$$

を得る. ここで $s > 1/2$ よりスケール変換によって

(2.69)
$$\int_{-\infty}^{+\infty} (1+|\xi|^2)^{-s} d\xi_n = K_s (1+|\xi'|^2)^{-s+1/2}, \quad K_s = \int_{-\infty}^{+\infty} (1+|y|^2)^{-s} dy < \infty$$

となる. これより次の評価を得る.

$$\|T\varphi\|_{H^{s-1/2}(\mathbb{R}^{n-1})}^2 = \|g\|_{H^{s-1/2}(\mathbb{R}^{n-1})}^2 \leqq \frac{K_s}{2\pi} \|\varphi\|_{H^s(\mathbb{R}^n)}^2.$$

(ii) $\varphi \in C_0^\infty(\mathbb{R}^{n-1})$ に対して $Z\varphi \in H^s(\mathbb{R}^n)$ を構成し,

(2.70) $$\|Z\varphi\|_{H^s(\mathbb{R}^n)}^2 \leqq C\|\varphi\|_{H^{s-1/2}(\mathbb{R}^{n-1})}^2$$

かつ $(T \circ Z)\varphi = \varphi$ なることを示せば十分である. 天下り的であるが

(2.71) $$(Z\varphi)(x) = \frac{1}{(2\pi)^{(n-1)/2} K_s} \int_{\mathbb{R}^n} e^{i\xi \cdot x} \frac{(1+|\xi'|^2)^{s-1/2}}{(1+|\xi|^2)^s} \widehat{\varphi}(\xi') d\xi$$

とおく. このとき $\widehat{\varphi}(\xi') \in \mathcal{S}(\mathbb{R}^{n-1})$ となり, $s > 1/2$ より上の被積分関数は可積分となる. したがって $u \equiv Z\varphi \in C^0(\mathbb{R}^n)$ かつ u は有界となる. $\mathcal{S}'$ における $\widehat{u}$ の反転公式より, (2.69)に注意して

$$\|u\|_{H^s(\mathbb{R}^n)}^2 = \int_{\mathbb{R}^n} \left(\frac{(2\pi)^{1/2}}{K_s}\right)^2 \frac{(1+|\xi'|^2)^{2s-1}}{(1+|\xi|^2)^s} |\widehat{\varphi}(\xi')|^2 \, d\xi$$

$$= \frac{2\pi}{K_s} \int_{\mathbb{R}^{n-1}} (1+|\xi'|^2)^{s-1/2} |\widehat{\varphi}(\xi')|^2 \, d\xi' = \frac{2\pi}{K_s} \|\varphi\|_{H^{s-1/2}(\mathbb{R}^{n-1})}^2$$

を得る.また(2.69)より

$$u(x', 0)$$
$$= \frac{1}{(2\pi)^{(n-1)/2} K_s} \int_{\mathbb{R}^{n-1}} e^{i\xi' \cdot x'} (1+|\xi'|^2)^{s-1/2} \widehat{\varphi}(\xi') \left(\int_{-\infty}^{+\infty} (1+|\xi|^2)^{-s} \, d\xi_n\right) d\xi'$$
$$= \frac{1}{(2\pi)^{(n-1)/2}} \int_{\mathbb{R}^{n-1}} e^{i\xi' \cdot x'} \widehat{\varphi}(\xi') \, d\xi' = \varphi(x')$$

となるので,$(T \circ Z)\varphi = \varphi$ となる(以下の問7参照). ∎

問7 $s > 1/2$ とする.$u \in H^s(\mathbb{R}^n) \cap C^0(\mathbb{R}^n)$ なら $(Tu)(x') = u(x', 0)$ が成り立つ.

今,$k \in \mathbb{N}$ に対し拡張作用素 $E: H^k(\mathbb{R}_+^n) \to H^k(\mathbb{R}^n)$ が存在するので定理 2.53 の作用素 T を用いて $T_0 = T \circ E: H^k(\mathbb{R}_+^n) \to H^{k-1/2}(\mathbb{R}^{n-1})$,$\mathbb{R}^{n-1} = \partial \mathbb{R}_+^n$ を定義する.ここで T_0 は E のとり方によらずに定まり,$T_0 \in \mathcal{L}(H^k(\mathbb{R}_+^n), H^{k-1/2}(\mathbb{R}^{n-1}))$ となる.実際,補題 2.52 より $\varphi \in C_0^\infty(\overline{\mathbb{R}_+^n})$ に対し $T_0 \varphi$ が一意的に定まることをみればよい.2つの拡張作用素 E_1, E_2 に対して $\mathrm{Supp}((E_1\varphi - E_2\varphi) \cap \overline{\mathbb{R}_+^n}) = \emptyset$ で $E_1\varphi - E_2\varphi \in C_0^k(\mathbb{R}^n)$ となる.$(T\varphi)(x') = \varphi(x', 0)$ $(\varphi \in C_0^k(\mathbb{R}^n))$ でもあることに注意して $T(E_1\varphi - E_2\varphi) = 0$,すなわち $(T \circ E_1)\varphi = (T \circ E_2)\varphi$ となる.この T_0 を**トレース作用素**(trace operator)と呼ぶ.$k > 1/2 + l$ に対しては,定理 2.53 と同様にして,$H^k(\mathbb{R}^n)$ から $\prod_{j=0}^{l} H^{k-j-1/2}(\mathbb{R}^{n-1})$ への有界線形作用素 T で
$$(T\varphi)(x') = (\varphi(x', 0), (\partial\varphi/\partial x_n)(x', 0), \cdots, (\partial^l\varphi/\partial x_n^l)(x', 0)) \quad (\varphi \in C_0^\infty(\mathbb{R}^n))$$
なるものが存在し,さらに,有界な右逆作用素 Z(すなわち $T \circ Z = I$ なるもの)が存在する.さて,$k \geq 1$ とし $C^{k-1,1}$ 級領域 D に対して ∂D 上の **Sobolev** 空間 $H^s(\partial D)$ $(0 \leq s \leq k)$ が $(k-1, 1)$-微分同型写像と1の分解を用

いて定義され，トレース作用素も $C^{k-1,1}$ 級領域 D に対して定義できる．

定理 2.54（トレース定理）

（ⅰ） $k\in\mathbb{N}$ とし，D は $C^{k-1,1}$ 級領域とする．このときトレース作用素 T_0：$T_0\in\mathcal{L}(H^k(D), H^{k-1/2}(\partial D))$ かつ $(T_0u)(x)=u(x)$ $(x\in\partial D,\ u\in C^\infty(\overline{D}))$ なるものが存在する．さらに T_0 は有界な右逆作用素 Z(すなわち $T_0\circ Z=I$ を満たす)を持つ．

（ⅱ） $k, l\in\mathbb{N}$, $k>l$ とし，D は $C^{k,1}$ 級領域とする．このとき有界なトレース作用素 $T_l: H^k(D)\to\prod_{j=0}^{l}H^{k-j-1/2}(\partial D)$ で $(T_lu)(x)=(u(x), \partial u/\partial\nu(x), \cdots, \partial^l u/\partial\nu^l(x))$ $(x\in\partial D,\ u\in C^\infty(\overline{D}))$ なるものが存在する．さらに T_l は有界な右逆作用素 Z_l を持つ． □

また $H_0^k(D)$ の元をトレース作用素によって特徴づけることができる．

定理 2.55（$H_0^k(D)$ の特徴づけ）

（ⅰ） D は $C^{0,1}$ 級領域で，$u\in H^1(D)$ とする．このとき $u\in H_0^1(D)$ と $T_0u=0$ とは同値である．

（ⅱ） $k\geq 2$ とし，D は $C^{k,1}$ 級領域で $u\in H^k(D)$ とする．このとき，$u\in H_0^k(D)$ と $T_{k-1}u=0$ とは同値である． □

$H^s(\partial D)$ の正確な定義および定理 2.54，定理 2.55 の証明については[ReRo, §6.4]，[Wlok, 1章§8]を参照されたい．

(d) 非斉次境界値問題，非斉次混合問題

D は $C^{0,1}$ 級領域とする．$g\in H^{1/2}(\partial D)$ と $f\in H^{-1}(D)$ に対して，非斉次 Dirichlet 問題：

(2.72)　　　$Lu(x)=f(x),\ x\in D;\quad u(x)=g(x),\ x\in\partial D$

を考えよう．$u\in H^1(D)$ が(2.72)の弱解とは，$T_0u=g$ かつ

$$\int_D (a_{ij}\partial_j u\partial_i\phi + Vu\phi)dx = \int_D f\phi\, dx,\quad \phi\in H_0^1(D)$$

を満たすことをいう．トレース定理より $T_0v=g$ なる $v\in H^1(D)$ が存在するので，$w=u-v$ とおくと

§2.3 弱解の存在と一意性 II(非斉次境界条件) —— 99

$$Lw = f + \partial_i(a_{ij}\partial_j v) - Vv \equiv \tilde{f}; \quad w(x) = 0, \ x \in \partial D$$

の弱解 $w \in H_0^1(D)$ を求めることと同値となる. $v \in H^1(D)$ より $\tilde{f} \in H^{-1}(D)$ となるので §2.1 の斉次 Dirichlet 問題に対する定理 2.6 から次を得る.

定理 2.56 D は $C^{0,1}$ 級領域とし,(2.4)の弱解の一意存在が成り立つものとする. このとき任意の $g \in H^{1/2}(\partial D)$ と $f \in H^{-1}(D)$ に対して,(2.72)の弱解 $u \in H^1(D)$ がただ 1 つ存在する. □

例 2.57 (Dirichlet 原理) D は $C^{0,1}$ 級領域とし,任意の $g \in H^{1/2}(\partial D)$ に対して変分問題 "Minimize $\left\{ \int_D |\partial_x u|^2 dx ; u \in H^1(D), T_0 u = g \right\}$" を考える. この変分問題の解は "$\Delta u(x) = 0 \ (x \in D), \ u(x) = g(x) \ (x \in \partial D)$" の弱解 $u \in H^1(D)$ と同じなので(例 2.1 参照),上の定理より変分問題の最小解の存在(Dirichlet 原理)がいえることになる. □

さらにトレース定理と §2.2 の正則性理論より非斉次 Dirichlet 問題の弱解の正則性定理も得られる. 例えば D が C^2 級領域で $a_{ij} \in C^{0,1}(\overline{D})$, $g \in H^{3/2}(\partial D)$, $f \in L^2(D)$ とすると $u = v + w$, $v \in H^2(D)$, $w \in H_0^1(D)$, $Lw = \tilde{f} \in L^2(D)$ となる. 斉次 Dirichlet 問題の正則性定理から $w \in H^2(D)$ となり, したがって $u \in H^2(D)$ が得られることになる. この議論により, 一般に次のことが成り立つことがわかる.

定理 2.58 $k \in \mathbb{N}_0$ に対し D は C^{k+2} 級領域, $a_{ij} \in C^{k,1}(\overline{D})$, $V \in C^{k-1,1}(\overline{D})$ (ただし $k = 0$ のときは $V \in L^\infty(D)$), $g \in H^{k+3/2}(\partial D)$, $f \in H^k(D)$ とする. このとき(2.72)の弱解 u は $u \in H^{k+2}(D)$ を満たす. □

したがってまた領域 D, a_{ij}, V, g, f がすべて C^∞ 級ならば Sobolev の埋め込み定理から $u \in C^\infty(\overline{D})$ となる.

次に非斉次 Neumann 問題:

(2.73) $\quad Lu(x) = f(x), \ x \in D; \quad N_A u(x) = g(x), \ x \in \partial D$

を考えよう. ここで D は C^3 級領域とし,$a_{ij} \in C^{0,1}(\overline{D})$, $V \in L^\infty(D)$, $g \in H^{1/2}(\partial D)$, $f \in L^2(D)$ とする. $u \in H^1(D)$ が(2.73)の弱解であるとは

$$\int_D (a_{ij}\partial_j u \partial_i \phi + Vu\phi) \, dx = \int_{\partial D} g\phi \, dS + \int_D f\phi \, dx, \quad \phi \in H^1(D)$$

を満たすことをいう. C^2 級領域 D 上で $a_{ij} \in C^{0,1}(\overline{D})$ なら, $u \in H^2(D)$, $v \in$

$H^1(D)$ に対して次の **Green の公式**:

$$(2.74) \quad \int_D a_{ij}\partial_j u \partial_i v \, dx = \int_{\partial D}(N_A u)(T_0 v)\, dS - \int_D \partial_i(a_{ij}\partial_j u) v \, dx$$

が成り立つことに注意されたい．トレース定理より $N_A v = g$ なる $v \in H^2(D)$ が存在する．実際 $\partial_\tau v$ を v の ∂D 上の接方向微係数として $N_A v = \alpha(x)\partial_\tau v + \beta(x)\partial_\nu v$ なる $\alpha(x), \beta(x) \in C^{0,1}(\overline{D})$ で $\beta(x) > 0 \ (x \in \overline{D})$ なるものが存在するので，∂D 上トレースの意味で $v = 0,\ \partial v / \partial \nu = g(x)/\beta(x)$ なる $v \in H^2(D)$ をとればよい．このことから非斉次 Neumann 問題を Dirichlet 問題同様，斉次問題に帰着できる．1つだけ結果を述べておく．

定理 2.59 D は C^3 級領域, $a_{ij} \in C^{0,1}(\overline{D}),\ V \in L^\infty(D),\ g \in H^{1/2}(\partial D),\ f \in L^2(D)$ とし，斉次 Neumann 問題の弱解の一意存在が成り立つものとする．このとき (2.73) の弱解 $u \in H^2(D)$ がただ1つ存在してトレースの意味で $N_A u = g \in H^{1/2}(\partial D)$ を満たす． □

上の定理では，斉次問題の場合 (§2.1(b)) に比べて a_{ij} および D に対する仮定が強い．D を $C^{0,1}$ 級領域とし，a_{ij} および V が仮定 2.2 を満たすとする．実は，この場合にも非斉次 Neumann 問題の弱解を考えることができる．

$H^{-1/2}(\partial D)$ を $H^{1/2}(\partial D)$ の共役空間とする．$G \in H^{-1/2}(\partial D)$ に対し $G(\phi) = \langle G, T_0 \phi \rangle\ (\phi \in H^1(D))$ によって，$G \in H^{-1}(D) = (H^1(D))'$ となることがトレース定理よりわかる．このことから，$G \in H^{-1/2}(\partial D),\ F \in H^{-1}(D)$ に対して (2.73) の弱解 $u \in H^1(D)$, すなわち

$$\int_D (a_{ij}\partial_j u \partial_i \phi + V u \phi)\, dx = G(\phi) + F(\phi) \quad (\phi \in H^1(D))$$

を満たすもの，の一意存在に関して上と同様のことが成り立つ．

放物型方程式の非斉次初期・境界値問題についても，境界条件が時間によらない場合を考えると楕円型境界値問題の場合と同様にトレース定理によって斉次初期・境界値問題に帰着される (§2.7(e) 参照)．

§2.4 弱最大値原理

この節では 2 階の楕円型および放物型偏微分方程式の解の最も特徴的な性質である弱最大値原理について述べる．これから古典的な意味での解(古典解と呼ばれる)の一意性および解の比較定理が導かれる．

(a) 楕円型方程式に対する弱最大値原理

劣調和関数に対する最大値原理については，すでに[俣神]で学ばれた読者も多いことであろう．この項では，一般の楕円型作用素

(2.75) $$P = -a_{ij}(x)\partial_{ij}^2 - b(x)\cdot\nabla + V(x)$$

の最大値原理を述べる．$a_{ij}(x)\partial_{ij}^2 = \sum_{i,j=1}^{n} a_{ij}(x)\partial_i\partial_j$, $b(x)\cdot\nabla = \sum_{j=1}^{n} b_j(x)\partial_j$. また a_{ij}, b_j, V は $\mathbb{R}^n$ の領域 D 上の実数値可測関数で次の仮定を満たすとする．

仮定 2.60 a_{ij}, V は仮定 2.2 を満たし，b_j は (2.21)，すなわち $\sum_{j=1}^{n} |b_j(x)|^2 \leq M$ $(x \in D)$, を満たす． □

また $P_0 = P - V(x)$ とおく．§2.1 等で考えた作用素 $J = -\partial_i(a_{ij}(x)\partial_j) - b(x)\cdot\nabla + V(x)$ を**発散型**(divergence type)の楕円型作用素，(2.75) の P を**非発散型**(non-divergence type)の楕円型作用素ということがある．もちろん，a_{ij} が滑らか(例えば Lipschitz 連続)ならば区別はない．

補題 2.61 $u \in C^2(D)$ が $Pu(x) < 0$ $(x \in D)$ を満たすとする．このとき
（ⅰ） $V(x) \equiv 0$ の場合，u は D で極大値をとらない．
（ⅱ） $V(x) \geq 0$ の場合，u は D で非負の極大値をとらない．

[証明] $V(x) \equiv 0$ とする．もし $x_0 \in D$ で極大値をとったとすると，$\nabla u(x_0) = 0$ かつ $(-\partial_{ij}^2 u(x_0))_{i,j=1}^n$ は半正定値(positive semi-definite)行列となる．よって $Pu(x_0) = P_0 u(x_0) = -a_{ij}(x_0)\partial_{ij}^2 u(x_0) \geq 0$ となり(以下の問 8 参照)，仮定に反する．$V(x) \geq 0$ の場合，$x_0 \in D$ で非負の極大値をとったとすると，$Pu(x_0) = P_0 u(x_0) + V(x_0) u(x_0) \geq V(x_0) u(x_0) \geq 0$ となりやはり矛盾する．よって結論を得る． ∎

問8 $A=(A_{ij})$, $B=(B_{ij})$ が共に対称な半正定値行列ならば $\sum_{i,j=1}^n A_{ij}B_{ij} \geqq 0$.

上の補題で仮定を $Pu(x) \leqq 0$ $(x \in D)$ とゆるめても，結論を最大値をとらないと弱めれば同じことが成り立つことを示すのがこの項の目的である．すなわち次の**弱最大値原理**(weak maximum principle)が成り立つ．

定理 2.62 D を有界領域とし，$u \in C^2(D) \cap C^0(\overline{D})$ が $Pu(x) \leqq 0$ $(x \in D)$ を満たすとする．このとき次が成立する．

(i) $V(x) \equiv 0$ の場合，$\max_{\overline{D}} u = \max_{\partial D} u$.

(ii) $V(x) \geqq 0$ の場合，$\max_{\overline{D}} u \leqq \max_{\partial D} u^+$. 特に $u(x) \leqq 0$ $(x \in \partial D)$ なら $u(x) \leqq 0$ $(x \in D)$ となる．ここで $u^+ = \max(u, 0)$. □

注意 2.63（**P-劣解（優解）**） $u \in C^2(D)$ が $Pu(x) \leqq 0$ $(x \in D)$ を満たすとき，u は **P-劣解**(P-subsolution)であるといい，$Pu(x) \geqq 0$ $(x \in D)$ を満たすとき u は **P-優解**(P-supersolution)であるという．u が P-優解ならば，$v=-u$ が P-劣解となる．v に対して定理 2.62 を適用することにより P-優解 u に対する弱最大値原理が(実は弱最小値原理と呼ぶべきものが)成り立つことになる．以後の議論においてもこの考察により P-劣解についてのみ論じれば十分であることが多い．

[定理 2.62 の証明]　第1段：$V(x) \equiv 0$ とする．定数 $\gamma > 0$ に対し
$$P_0 e^{\gamma x_1} = (-\gamma^2 a_{11}(x) - \gamma b_1(x)) e^{\gamma x_1}$$
となる．仮定から $a_{11}(x) \geqq \mu$, $|b_1(x)| \leqq M^{1/2}$ ゆえ，γ を $\gamma > M^{1/2} \mu^{-1}$ なるよう十分大きくとって固定すると，$P_0 e^{\gamma x_1} \leqq -(\gamma^2 \mu - \gamma M^{1/2}) e^{\gamma x_1} < 0$ $(x \in \overline{D})$ となる．よって任意の $\varepsilon > 0$ に対して $P_0(u + \varepsilon e^{\gamma x_1}) < 0$ $(x \in D)$ となり，補題 2.61 より $\max_{\overline{D}}(u + \varepsilon e^{\gamma x_1}) \leqq \max_{\partial D}(u + \varepsilon e^{\gamma x_1})$．$\varepsilon \to 0$ として結論を得る．

第2段：$V(x) \geqq 0$ の場合，$D^+ = \{x \in D; u(x) > 0\}$ とおくと $P_0 u = Pu - Vu \leqq -Vu \leqq 0$ $(x \in D^+)$．よって第1段より $\max_{\overline{D^+}} u = \max_{\partial D^+} u \leqq \max_{\partial D} u^+$．したがって結論を得る． ■

注意 2.64　上の定理で $V(x) \geqq 0$ なる条件は一般にははずせない．実際，例えば ϕ_1 を $-\Delta$ の Dirichlet 条件下での第1固有関数としその固有値を λ_1 とおく

と,$\lambda_1>0$ かつ $\phi_1(x)>0$ $(x\in D)$ であって(§2.7),$-\Delta\phi_1-\lambda_1\phi_1=0$. この例では $V(x)=-\lambda_1<0$ であり,ϕ_1 は D で正の最大値をとるが ∂D 上では 0 である.

また定理 2.62 よりただちに次を得る.

系 2.65 D を有界領域とし,$V(x)\geqq 0$ とする.このとき $u\in C^2(D)\cap C^0(\overline{D})$ が $Pu(x)=0$ $(x\in D)$ を満たすなら,$\max_{\overline{D}}|u|=\max_{\partial D}|u|$ が成り立つ.

□

系 2.65 から,Dirichlet 問題の(古典)解 $u\in C^2(D)\cap C^0(\overline{D})$ の**一意性**が従う.また定理 2.62(ii) より(古典)解の**比較定理**: "$Pu(x)\leqq Pv(x)$ $(x\in D)$ かつ $u(x)\leqq v(x)$ $(x\in\partial D)$ ならば $u(x)\leqq v(x)$ $(x\in D)$" が成り立つ.

D が非有界領域の場合には,無限遠で何らかの増大度の制限を付けなければ定理 2.62 は一般に成立しない(第 1 章問 21 および [PrWe] 参照).例えば,$\mathbb{R}^2$ 上の領域 $D=(-\pi/2,\pi/2)\times\mathbb{R}^1$ において,$u(x_1,x_2)=\cos x_2\cosh x_1$ は $\Delta u(x)=0$ $(x\in D)$ かつ $u(x)=0$ $(x\in\partial D)$ を満たすが $u\not\equiv 0$ である.

(b) 放物型方程式に対する弱最大値原理

この項を通して D は $\mathbb{R}^n$ の有界領域,$T>0$ を定数,$Q=D\times(0,T)$ とし,
$$C^{2;1}(Q)=\{u\in C^0(Q);\partial_t u,\partial_x^\alpha u\in C^0(Q)\ (|\alpha|\leqq 2)\}$$
とおく.また記号として $\sigma\in[0,T]$ に対して $D_\sigma=D\times\{t=\sigma\}$,$\Sigma_\sigma=\partial D\times[0,\sigma]$ とおき,$\Gamma=\Sigma_T\cup D_0$ を**放物型境界**(parabolic boundary)という(図 2.3).また $Q_T=Q\cup D_T$ とおき,$C^{2;1}(Q_T)$,$C^{2;1}(\overline{Q})$ も同様に定義する.P を前項(a)での楕円型作用素とする.この項では

(2.76) $\qquad (\partial_t+P)u(x,t)\leqq 0,\quad (x,t)\in Q_T$

を満たす $u\in C^{2;1}(Q_T)$ に対する**弱最大値原理**を示す.

定理 2.66 $u\in C^{2;1}(Q_T)\cap C^0(\overline{Q})$ が (2.76) を満たすならば次が成り立つ.
(i) $V(x)\equiv 0$ の場合,$\max_{\overline{Q}}u=\max_\Gamma u$.
(ii) $V(x)\geqq 0$ の場合,$\max_{\overline{Q}}u\leqq \max_\Gamma u^+$.
(iii) $V(x)\not\equiv 0$ の場合,$u(x)\leqq 0$ $(x\in\Gamma)$ ならば $u(x)\leqq 0$ $(x\in\overline{Q})$.

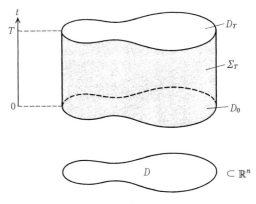

図 2.3 放物型境界 $\Gamma = \Sigma_T \cup D_0$

[証明] 第1段: まずより強い仮定:
$$\partial_t u(x,t) + P_0 u(x,t) < 0, \quad (x,t) \in Q$$
の下に, u は Γ 上でのみ最大値をとることを示す. もし $(x_0, t_0) \in D \times (0, T)$ で最大となるならば, $\partial_t u(x_0, t_0) = 0$, $\nabla u(x_0, t_0) = 0$ かつ $(\partial_{ij}^2 u(x_0, t_0))_{1 \leq i,j \leq n}$ は半負定値行列となる. よって $(\partial_t u + P_0 u)(x_0, t_0) \geq 0$ となり矛盾する. また $(x_0, t_0) \in D_T = D \times \{t = T\}$ で最大となるならば, $\partial_t u(x_0, T) \geq 0$, $\nabla u(x_0, T) = 0$ かつ $(\partial_{ij}^2 u(x_0, T))_{1 \leq i,j \leq n}$ は半負定値行列となりやはり矛盾する.

第2段: (i)を示そう. $u_\varepsilon(x,t) = u(x,t) + \varepsilon e^{-t}$ $(\varepsilon > 0)$ とおくと
$$(\partial_t + P_0) u_\varepsilon = (\partial_t + P_0) u - \varepsilon e^{-t} < 0$$
となるので, 第1段より $\max_{\overline{Q}} u_\varepsilon = \max_{\Gamma} u_\varepsilon$ となる. $\varepsilon \to 0$ として $\max_{\overline{Q}} u = \max_{\Gamma} u$ を得る. (ii)は, 定理2.62の(ii)と同様に示される.

第3段: (iii)を示そう. $V(x) \not\equiv 0$ とする. $\gamma \geq \|V\|_{L^\infty(D)}$ なる定数 γ をとり, $v(x,t) = u(x,t) e^{-\gamma t}$ とおくと $(\partial_t + P + \gamma) v = e^{-\gamma t}(\partial_t + P) u \leq 0$ となる. よって第1, 2段と同様にして $\max_{\overline{Q}} v \leq \max_{\Gamma} v^+$ を得る. これより $u(x) \leq 0$ $(x \in \Gamma)$ ならば, $\max_{\Gamma} v^+ \leq 0$ となり $\max_{\overline{Q}} v \leq 0$. よって結論を得る. ∎

定理2.66から, 楕円型方程式の場合と同様, 放物型方程式 $(\partial_t + P) u = 0$ のDirichlet境界条件下での初期・境界値問題の(古典)解の一意性および比較定理が成り立つ.

§2.5 Schauder 評価

この節では Hölder 空間における Schauder 先験的評価について述べる．最大値原理と Schauder 先験的評価から Hölder 空間における解の一意存在および解の正則性が得られる．これらを **Schauder 理論**という．

(a) 楕円型方程式に対する Schauder 評価と正則性定理

D を $\mathbb{R}^n$ の有界領域とし Poisson 方程式 $-\Delta u(x) = f(x)$ を考えよう．§2.1 では $f \in L^2(D)$ に対し，Dirichlet 問題の弱解 $u \in H_0^1(D)$ の一意存在を示し，§2.2 の正則性理論では滑らかな領域 D に対し，$f \in H^k(D)$ ならば $u \in H^{k+2}(D)$ なることを見た．特に $f \in C^\infty(\overline{D})$ ならば $u \in C^\infty(\overline{D})$ となる．では単に $f \in C^0(\overline{D})$ のとき $u \in C^2(\overline{D})$ なる解の存在がいえるだろうか？ これは方程式を見る限り自然な問であるが，実は正しくないことがわかる（以下の例 2.67 参照）．一方で $f \in C^1(D)$ ならば $u \in C^2(D)$ となることをすでに学ばれた読者も多いことであろう（[俣神] 参照）．このあたりのことをより正確に表現するのに適当な関数空間が Hölder 空間である．

例 2.67 $D = B_{1/2}(O) \subset \mathbb{R}^2$ とし $u(x) = (x_1^2 - x_2^2)(-\log|x|)^{1/2}$ $(x = (x_1, x_2) \in D)$ とおく．$x \neq 0$ で

$$-\Delta u = f(x) = \frac{x_1^2 - x_2^2}{2|x|^2} \left[\frac{4}{(-\log|x|)^{1/2}} + \frac{1}{2(-\log|x|)^{3/2}} \right]$$

となる（確かめよ）．この例では $f \in C^0(\overline{D})$ であるが $u \notin C^2(D)$ となる． □

さて，$0 < \alpha \leq 1$ に対し，Hölder セミノルム $[f]_{\alpha;D}$ を

$$[f]_{\alpha;D} = \sup_{x,y \in D,\ x \neq y} \frac{|f(x) - f(y)|}{|x-y|^\alpha}$$

とおき，$k \in \mathbb{N}_0$ に対して $C^{k,\alpha}(\overline{D}) = \{f \in C^k(\overline{D});\ [\partial_x^\beta f]_{\alpha;D} < \infty\ (|\beta|=k)\}$，$C_b^{k,\alpha}(\overline{D}) = \{f \in C_b^k(\overline{D});\ [\partial_x^\beta f]_{\alpha;D} < \infty\ (|\beta|=k)\}$，$C^{k,\alpha}(D) = \{f \in C^k(D);\ $任意の $G \Subset D$ に対して $[\partial_x^\beta f]_{\alpha;D} < \infty\ (|\beta|=k)\}$ と定義する．有界領域 D に対しては $C_b^{k,\alpha}(\overline{D}) = C^{k,\alpha}(\overline{D})$ である．これらを**指数 α の Hölder 空間**と呼び，$f \in C^{0,\alpha}(\overline{D})$ なる f は D 上 **α-Hölder 連続**であるという．$[f]_{\alpha;D} < \infty$ なるこ

とは，f が単に連続であるだけでなく連続の度合いが指定されているのである．特に $\alpha=1$ の場合の Hölder 連続性はすでに現れた Lipschitz 連続性に他ならない(§2.2(a))．

問 9 $D=B_{1/2}(O)\subset\mathbb{R}^n$ で $\beta>0$ とする．$u(x)=(-\log|x|)^{-\beta}$ は D 上連続ではあるが，いかなる指数 $\alpha>0$ に対しても α-Hölder 連続でない．

以後簡単のため $k\in\mathbb{N}_0$ に対し $|f|_{k;D}=\|f\|_{C_b^k(\overline{D})}$ と略記する．また Hölder 空間に対して次の記号を用いる．$k\in\mathbb{N}_0$，$0<\alpha\leq 1$ に対して

(2.77)　$|f|_{k,\alpha;D}=\sum_{j=0}^{k}|\partial_x^j f|_{0,\alpha;D},\quad |\partial_x^j f|_{0,\alpha;D}=|\partial_x^j f|_{0;D}+[\partial_x^j f]_{\alpha;D}$

とおく．ここで $|\partial_x^j f|_{0;D}=\sum_{|\beta|=j}|\partial_x^\beta f|_{0;D}$，$[\partial_x^j f]_{\alpha;D}=\sum_{|\beta|=j}[\partial_x^\beta f]_{\alpha;D}$ なる略記を用いた．このとき，"$k\in\mathbb{N}_0$，$0<\alpha\leq 1$ に対し $C_b^{k,\alpha}(\overline{D})$ は $\|u\|_{C_b^{k,\alpha}(\overline{D})}=|u|_{k,\alpha;D}$ をノルムとして Banach 空間となる" ことがわかる(確かめよ)．ここで Hölder 連続関数の基本的性質を述べておこう．

命題 2.68　$0<\alpha,\beta\leq 1$ とする．

(i)　$u\in C_b^{0,\alpha}(\overline{D}),\ v\in C_b^{0,\beta}(\overline{D})$ なら $\gamma=\min(\alpha,\beta)$ として $uv\in C_b^{0,\gamma}(\overline{D})$ となる．

(ii)　$u\in C_b^{0,\alpha}(\overline{D})$ に対して，u の $\mathbb{R}^n$ への拡張 $\widetilde{u}\in C_b^{0,\alpha}(\mathbb{R}^n)$ で $\sup_{\mathbb{R}^n}|\widetilde{u}|=\sup_{D}|u|$，$[\widetilde{u}]_{\alpha;\mathbb{R}^n}=[u]_{\alpha;D}$ なるものが存在する．　□

問 10　命題 2.68 を示せ．

この項ではまず次の非発散型の楕円型方程式を扱う．

(2.78)　$Pu(x)=-a_{ij}(x)\partial_{ij}^2 u(x)-\boldsymbol{b}(x)\cdot\nabla u(x)+V(x)u(x)=f(x)$．

定理 2.69（内部 Schauder 評価と内部正則性定理）

(i)　ある $0<\alpha<1$ に対し $a_{ij},b_j,V,f\in C^{0,\alpha}(D)$ を満たすとし，$D_1\Subset D_2$ $\Subset D$ で $\mathrm{dist}(D_1,\partial D_2)\geq d>0$ とする．このとき $u\in C^2(D)$ が $Pu(x)=f(x)$

($x \in D$) を満たすならば $u \in C^{2,\alpha}(D)$ となる. また $n, \alpha, \mu, \operatorname{diam} D_2, d$ および係数 a_{ij}, b_j, V の $C^{0,\alpha}(\overline{D_2})$ ノルムにのみよる定数 C が存在して次が成り立つ.

(2.79) $\qquad |u|_{2,\alpha;D_1} \leqq C(|u|_{0;D_2} + |f|_{0,\alpha;D_2}).$

（ii）さらに $a_{ij}, b_j, V, f \in C^{k,\alpha}(D)$, $k \geqq 1$ とすると $u \in C^{k+2,\alpha}(D)$ となる. さらに, $n, k, \alpha, \mu, \operatorname{diam} D_2, d$ および係数 a_{ij}, b_j, V の $C^{k,\alpha}(\overline{D_2})$ ノルムにのみよる定数 C が存在して次が成り立つ.

(2.80) $\qquad |u|_{k+2,\alpha;D_1} \leqq C(|u|_{0;D_2} + |f|_{k,\alpha;D_2}).$ □

領域と係数に対して大域的仮定をすれば，Dirichlet 問題：

(2.81) $\qquad Pu(x) = f(x),\ x \in D;\ u(x) = g(x),\ x \in \partial D$

の解に対する大域的先験的評価を得る.

定理 2.70（大域的 Schauder 評価と大域的正則性定理）

（i）ある $0 < \alpha < 1$ に対して $a_{ij}, b_j, V, f \in C^{0,\alpha}(\overline{D})$ かつ $g \in C^{2,\alpha}(\overline{D})$ とし，領域 D は $C^{2,\alpha}$ 級である（すなわち，D は有界で，各 $x_0 \in \partial D$ の近傍で D が $C^{2,\alpha}$ 級の関数のグラフの片側として書ける）とする. このとき，$u \in C^2(D) \cap C(\overline{D})$ が (2.81) を満たすならば $u \in C^{2,\alpha}(\overline{D})$ となる. また $n, \alpha, \mu, \partial D$ (の $C^{2,\alpha}$-ノルム) および a_{ij}, b_j, V の $C^{0,\alpha}(\overline{D})$-ノルムにのみよる定数 C が存在して次の評価が成り立つ.

(2.82) $\qquad |u|_{2,\alpha;D} \leqq C(|u|_{0;D} + |g|_{2,\alpha;D} + |f|_{0,\alpha;D}).$

（ii）さらに自然数 k に対して $a_{ij}, b_j, V, f \in C^{k,\alpha}(\overline{D})$, $g \in C^{k+2,\alpha}(\overline{D})$ かつ D は $C^{k+2,\alpha}$ 級とすると $u \in C^{k+2,\alpha}(\overline{D})$ となる. また, $n, k, \alpha, \mu, \partial D$ (の $C^{k+2,\alpha}$-ノルム) および a_{ij}, b_j, V の $C^{k,\alpha}(\overline{D})$-ノルムにのみよる定数 C が存在して次の評価が成り立つ.

(2.83) $\qquad |u|_{k+2,\alpha;D} \leqq C(|u|_{0;D} + |g|_{k+2,\alpha;D} + |f|_{k,\alpha;D}).$ □

Schauder 評価および正則性定理の本質的な部分は定数係数 $a_{ij}(x) = A_{ij}$ の場合でも変わらない. $-A_{ij}\partial^2_{ij}u(x) = f(x)$ の場合の評価がきちんとできると一般の場合は摂動として扱える. 定数係数の場合の証明方法として，L^2 評価を基礎にした Campanato の方法 (Hölder 空間を L^2 的に特徴づける Campanato 空間を導入する方法，[Troi, 3 章] 参照) と基本解の評価をもとにしたポテンシャル論的証明 ([GiTr, 4 章と 6 章] 参照) とがある. Neumann 問

題についても同様のことが成り立つ（[GiTr, §6.7], [Troi, §3.6]）.

次に，発散型の楕円型方程式

(2.84) $\quad Lu(x) = -\partial_i(a_{ij}(x)\partial_j u(x)) + V(x)u(x) = f_0(x) + \nabla \cdot F(x)$

の解の先験的評価について述べよう．ここで，$F(x) = (f_1(x), \cdots, f_n(x))$ で $\nabla \cdot F(x) = \sum_{j=1}^{n} \partial_j f_j(x)$ である．もし $a_{ij} \in C^{1,\alpha}(D)$ なら，$b_j = \sum_{i=1}^{n} \partial_i(a_{ij}) \in C^{0,\alpha}(D)$ として(2.78)の形に書け，定理2.69と定理2.70が適用できるが，単に $a_{ij} \in C^{0,\alpha}(D)$ ならどうであろうか？このとき $Lu = f$ の弱解 $u \in H^1_{\text{loc}}(D)$ の $C^{1,\alpha}(D)$-**先験的評価**が成り立つことを述べておこう．§3.3(a)では De Giorgi–Nash–Moser の定理として，さらに単に $a_{ij} \in L^\infty_{\text{loc}}(D)$ という弱い条件のもとで弱解 u の $C^{0,\alpha}(D)$-**先験的評価**が与えられる．したがって次の評価は De Giorgi–Nash–Moser の定理と定理2.69との中間的評価である．

定理 2.71（内部 $C^{1,\alpha}$-評価）　$V \in L^\infty(D)$ で，さらに $0 < \alpha < 1$ に対し $a_{ij} \in C^{0,\alpha}(D)$, $f_0 \in L^\infty(D)$, $f_i \in C^{0,\alpha}(D)$, $i = 1, \cdots, n$ とする．このとき，(2.84)の弱解 $u \in H^1_{\text{loc}}(D)$ は $u \in C^{1,\alpha}(D)$ となる．また $D_1 \Subset D_2 \Subset D$ で $\text{dist}(D_1, \partial D_2) \geq d > 0$ とするとき，$n, \alpha, \mu, d, \text{diam } D_2, \|a_{ij}\|_{C^{0,\alpha}(\overline{D_2})}, \|V\|_{L^\infty(D_2)}$ のみによる定数 C が存在して次の評価が成り立つ．

(2.85) $\quad |u|_{1,\alpha;D_1} \leq C(\|u\|_{L^2(D_2)} + \|f_0\|_{L^\infty(D_2)} + ||F||_{0,\alpha;D_2})$.　□

また境界値問題の弱解に対する**大域的 $C^{1,\alpha}$-評価**も成り立つ．定理2.71の証明を含め詳細は[Troi, 3章]を参照していただきたい．

(b) Hölder 空間での可解性

Schauder 評価を用いて，Dirichlet 問題(2.81)の Hölder 空間 $C^{2,\alpha}(\overline{D})$ での可解性を示すことができる．領域 D および係数等は定理2.70(i)での仮定を満たすものとする．

定理 2.72　さらに $V(x) \geq 0$ $(x \in D)$ を仮定する．このとき(2.81)はただ1つの解 $u \in C^{2,\alpha}(\overline{D})$ を持つ．

［証明］　一意性は §2.4 の最大値原理（系2.65）より従う．解の存在を示そう．$g = 0$ の場合に示せば十分である．実際，$v = u - g$ とおくと $Pv = f - Pg \equiv \tilde{f} \in C^{0,\alpha}(\overline{D})$; $v(x) = 0$ $(x \in \partial D)$ の可解性と同値となるからである．

$g = 0$ とする.さて $D_n \Subset D$ なる滑らかな領域の増加列 $\{D_n\}$,すなわち $D_n \subset D_{n+1}$ $(n = 1, 2, \cdots)$,で $D = \bigcup_{n=1}^{\infty} D_n$ かつ $\operatorname{dist}(D_n, \partial D) > 1/n$ なるもので さらに ∂D_n を表わす関数の $C^{2,\alpha}$-ノルムが一様に押さえられるものをとる(以下の問 11 参照).そこで各 D_n の上での Dirichlet 問題:

$$(2.86) \quad -a_{ij}^{(n)} \partial_{ij}^2 v - b_j^{(n)} \partial_j v + V^{(n)} v = f^{(n)}; \quad v(x) = 0 \ (x \in \partial D_n)$$

を考える.ここで軟化子 η_ε $(\varepsilon > 0)$ を用いて $a_{ij}^{(n)} = \eta_{1/n} * a_{ij}$, $b_j^{(n)} = \eta_{1/n} * b_j$, $V^{(n)} = \eta_{1/n} * V$, $f^{(n)} = \eta_{1/n} * f$ とおいた.このとき $a_{ij}^{(n)}, b_j^{(n)}, V^{(n)}, f^{(n)} \in C^\infty(\overline{D_n})$ かつ $V^{(n)}(x) \geq 0$ $(x \in D_n)$ となる.よって系 2.39 より (2.86) は滑らかな解 $v_n \in C^\infty(\overline{D_n})$ をただ 1 つ持つ.定理 2.70(i) より n に無関係な定数 C が存在して

$$(2.87) \quad |v_n|_{2,\alpha;D_n} \leq C(|v_n|_{0;D_n} + |f^{(n)}|_{0,\alpha;D_n})$$

が成り立つ.なぜなら $\mu|\xi|^2 \leq a_{ij}^{(n)} \xi_i \xi_j \leq \mu^{-1}|\xi|^2$, $|a_{ij}^{(n)}|_{0,\alpha;D_n} \leq |a_{ij}|_{0,\alpha;D}$ 等が成立するからである(以下の問 12 参照).また §3.1 の先験的評価(定理 3.9)より n によらない定数 C が存在して $|v_n|_{0;D_n} \leq C|f|_{0;D_n}$ が成り立つ.$|f^{(n)}|_{0,\alpha;D_n} \leq |f|_{0,\alpha;D}$ より結局 $|v_n|_{2,\alpha;D_n} \leq C$ を得る.したがって任意の $G \Subset D$ に対し,十分大きい n に対して $|v_n|_{2,\alpha;G} \leq C$ (C は G によらない)となる.よって Ascoli–Arzelà の定理から,各 $|\beta| \leq 2$ に対して $\{\partial_x^\beta v_n\}_{n=1}^\infty$ は D 上広義一様収束する部分列を持つ.ゆえに,ある $v \in C^{2,\alpha}(D)$ が存在して任意の $G \Subset D$ に対し $|v_{n_k} - v|_{2,0;G} \to 0$ $(k \to \infty)$ が成り立つ.また $|a_{ij}^{(n)} - a_{ij}|_{0;G} \to 0$ $(n \to \infty)$ などから v は $Pv(x) = f(x)$ $(x \in D)$ を満たし $|v|_{2,\alpha;G} \leq C$ (C は $G \Subset D$ によらない)となる.よって G の任意性から $|v|_{2,\alpha;D} \leq C$ となり結局 $v \in C^{2,\alpha}(\overline{D})$ を得る.また $v_n = 0$ $(x \in \partial D_n)$ より $v = 0$ $(x \in \partial D)$ を得る.∎

問 11 上の証明で $C^{2,\alpha}$ 級領域 D に対して,∂D_n の $C^{2,\alpha}$-ノルムが一様に押さえられるような滑らかな領域の増加列 $\{D_n\}$ が作れることを示せ.

問 12 $f \in C^{0,\alpha}(\overline{D})$,$G \Subset D$ に対し $0 < \varepsilon < \operatorname{dist}(G, \partial D)$ ならば $|\eta_\varepsilon * f|_{0;G} \leq |f|_{0;D}$,$[\eta_\varepsilon * f]_{\alpha;G} \leq [f]_{\alpha;D}$ を示せ.また $f \in C^{k,\alpha}(\overline{D})$ のとき $|\eta_\varepsilon * f|_{k,\alpha;G} \leq |f|_{k,\alpha;D}$ を示せ.

(c) 放物型方程式に対する Schauder 評価,正則性,可解性

P を (2.75) の楕円型作用素とし放物型方程式

(2.88) $\quad (\partial_t + P)u(x,t) = f(x,t), \quad (x,t) \in Q = D \times (0,T)$

の解に対する Schauder 評価および正則性定理を述べる. まず $X=(x,t)$, $Y=(y,s) \in Q$ に対し $d(X,Y) = (|x-y|^2 + |t-s|)^{1/2}$ とおくとこれは距離になる. これを**放物型距離**という. 放物型方程式を扱う場合, 放物型距離で考えるのが自然である. 例えば $P=-\Delta$ のとき, $(\partial_t - \Delta)u(x,t) = 0$ ならば $\lambda > 0$ に対し $u_\lambda(x,t) = u(\lambda x, \lambda^2 t)$ も $(\partial_t - \Delta)u_\lambda(x,t) = 0$ となるからである. この放物型距離に関する Hölder 空間を定義しよう. $0 < \alpha \leq 1$ とする. $|u|_{0;Q} = \sup_{(x,t) \in Q} |u(x,t)|$,

$$[u]_{\alpha;Q} = \sup_{X,Y \in Q,\, X \neq Y} \frac{|u(X)-u(Y)|}{d(X,Y)^\alpha}, \quad |u|_{0,\alpha;Q} = |u|_{0;Q} + [u]_{\alpha;Q}$$

とし

$$C^{0,\alpha;0,\alpha/2}(\overline{Q}) = \{u \in C^0(\overline{Q}); \; |u|_{0,\alpha;Q} < \infty\}$$

とおく. また $k \in \mathbb{N}$ に対し $|\partial_x^k u|_{0;Q}$, $[\partial_x^k u]_{\alpha;Q}$, $|\partial_x^k u|_{0,\alpha;Q}$, $|\partial_t^k u|_{0,\alpha;Q}$ なども楕円型の場合と同様に定義し

(2.89) $\quad |u|_{2,\alpha;1,\alpha/2;Q} = |u|_{0,\alpha;Q} + |\partial_x u|_{0,\alpha;Q} + |\partial_x^2 u|_{0,\alpha;Q} + |\partial_t u|_{0,\alpha;Q}$

とおく. 考えるべき基本的な解の空間は

$$C^{2,\alpha;1,\alpha/2}(Q) = \{u \in C^{2;1}(Q); \; 任意の\; Q' \Subset Q \;に対して\; |u|_{2,\alpha;1,\alpha/2;Q'} < \infty\}$$

および $C^{2,\alpha;1,\alpha/2}(\overline{Q}) = \{u \in C^{2;1}(\overline{Q}); \; |u|_{2,\alpha;1,\alpha/2;Q} < \infty\}$ となる. $C^{2,\alpha;1,\alpha/2}(\overline{Q})$ は $|\cdot|_{2,\alpha;1,\alpha/2;Q}$ をノルムとする Banach 空間になる. §2.4 と同様, $D_0 = D \times \{t=0\}$, $\Sigma_T = \partial D \times [0,T]$, $\Gamma = \Sigma_T \cup D_0$ なる記号を用いる.

係数に対する局所的な仮定のもとに, 放物型方程式の解に対する内部先験的評価と内部正則性定理が得られる.

定理 2.73（内部 Schauder 評価と内部正則性定理）

（ⅰ） $0 < \alpha < 1$ に対し $a_{ij}, b_j, V \in C^{0,\alpha}(D)$ かつ $f \in C^{0,\alpha;0,\alpha/2}(Q)$ とし, $u \in C^{2;1}(Q)$ が (2.88) を満たすとする. このとき $u \in C^{2,\alpha;1,\alpha/2}(Q)$ となる. また $Q_1 \Subset Q_2 \Subset Q$ なる任意の放物型筒状領域 Q_1, Q_2 に対して, $n, \alpha, \mu, \operatorname{diam} Q_2$, $\operatorname{dist}(Q_1, \partial Q_2)$ および係数 a_{ij}, b_j, V の局所 Hölder ノルムにのみよる定数 C が存在して, 次の評価が成り立つ.

$$|u|_{2,\alpha;1,\alpha/2;Q_1} \leq C(|u|_{0;Q_2}+|f|_{0,\alpha;Q_2}).$$

 (ii) さらに, $p,q\in\mathbb{N}$ とし, $|\beta|\leq p$, $|\beta|+2k\leq p$, $k\leq q$ なる任意の β,k に対して $\partial_x^\beta a_{ij}, \partial_x^\beta b_j, \partial_x^\beta V \in C^{0,\alpha}(D)$, $\partial_x^\beta \partial_t^k f \in C^{0,\alpha;0,\alpha/2}(Q)$ を満たすとする. このとき(i)での解 u は $|\beta|+2k\leq p+2$, $k\leq q+1$ なる任意の β,k に対して $\partial_x^\beta \partial_t^k u \in C^{0,\alpha;0,\alpha/2}(Q)$ を満たす. また(i)での Q_1, Q_2 に対して n,α,p,q,μ, $\mathrm{diam}\,Q_2, \mathrm{dist}(Q_1,\partial Q_2)$ および係数 a_{ij}, b_j, V の局所 Hölder ノルムにのみよる定数 C が存在して, 次の評価が成り立つ.

$$\sup_{|\beta|+2k\leq p+2,\ k\leq q+1} |\partial_x^\beta \partial_t^k u|_{0,\alpha;Q_1} \leq C(|u|_{0;Q_2} + \sup_{|\beta|+2k\leq p,\ k\leq q} |\partial_x^\beta \partial_t^k f|_{0,\alpha;Q_2}). \qquad \square$$

領域 D および係数に対して大域的な仮定をすると, 大域的先験的評価と大域的正則性定理が得られる.

定理 2.74(大域的 Schauder 評価と大域的正則性定理)

 (i) $0<\alpha<1$ に対して D は $C^{2,\alpha}$ 級領域で, $a_{ij}, b_j, V \in C^{0,\alpha}(\overline{D})$, $f\in C^{0,\alpha;0,\alpha/2}(\overline{Q})$ かつ $g\in C^{2,\alpha;1,\alpha/2}(\overline{Q})$ とする. また $u\in C^{2,\alpha;1,\alpha/2}(\overline{Q})$ が

(2.90)
$$(\partial_t + P)u(x,t) = f(x,t),\ (x,t)\in Q;\quad u(x,t) = g(x,t),\ (x,t)\in\Gamma$$

を満たすとする. このとき $n,\alpha,\mu,\partial D$ の $C^{2,\alpha}$-ノルムおよび a_{ij}, b_j, V の $C^{0,\alpha}(\overline{D})$-ノルムにのみよる定数 C が存在して, 次の評価が成り立つ.

$$|u|_{2,\alpha;1,\alpha/2;Q} \leq C(|g|_{2,\alpha;1,\alpha/2;Q} + |f|_{0,\alpha;Q}).$$

 (ii) さらに, $p,q\in\mathbb{N}$ とし, $|\beta|\leq p$, $|\beta|+2k\leq p$, $k\leq q$ なる任意の β,k に対して

$$\partial_x^\beta a_{ij}, \partial_x^\beta b_j, \partial_x^\beta V \in C^{0,\alpha}(\overline{D}),\ \partial_x^\beta \partial_t^k f \in C^{0,\alpha;0,\alpha/2}(\overline{Q}),\ \partial_x^\beta \partial_t^k g \in C^{2,\alpha;1,\alpha/2}(\overline{Q})$$

かつ D は $C^{p+2,\alpha}$ 級とする. このとき(i)での解 u は $|\beta|+2k\leq p+2$, $k\leq q+1$ なる任意の β,k に対して $\partial_x^\beta \partial_t^k u \in C^{0,\alpha;0,\alpha/2}(\overline{Q})$ を満たす. さらに, $n,\alpha,\mu,\partial D$ の $C^{p+2,\alpha}$-ノルムおよび a_{ij}, b_j, V の $C^{p,\alpha}(\overline{D})$-ノルムにのみよる定数 C が存在して, 次の評価が成り立つ.

$$\sup_{|\beta|+2k\leq p+2,\ k\leq q+1} |\partial_x^\beta \partial_t^k u|_{0,\alpha;Q}$$
$$\leq C(|u|_{0;Q} + \sup_{|\beta|+2k\leq p,\ k\leq q} |\partial_x^\beta \partial_t^k f|_{0,\alpha;Q} + \sup_{|\beta|+2k\leq p+2,\ k\leq q+1} |\partial_x^\beta \partial_t^k g|_{0,\alpha;Q}). \qquad \square$$

楕円型の場合と同様,上の先験的評価を利用して Hölder 空間での解の一意存在定理が得られる.

定理 2.75 定理 2.74(i) の仮定の下で (2.90) の解 $u \in C^{2,\alpha;1,\alpha/2}(\overline{Q})$ が一意的に存在する. □

証明は省略するが,上記の Schauder 評価の証明もやはり $a_{ij}(x) = A_{ij}$ の場合の $\partial_t u = A_{ij}\partial_{ij}^2 u + f(x,t)$ の解に対する評価が本質的である.楕円型の場合と同様,Campanato の方法(例えば [Lieb, 4 章] 参照)とポテンシャル論による方法([Fr2, 4 章] 参照)とがある.

§2.6 基本解,Green 関数,Poisson 核と解の表現

この節では放物型方程式に対する Cauchy 問題の基本解の構成に関する Levi の方法を述べ,Cauchy 問題の解の一意存在定理,混合問題の基本解の構成および古典解の表現を与える.また楕円型境界値問題の基本解,すなわち Green 関数と Poisson 核について述べ,古典解の表現を与える.

(a) Cauchy 問題の基本解と解の一意存在定理

この項では変数係数の楕円型作用素 $P = -a_{ij}(x)\partial_{ij}^2 - b(x)\cdot\nabla + V(x)$ に対して $\partial_t + P$ の Cauchy 問題の基本解の存在と性質を Levi のパラメトリックスの方法にしたがって述べる.定数 $T > 0$ に対し $S_T = \mathbb{R}^n \times (0, T)$ とおき,$C_0^0(\mathbb{R}^n) = \{g \in C^0(\mathbb{R}^n); \mathrm{Supp}\, g \text{ がコンパクト}\}$ とする.この項での係数に対する仮定は次の通りである.

仮定 2.76

(1) $a_{ij}(x) = a_{ji}(x)$ で,ある定数 $\mu \in (0,1]$ が存在して $\mu|\xi|^2 \le a_{ij}(x)\xi_i\xi_j \le \mu^{-1}|\xi|^2$, $x \in \mathbb{R}^n$, $\xi \in \mathbb{R}^n$.

(2) ある $0 < \alpha < 1$ に対して $a_{ij}, b_j, V \in C_b^{0,\alpha}(\mathbb{R}^n)$. □

定義 2.77 $\Gamma(x,\xi,t)$ $(x,\xi \in \mathbb{R}^n, 0 < t < T)$ が $\partial_t + P$ の Cauchy 問題の基本解であるとは次の条件を満たすことをいう.

(i) 各 $\xi \in \mathbb{R}^n$ に対し,$\Gamma(\cdot,\xi,\cdot)$ が (x,t) の関数として S_T 上で連続な

§2.6 基本解，Green 関数，Poisson 核と解の表現 —— 113

$\partial_t \Gamma(x,\xi,t)$ および $\partial_x^\alpha \Gamma(x,\xi,t)$ ($|\alpha| \leqq 2$) を持ち，任意の $g \in C_0^0(\mathbb{R}^n)$ に対して $u(x,t) = \int_{\mathbb{R}^n} \Gamma(x,\xi,t)g(\xi)\,d\xi$ は方程式 $\partial_t u(x,t) + Pu(x,t) = 0$ を S_T 上で満たす．

(ii) 任意の $g \in C_0^0(\mathbb{R}^n)$ に対して $\lim_{t \searrow 0} \int_{\mathbb{R}^n} \Gamma(x,\xi,t)g(\xi)\,d\xi = g(x)$. □

特に(i)から基本解 Γ は S_T で $(\partial_t+P)\Gamma(x,\xi,t)=0$ を満たす必要がある．Cauchy 問題の基本解の存在と性質については次のことが成り立つ．

定理 2.78 仮定 2.76 のもとで $\partial_t + P$ の Cauchy 問題の基本解 $\Gamma(x,\xi,t)$ が存在して次の評価

(2.91) $\quad |\partial_x^\alpha \Gamma(x,\xi,t)| \leqq \dfrac{C}{t^{(n+|\alpha|)/2}} \exp\left(-\lambda_* \dfrac{|x-\xi|^2}{t}\right), \quad |\alpha| \leqq 2$

を満たす．ここで，C および λ_* は n, μ, T および係数の $C_b^{0,\alpha}(\mathbb{R}^n)$-ノルムのみによる正定数である． □

実際の構成の仕方は **Levi** のパラメトリックスの方法による．その詳細は [Fr2, 1章] に譲り，ここでは概略のみを述べよう．まず $g \in C_0^0(\mathbb{R}^n)$ に対し $\mathrm{Supp}\, g \subset D$ なる有界領域 D を 1 つ固定する．$\xi \in D$ に対し $A(x) = (a_{ij}(x))$, $A^{-1}(x) = (a^{ij}(x))$ とし $\theta^\xi(x,\xi) = \sum_{i,j=1}^n a^{ij}(\xi)(x_i-\xi_i)(x_j-\xi_j)$ とおくと，仮定より正定数 A, μ' が存在して次を満たす．

$$\mu'|x-\xi|^2 \leqq \theta^\xi(x,\xi) \leqq {\mu'}^{-1}|x-\xi|^2, \quad |a^{ij}(x)-a^{ij}(y)| \leqq A|x-y|^\alpha.$$

そこで $0 < t < T$ において

$$Z(x,\xi,t) = \dfrac{(\det A^{-1}(\xi))^{1/2}}{(4\pi t)^{n/2}} \exp\left(-\dfrac{\theta^\xi(x,\xi)}{4t}\right)$$

とおくと，各 $\xi \in D$ に対し $u(x,t) = Z(x,\xi,t)$ は $P_0 = -A_{ij}\partial_{ij}^2$, $A_{ij} = a_{ij}(\xi)$ として $(x,t) \in D \times (0,T)$ で $(\partial_t + P_0)u(x,t) = 0$ を満たす（確かめよ）．Levi の方法はこの $Z(x,\xi,t)$ を第 1 近似として基本解 $\Gamma(x,\xi,t)$ を積分方程式:

(2.92) $\quad \Gamma(x,\xi,t) = Z(x,\xi,t) + \int_0^t \int_D Z(x,\eta,t-\sigma)\Phi(\eta,\xi,\sigma)\,d\eta d\sigma$

の解として求めるというもので，Φ は $(\partial_t + P)\Gamma = 0$ を満たすようにうまくとるべきものである．Z のことを $\partial_t + P$ のパラメトリックス (parametrix) とい

う．今体積ポテンシャル：

(2.93) $$\mathcal{V}(x,t) = \int_0^t \int_D Z(x,\eta,t-\sigma) f(\eta,\sigma)\,d\eta d\sigma$$

を考える．このとき $f(\eta,\sigma)$ が $f \in C^0(\overline{Q})$ $(Q = D \times (0,T))$ かつ，ある $0 < \beta < 1$ と $C > 0$ に対して

(2.94) $$|f(\xi,\tau) - f(\eta,\tau)| \leqq C|\xi - \eta|^\beta, \quad \xi, \eta \in D,\ 0 \leqq \tau \leqq T$$

を満たすならば，$\partial_x^\alpha \mathcal{V}$ ($|\alpha| \leqq 2$)，$\partial_t \mathcal{V}$ が存在して

(2.95) $$(\partial_t + P)\mathcal{V}(x,t) = f(x,t) + \int_0^t \int_D (\partial_t + P) Z(x,\eta,t-\sigma) f(\eta,\sigma)\,d\eta d\sigma$$

を満たすことになる．ここで
$$W(x,\eta,t) = (a_{ij}(x) - a_{ij}(\eta))\partial_{ij}^2 Z(x,\eta,t) - b_i(x)\partial_i Z(x,\eta,t) + V(x) Z(x,\eta,t)$$
とおくと

(2.96) $$W(x,\eta,t) = -(\partial_t + P) Z(x,\eta,t)$$

となることに注意する．よって $\Phi(\eta,\xi,\sigma)$ が (η,σ) の関数として(2.94)の条件を満たすと仮定すれば，$(\partial_t + P)\Gamma = 0$ を満たすようにするには Φ を

(2.97) $$\Phi(x,\xi,t) = W(x,\xi,t) + \int_0^t \int_D W(x,\eta,t-\sigma) \Phi(\eta,\xi,\sigma)\,d\eta d\sigma$$

を満たすように定めればよいことになる．この積分方程式(2.97)の解 Φ を，$W_1 = W$,

(2.98) $$W_{k+1}(x,\xi,t) = \int_0^t \int_D W(x,\eta,t-\sigma) W_k(\eta,\xi,\sigma)\,d\eta d\sigma, \quad k \geqq 1$$

によって $\{W_k\}_{k=1}^\infty$ を帰納的に定めて，

(2.99) $$\Phi(x,\xi,t) = \sum_{k=1}^\infty W_k(x,\xi,t)$$

の形で求める，というのが Levi の構成法である．実際，(2.99)が収束し，その Φ によって(2.92)で定義された $\Gamma(x,\xi,t)$ は $\partial_t + P$ の Cauchy 問題の基本解になる．さらに Γ は評価(2.91)を満たすことを示すことができる．

さて，Cauchy 問題

§2.6 基本解, Green 関数, Poisson 核と解の表現 —— 115

(2.100)　　$(\partial_t+P)u(x,t)=f(x,t),\ (x,t)\in S_T;\ u(x,0)=g(x),\ x\in\mathbb{R}^n$

の解の一意存在定理を述べよう. 第1章でみたように一般には解の一意性は成り立たない. しかし適当な増大度に関する条件のもとには一意存在定理が成り立つ(演習問題 1.4 と定理 4.6 も参照のこと).

定理 2.79 P の係数は仮定 2.76 を満たすとし, $g\in C^0(\mathbb{R}^n)$ とする. また, 各 $G\Subset\mathbb{R}^n$ に対して定数 C_G が存在して $|f(x,t)-f(y,t)|\leqq C_G|x-y|^\alpha$ $(x,y\in G,\ 0<t<T)$ を満たすとする. さらに正定数 h,C が存在して, 任意の $(x,t)\in S_T$ に対して

(2.101)　　$|f(x,t)|\leqq C\exp(h|x|^2),\quad |g(x)|\leqq C\exp(h|x|^2)$

を満たすと仮定する. このとき μ のみによる正定数 γ が存在して, $T^*=\min(T,\gamma/h)>0$ に対して, (2.100)の解 $u\in C^{2,\alpha;1,\alpha/2}(S_{T^*})\cap C^0(\overline{S_{T^*}})$ で, $|u(x,t)|\leqq C\exp(k|x|^2)$, k,C は定数, なる増大度を持つものがただ1つ存在して次のように書ける.

(2.102)　　$u(x,t)=\int_{\mathbb{R}^n}\Gamma(x,\xi,t)g(\xi)\,d\xi+\int_0^t\int_{\mathbb{R}^n}\Gamma(x,\xi,t-\tau)f(\xi,\tau)\,d\xi d\tau.$　□

解の表示より $g(\xi),f(\xi,t)$ が高々多項式の増大度を持つなら解も高々多項式の増大度を持つことになる. (2.102)の u が実際解になることは直接確かめられ, また一意性は次の**最大値原理** "$u\in C^{2;1}(S_T)\cap C^0(\overline{S_T})$ が $(\partial_t+L)u(x,t)\geqq 0$ $((x,t)\in S_T)$, かつある正定数 C,k に対して $u(x,t)\geqq -Ce^{k|x|^2}$ $((x,t)\in\overline{S_T})$ を満たすとする. このとき, $u(x,0)\geqq 0$ $(x\in\mathbb{R}^n)$ ならば $u(x,t)\geqq 0$ $((x,t)\in\overline{S_T})$ が成り立つ"([Fr2, p.43])より従う. 解の増大度は基本解の評価から従う. 詳細は[Fr2, §1.7]を参照されたい.

(b) 混合問題の基本解と解の存在定理

この項では ∂_t+P に対する有界領域 D 上 Dirichlet 境界条件の下での混合問題

(2.103)　　$(\partial_t+P)u(x,t)=f(x,t),\quad(x,t)\in Q;$
　　　　　$u(x,0)=g(x),\ x\in D;\ u(x,t)=0,\ (x,t)\in\partial D\times(0,T)$

の基本解の存在とその性質について述べる.ここで,$Q = D \times (0,T)$. またこの項では次の仮定をする.

仮定 2.80　ある $0 < \alpha < 1$ に対し,D は $C^{2,\alpha}$ 級領域で,係数は仮定 2.60 の他にさらに $a_{ij}, b_i, V \in C^{0,\alpha}(\overline{D})$ を満たす. □

定義 2.81（混合問題の基本解）　$K(x,\xi,t)$ が混合問題 (2.103) の基本解であるとは,各 $\xi \in D$ に対し $K(\cdot,\xi,\cdot)$ が (x,t) の関数として $\overline{D} \times (0,T]$ で連続で,$D \times (0,T)$ で $\partial_x^\alpha K$ ($|\alpha| \leq 2$),$\partial_t K$ が連続であって次の条件を満たすことをいう.すなわち,任意の $g \in C_0^0(D)$ に対し $u(x,t) = \int_D K(x,\xi,t)g(\xi)d\xi$ は $f=0$ として (2.103) を満たす. □

混合問題の基本解の存在が Cauchy 問題の基本解の存在と定理 2.75 から導かれる.

定理 2.82　仮定 2.80 のもとで混合問題 (2.103) の基本解 $K(x,\xi,t)$ がただ 1 つ存在して $(\partial_t + P)K(x,\xi,t) = 0$, $(x,t) \in D \times (0,T)$; $K(x,\xi,t) = 0$, $(x,t) \in \partial D \times (0,T)$ を満たす.さらに $K(x,\xi,t) > 0$ $((x,t) \in D \times (0,T))$ を満たす.また $\xi \in D$, $\varepsilon > 0$ に対し,$\partial_x^\alpha K$ ($|\alpha| \leq 2$) および $\partial_t K$ は $D \times (\varepsilon,T)$ 上一様連続となる.

[証明]　第 1 段:$a_{ij}, b_i, V \in C_b^{0,\alpha}(\mathbb{R}^n)$ で a_{ij} は $\mathbb{R}^n$ 上で一様楕円性を満たすとしてよい.実際,仮定 2.80 の下に a_{ij}, b_i, V を上の性質を持つように拡張することができるからである(命題 2.68 参照).このとき $\mathbb{R}^n$ での Cauchy 問題の基本解 $\Gamma(x,\xi,t)$ が存在する.この Γ に対して,$\xi \in D$ として

$$(2.104) \quad \begin{cases} (\partial_t + P)\mathcal{K}(x,\xi,t) = 0, & (x,t) \in D \times (0,T); \\ \mathcal{K}(x,\xi,0) = 0, & x \in D; \\ \mathcal{K}(x,\xi,t) = \Gamma(x,\xi,t), & (x,t) \in \partial D \times (0,T) \end{cases}$$

はただ 1 つの解 $\mathcal{K} \in C^{2,\alpha;1,\alpha/2}(\overline{Q})$ を持つ.($x \neq \xi$ のとき $\Gamma(x,\xi,t) \to 0$ $(t \searrow 0)$ 等に注意.)このとき $K = \Gamma - \mathcal{K}$ が求める基本解である.一意性は最大値原理から従う.実際,K_1, K_2 を 2 つの基本解とすると,任意の $g \in C_0(D)$ に対し $v(x,t) = \int_D (K_1(x,\xi,t) - K_2(x,\xi,t))g(\xi)\,d\xi$ は $(\partial_t + P)v(x,t) = 0$, $(x,t) \in D \times (0,T)$; $v(x,t) = 0$, $(x,t) \in \partial D \times (0,T)$ かつ $v(x,t) \to 0$ $(t \searrow 0)$ を満たす.よ

§2.6 基本解, Green 関数, Poisson 核と解の表現 —— 117

って最大値原理から $v \equiv 0$ $((x,t) \in D \times (0,T))$. g の任意性より $K_1 = K_2$ を得る.

第2段: $K(x,\xi,t) > 0$ を示す. $g(x) \geq 0$ なる $g \in C_0^0(D)$ に対して $v(x,t) = \int_D K(x,\xi,t)g(\xi)d\xi$ は, $(\partial_t + P)v(x,t) = 0$, $(x,t) \in D \times (0,T)$; $v(x,t) = 0$, $(x,t) \in \partial D \times (0,T)$ かつ $v(x,0) = g(x) \geq 0$ を満たす. よって最大値原理より $v(x,t) \geq 0$ $((x,t) \in D \times [0,T))$. そこで η_ε を軟化子として $g_m(\xi) = \eta_{1/m}(\xi - \xi_0)$ $(\xi_0 \in D)$ とおくと $v_m(x,t) = \int_D K(x,\xi,t)g_m(\xi)d\xi \geq 0$ $((x,t) \in D \times [0,T))$ となる. (x_0,t_0) $(t_0 > 0)$ に対して軟化子の性質から $\lim_{m \to \infty} v_m(x_0,t_0) = K(x_0,\xi_0,t_0)$ となるので $K(x_0,\xi_0,t_0) \geq 0$ を得る. さらに §3.1 の強最大値原理から $K(x,\xi,t) > 0$ が結論される. ∎

注意 2.83 定理 2.82 と同様にして ([Fr2, §2.4] 参照), Cauchy 問題の基本解 Γ に対しても $\Gamma(x,\xi,t) > 0$ が成り立つことがわかる. したがってまた最大値原理より $0 \leq K(x,\xi,t) \leq \Gamma(x,\xi,t)$ $(0 < t)$ が成り立つことになり, 結局次を得る.

$$(2.105) \quad 0 \leq K(x,\xi,t) \leq \frac{C}{t^{n/2}} \exp\left(-\lambda^* \frac{|x-\xi|^2}{t}\right)$$

ちなみに, 高階放物型方程式に対しても Cauchy 問題の基本解 Γ は構成できるが, Γ の正値性が成り立つのは 2 階の場合に限る ([Otsu] 参照).

Cauchy 問題の場合と同様に次の一意存在定理と解の表現を得る.

定理 2.84 仮定 2.80 の下で, 任意の $g \in C_0^0(D)$, $f \in C^{0,\alpha;0,\alpha/2}(\overline{Q})$ に対して (2.103) の解 $u \in C^{2,\alpha;1,\alpha/2}(Q) \cap C^0(\overline{Q})$ がただ 1 つ存在して

$$(2.106) \quad u(x,t) = \int_D K(x,\xi,t)g(\xi)d\xi + \int_0^t \int_D K(x,\xi,t-\tau)f(\xi,\tau)d\xi d\tau$$

と表わされる. □

(c) 楕円型境界値問題の Green 関数と Poisson 核

第 1 章でもみたように, 一般に楕円型境界値問題の解の表現は Green 関数と Poisson 核で与えられる. ここでは変数係数の場合の Green 関数の存在と性質を示す. 簡単のため, Dirichlet 境界値問題のみを扱い, 特に作用素は形式的自己共役作用素 $L = -\partial_i(a_{ij}(x)\partial_j) + V(x)$ とし, 領域 D および係数には

次の仮定をする．

仮定 2.85　ある $0<\alpha<1$ に対して，D は $C^{2,\alpha}$ 級領域で，係数は仮定 2.2 の他にさらに $a_{ij}\in C^{1,\alpha}(\overline{D})$, $V\in C^{0,\alpha}(\overline{D})$ かつ $V(x)\geqq 0$ $(x\in D)$ を満たすとする．　□

定義 2.86（Green 関数）　$G(x,y)$ が Dirichlet 問題

$$(2.107)\qquad Lu(x)=f(x),\ x\in D\,;\ u(x)=0,\ x\in\partial D$$

の Green 関数であるとは，各 $y\in D$ に対し $\partial_x^\alpha G(x,y)$ $(|\alpha|\leqq 2)$ が $\overline{D}\setminus\{y\}$ 上連続で $L_x G(x,y)\equiv(-\partial_i(a_{ij}(x)\partial_j)+V(x))G(x,y)=\delta_y$ in $\mathcal{D}'(D)$ かつ $G(x,y)=0$ $(x\in\partial D)$ を満たすことをいう．　□

定理 2.87　$n\geqq 2$ とする．

（i）　仮定 2.85 のもとに (2.107) の Green 関数 $G(x,y)$ が存在し，n,α,μ, $\|V\|_{C^{0,\alpha}(\overline{D})}$ および $\|a_{ij}\|_{C^{1,\alpha}(\overline{D})}$ のみによる正定数 C があって，任意の $x,y\in D$ に対し次の評価を満たす：

$$(2.108)\qquad 0<G(x,y)\leqq\begin{cases}\dfrac{C}{|x-y|^{n-2}}, & n\geqq 3\,;\\ C\max(1,|\log|x-y||), & n=2\,;\end{cases}$$

$$(2.109)\qquad |\partial_x^\alpha G(x,y)|\leqq\frac{C}{|x-y|^{n-2+|\alpha|}},\quad 1\leqq|\alpha|\leqq 2\,.$$

（ii）　任意の $f\in C_0^\infty(D)$ に対して $u(x)=\int_D G(x,y)f(y)dy$ は $u\in C^{2,\alpha}(\overline{D})$ となり (2.107) のただ 1 つの解を与える．

[証明]　第 1 段：まず (2.108) および (2.109) を満たす Green 関数 $G(x,y)$ が存在するとしよう．$f\in C_0^\infty(D)$ に対し $u(x)=\int_D G(x,y)f(y)\,dy$ とおくと $u\in C_0^1(D)$（したがって $u\in H_0^1(D)$）となる（演習問題 2.4 参照）．よって任意の $\phi\in C_0^\infty(D)$ に対し，$L_x G(x,y)=\delta_y$ より，

$$\int_D (a_{ij}\partial_j u\partial_i\phi+Vu\phi)\,dx=\langle Lu,\phi\rangle=\langle u,L\phi\rangle$$
$$=\int_D\left(\int_D G(x,y)L\phi(x)\,dx\right)f(y)\,dy=\int_D \phi(y)f(y)\,dy$$

となる．よって u は (2.107) の弱解である．したがって領域 D および係数に

§2.6 基本解,Green 関数,Poisson 核と解の表現 —— 119

関する仮定から Schauder 理論より $u \in C^{2,\alpha}(\overline{D})$ となり,(2.107)の古典解となる.また定理 2.82 と同様の議論により $G(x,y)>0$ も得る.

第2段(Green 関数の存在): $|D|$ が小さい場合,Levi のパラメトリックスの方法により Green 関数の存在が次の手順で示される([島倉]参照.一般の D に対しては§3.3 の方法を参照されたい).まず $\theta^y(x,y)=a^{ij}(y)(x_i-y_i)(x_j-y_j)$ とし,パラメトリックス $\Gamma_0(x,y)$ を

$$(2.110) \quad \Gamma_0(x,y) = \begin{cases} \dfrac{\theta^y(x,y)^{(2-n)/2}(\det(A^{-1}(y)))^{1/2}}{(n-2)\omega_n}, & n \geq 3; \\ \dfrac{\log(\theta^y(x,y))^{-1/2}(\det(A^{-1}(y)))^{1/2}}{2\pi}, & n = 2 \end{cases}$$

によって定める.ω_n は $(n-1)$ 次元単位球面積である.そこで Levi の方法で $\Gamma(x,y) \in C^{2,\alpha}(\overline{D}\setminus\{y\})$,すなわち任意の $\varepsilon>0$ に対し $\Gamma(x,y) \in C^{2,\alpha}(\overline{D\setminus B_\varepsilon(y)})$ で,ある $\delta>0$ に対して

$$(2.111) \quad \partial_x^\beta(\Gamma(x,y)-\Gamma_0(x,y)) = 0(|x-y|^{2-n-|\beta|+\delta}) \quad (x \to y,\ |\beta| \leq 2)$$

となるもの,したがって(2.108),(2.109)と同じ評価を持つものが構成できる.そして $L_x g(x,y)=0$ $(x \in D)$,$g(x,y)=\Gamma(x,y)$ $(x \in \partial D)$ のただ1つの解 $g(\cdot,y) \in C^{2,\alpha}(\overline{D})$ を用いて $G(x,y)=\Gamma(x,y)-g(x,y)$ とすればこれが求める Green 関数である.$\Gamma(x,y)>0$ もわかり,したがってまた最大値原理より(2.108)が成り立つ.

第3段: 次に $x_0 \in D$ $(x_0 \neq y)$ として x_0, y に無関係な定数 C が存在して $|\partial_x^\alpha G(x_0,y)| \leq C/|x_0-y|^{n-2+|\alpha|}$ $(1 \leq |\alpha| \leq 2)$ が成り立つことを示そう.$\widetilde{D}=B_{2d}(x_0)$,$d=\operatorname{diam} D$ として a_{ij}, V を $\widetilde{D}$ に一様楕円性および Hölder 連続性を保つように拡張したものを $\widetilde{a}_{ij}, \widetilde{V}$ として $\widetilde{L}=-\partial_i(\widetilde{a}_{ij}\partial_j)+\widetilde{V}$ とおく.$2R=|x_0-y|$ とし $G(x,y)$ を $\widetilde{D}\setminus D$ に 0-拡張したものを $\widetilde{G}(x,y)$ とすると,$\widetilde{G}(\cdot,y) \in H^1(B_R(x_0))$ で $\widetilde{L}\widetilde{G}(x,y)=0$ $(x \in B_R(x_0))$ を満たす.したがって(スケーリングを考慮した)内部 Schauder 評価より

$$|\partial_x G(x_0,y)| \leq \sup_{x \in B_{R/2}(x_0)} |\partial_x \widetilde{G}(x,y)| \leq (C/R) \sup_{x \in B_R(x_0)} |\widetilde{G}(x,y)|$$

が成り立つ.$|\widetilde{G}(x,y)| \leq |G(x,y)|$ と(2.108)より,$x \in B_R(x_0)$ ならば $|x-y| \geq$

R なので $|\widetilde{G}(x,y)| \leq CR^{2-n}$ となる．よって $|\partial_x G(x_0,y)| \leq CR^{1-n} \leq C|x_0-y|^{1-n}$ を得る．さらに $|\alpha|=2$ に対しても同様に $|\partial_x^\alpha G(x_0,y)| \leq C/|x_0-y|^n$ なる評価が Schauder 評価より得られる．

注意 2.88（**Green 関数の対称性**） Green 関数に対して $G(x,y)=G(y,x)$ $(x, y \in D)$ が成り立つ．実際まず，一般に L の転置作用素の Green 関数 G^* との間に $G(x,y)=G^*(y,x)$ なる関係が成り立つのであるが，今 a_{ij} の対称性から L の転置作用素は L 自身となるので $G^*=G$ となる．これから Green 関数の対称性が出る．特に $L_y G(x,y) = (-\partial_i(a_{ij}(y)\partial_j)+V(y))G(x,y) = \delta_x$ in $\mathcal{D}'(D)$ となる．

さて $f \in C^0(\overline{D})$, $g \in C^0(\partial D)$ に対し
(2.112) $\qquad Lu(x) = f(x),\ x \in D;\ u(x) = g(x),\ x \in \partial D$
の解 $u \in C^2(\overline{D})$ があるとして，その表現を与えよう．まず，任意の $u \in C^2(\overline{D})$ に対して

(2.113) $\quad u(x) = \int_D G(x,y) Lu(y)\,dy + \int_{\partial D} K(x,y) u(y)\,dS(y)$

が成り立つ．ここで $K(x,y) = -\sum_{i,j=1}^n \nu_i(y) a_{ij}(y) \partial_{y_j} G(x,y)\ (=-N_{A,y}G(x,y))$ $(x \in D,\ y \in \partial D)$．実際，$v(y) = G(x,y)$ として十分小さい $\varepsilon > 0$ に対し $D_\varepsilon = D \setminus \overline{B_\varepsilon(x)}$ 上で **Green の公式**：

$$-\int_{D_\varepsilon} (uLv - vLu)\,dy = \int_{\partial D_\varepsilon} (uN_A v - vN_A u)\,dS(y)$$

を適用すればよい．このとき $G(x,y) = \Gamma(x,y) - g(x,y)$ で (2.111) と $|\partial_y^\beta g(x,y)| = O(1)\ (y \to x,\ |\beta| \leq 1)$ より

$$-\lim_{\varepsilon \to 0} \int_{\partial B_\varepsilon(x)} u(y) N_{A,y} G(x,y)\,dS(y) = u(x)$$

となるからである（確かめよ）．例えば，$D \subset \mathbb{R}^3$, $f \in C^0(D)$, $\lambda > 0$ とし，$u \in C^2(D)$ が $\Delta u(x) + \lambda u(x) = f(x)\ (x \in D)$ を満たすとする．このとき，$B_r(x) \Subset D$ なる $r > 0$ に対して

$$u(x) \frac{\sin\sqrt{\lambda}r}{\sqrt{\lambda}r} = \frac{1}{4\pi r^2} \int_{\partial B_r(x)} u(y)\,dS(y) - \int_{B_r(x)} \widetilde{G}(x,y) f(y)\,dy,$$

$$\widetilde{G}(x,y) = (4\pi\sqrt{\lambda}\,r|x-y|)^{-1}\{\sin\sqrt{\lambda}\,r\cos\sqrt{\lambda}|x-y|$$
$$-\cos\sqrt{\lambda}\,r\sin\sqrt{\lambda}|x-y|\}$$

が成り立つことがわかる．実際，$r>0$ が $\sin\sqrt{\lambda}\,r\neq 0$ なる場合(そうでない場合は極限操作による)，

$$G(x,y) = (4\pi)^{-1}|x-y|^{-1}\{\cos\sqrt{\lambda}|x-y|$$
$$-\cos\sqrt{\lambda}\,r(\sin\sqrt{\lambda}\,r)^{-1}\sin\sqrt{\lambda}|x-y|\}$$

が $L=-(\Delta+\lambda)$ の $B_r(y)$ での Green 関数なので(2.113)を適用すればよい．また，(2.112)の解 $u\in C^2(\overline{D})$ があれば，

(2.114) $\quad u(x) = \int_D G(x,y)f(y)\,dy + \int_{\partial D} K(x,y)g(y)\,dS(y)$

と表現される．$K(x,y)$ を(2.112)の **Poisson 核**という．解の一意存在定理(定理2.72)と合わせて次を得る．

定理 2.89 係数および領域 D は仮定 2.85 を満たすとする．このとき，任意の $g\in C^{2,\alpha}(\overline{D})$ と任意の $f\in C^{0,\alpha}(\overline{D})$ に対して(2.112)の解 $u\in C^{2,\alpha}(\overline{D})$ がただ1つ存在して(2.114)の形に表現される． □

ここで境界値 g に対する仮定を $g\in C^0(\partial D)$ とゆるめても例 1.32 と同様の結果が成り立つことを述べておこう．(存在と一意性の証明については，§3.3(b)注意 3.54 参照．)

定理 2.90 仮定 2.85 のもとで，任意の $g\in C^0(\partial D)$ と $f\in C^{0,\alpha}(\overline{D})$ に対し(2.112)の解 $u\in C^2(D)\cap C^0(\overline{D})$ がただ1つ存在して(2.114)で与えられる． □

問 13 定理 2.90 を証明せよ．

§2.7 楕円型作用素のスペクトルと半群

この節では楕円型作用素のスペクトル論を提示し，§2.1で学んだ弱解の存

在と一意性の理論を深める(そのひな型については,定理 1.4 と定理 1.6 および問 11 参照).さらにスペクトル論の応用として放物型方程式に対する初期・境界値問題の半群理論による扱いに触れる.

行列の対角化や固有値問題を扱うにはその行列を(それがたとえ実行列であっても)複素ベクトル空間での線形変換とみなす方が自然であった.楕円型作用素のスペクトル理論も複素数値関数からなる複素 Hilbert 空間を舞台として展開するのが自然である.この節では $L^2(D) = L^2(D;\mathbb{C})$, $H_0^1(D) = H_0^1(D;\mathbb{C})$, … とする.

(a) スペクトル,レゾルベント,自己共役作用素

まず Hilbert 空間上の自己共役作用素のスペクトル理論について必要な事項をまとめておこう.(詳細は[ReSi],岡本・中村著『関数解析』を参照されたい.)

A を複素 Hilbert 空間 X(その内積を $(\cdot,\cdot)$ とする)上の線形作用素で稠密な**定義域** $D(A)$ を持つものとする.有限次元空間の場合と異なり,無限次元空間では X 全体では定義できないような作用素(すなわち,その定義域が X の真の部分集合となるような作用素)を扱う必要が生ずるのである.A の**値域** (range),**核**(kernel),**グラフ**をそれぞれ $\mathrm{Ran}(A)$, $\mathrm{Ker}(A)$, $\Gamma(A)$ で表わす:
$$\mathrm{Ran}(A) = \{Au\,;\, u \in D(A)\}, \quad \mathrm{Ker}(A) = \{x \in D(A)\,;\, Au = 0\},$$
$$\Gamma(A) = \{[u, Au] \in X \times X\,;\, x \in D(A)\}.$$
直積空間 $X \times X$ も X の内積から定まる自然な内積で Hilbert 空間になるが,$\Gamma(A)$ が $X \times X$ の閉部分空間のとき A を**閉作用素**(closed operator)という.また $D(A)$ が X で稠密なので,$v \in X$ に対して

(2.115) $\qquad (Au, v) = (u, w), \quad u \in D(A)$

を満たす $w \in X$ が存在すればただ 1 つに定まる.これより A の**共役作用素** (dual operator) A^* が $D(A^*) = \{v \in X\,;\, (2.115)$ を満たす $w \in X$ が存在する$\}$, $A^* v = w$ $(v \in D(A^*))$ により定義される.A^* はつねに閉作用素である.$A \subset A^*$ のとき(すなわち,$D(A) \subset D(A^*)$ かつ $Au = A^* u$ $(u \in D(A))$ のとき) A は**対称作用素**(symmetric operator)であるといい,$A = A^*$ のとき**自己共役**

作用素(self-adjoint operator)という. A が対称作用素ならば $\Gamma(A)$ の閉包 $\overline{\Gamma(A)} \subset \Gamma(A^*)$ なので,$[u,w] \in \overline{\Gamma(A)}$ ならば $u \in D(A^*)$ で $w = A^*u$ である. これより対称作用素 A の**最小閉拡張** $\overline{A}$ が $\Gamma(\overline{A}) = \overline{\Gamma(A)}$ によって定まる.$\overline{A}$ も対称作用素で $(\overline{A})^* = A^*$ であることがわかる.$\overline{A}$ が自己共役作用素となるとき A は**本質的に自己共役**(essentially self-adjoint)であるという. 実数 λ_0 が存在して $(Au, u) \geqq \lambda_0(u, u)$ $(u \in D(A))$ を満たすとき,A は**下に有界**であるといい $A \geqq \lambda_0$ と書く.

例 2.91 $X = L^2(\mathbb{R}^n)$ 上の作用素 A_0 と A を
$$D(A_0) = C_0^\infty(\mathbb{R}^n), \quad A_0 u = -\Delta u \ (u \in D(A_0));$$
$$D(A) = H^2(\mathbb{R}^n), \quad Au = -\Delta u \ (u \in D(A))$$
によって定義する. このとき A は下に有界な自己共役作用素であり,A_0 は本質的に自己共役作用素で $\overline{A_0} = A$ であることを示そう. まず $C_0^\infty(\mathbb{R}^n)$ は $L^2(\mathbb{R}^n)$ で稠密である. 次に $v \in D(A_0^*)$ ならば $v, -\Delta v \in L^2$ なので §1.2(b) の (1.27), (1.28), (1.30) より $v \in H^2(\mathbb{R}^n)$ となり $A_0^* v = -\Delta v$. したがって $A_0^* = A$. 同様にして $A^* = A$. さらに $A \geqq 0$. また $C_0^\infty(\mathbb{R}^n)$ が Sobolev 空間 $H^2(\mathbb{R}^n)$ の中で稠密であることから $\overline{A_0} = A$ が従う. □

さて X 全体で定義された X 上の有界線形作用素の全体を $\mathcal{L}(X)$ と表わす. (§2.1 の記号を用いれば,$\mathcal{L}(X) = \mathcal{L}(X, X)$.) A の逆作用素 A^{-1} が存在して $A^{-1} \in \mathcal{L}(X)$ のとき A は**可逆**(invertible)であるという. A の**レゾルベント集合**(resolvent set),**スペクトル**(spectrum)を $\rho(A), \sigma(A)$ で表わす:
$$\rho(A) = \{\lambda \in \mathbb{C}; A - \lambda \text{ は可逆}\}, \quad \sigma(A) = \mathbb{C} \setminus \rho(A).$$
ここで I を X 上の恒等写像として λI を λ と書いた. また $R_A(\lambda) \equiv (A - \lambda)^{-1}$ $(\lambda \in \rho(A))$ を A の**レゾルベント**(resolvent)と呼ぶ. レゾルベント集合 $\rho(A)$ は $\mathbb{C}$ の開集合で,$z \in \rho(A)$ ならば
(2.116) $\quad \{w \in \mathbb{C}; |z - w| < 1/\|R_A(z)\|\} \subset \rho(A)$
である. さらに**レゾルベント方程式**(resolvent equation)
(2.117) $\quad R_A(z) - R_A(w) = (z - w) R_A(z) R_A(w), \quad z, w \in \rho(A)$
が成り立つ. ここで下に有界な対称作用素が自己共役(または本質的に自己共役)になるための判定条件を1つ挙げておこう.

命題 2.92 閉対称作用素 $A \geq \lambda_0$ に対し，次の条件 (i)–(iv) は同値である．
(i) A は自己共役である．
(ii) ある $\lambda < \lambda_0$ に対して $\mathrm{Ran}(A-\lambda) = X$．
(iii) ある $\lambda < \lambda_0$ に対して $\mathrm{Ker}(A-\lambda) = \{0\}$．
(iv) $\sigma(A) \subset [\lambda_0, \infty)$． □

命題 2.93 対称作用素 $A \geq \lambda_0$ に対し，次の条件 (i)–(iv) は同値である．
(i) A は本質的に自己共役である．
(ii) ある $\lambda < \lambda_0$ に対して $\overline{\mathrm{Ran}(A-\lambda)} = X$．
(iii) ある $\lambda < \lambda_0$ に対して $\mathrm{Ker}(A^*-\lambda) = \{0\}$．
(iv) A はただ 1 つの自己共役拡張 B を持ち，$\sigma(B) \subset [\lambda_0, \infty)$ である． □

さて A が自己共役作用素の場合に A のスペクトルをさらに詳しく見ておこう．まず $\sigma(A) \subset \mathbb{R}$ であり，さらに $\sigma(A) = \sigma_\mathrm{p}(A) \cup \sigma_\mathrm{c}(A)$ と分割される．ここで $\sigma_\mathrm{p}(A), \sigma_\mathrm{c}(A)$ は A の**点スペクトル**，**連続スペクトル**である：

$$\sigma_\mathrm{p}(A) = \{\lambda \in \mathbb{C};\ \mathrm{Ker}(A-\lambda) \neq \{0\}\},$$
$$\sigma_\mathrm{c}(A) = \{\lambda \in \mathbb{C};\ \mathrm{Ker}(A-\lambda) = \{0\},$$
$$\mathrm{Ran}(A-\lambda) \neq X,\ \overline{\mathrm{Ran}(A-\lambda)} = X\}.$$

$\sigma_\mathrm{p}(A)$ の元 λ を A の**固有値**といい，$\mathrm{Ker}(A-\lambda)\setminus\{0\}$ の元を固有値 λ に付随する**固有ベクトル**(または**固有関数**)，$\mathrm{Ker}(A-\lambda)$ を固有値 λ に属する**固有空間**，その次元を固有値 λ の**多重度**という．多重度が有限の固有値で $\sigma(A)$ の孤立点でもあるものの全体を A の**離散スペクトル**(discrete spectrum)といい，$\sigma_\mathrm{disc}(A)$ で表わす．$\sigma(A) \setminus \sigma_\mathrm{disc}(A)$ を A の**真性スペクトル**(essential spectrum)といい，$\sigma_\mathrm{ess}(A)$ で表わす．定義より $\sigma_\mathrm{c}(A) \subset \sigma_\mathrm{ess}(A)$ であるが，$\sigma_\mathrm{ess}(A)$ は固有値を含むこともある．

例 2.94 A を例 2.91 の自己共役作用素とする．このとき $\sigma(A) = \sigma_\mathrm{c}(A) = \sigma_\mathrm{ess}(A) = [0, \infty)$ で

$$R_A(z) = \mathcal{F}^{-1} \circ (|\xi|^2 - z)^{-1} \circ \mathcal{F}, \quad z \in \mathbb{C} \setminus [0, \infty)$$

であることを確かめてみよう．ここで $(|\xi|^2 - z)^{-1}$ は掛算作用素である．まず定理 1.6 より，$\mathbb{C} \setminus [0, \infty) \subset \rho(A)$ でレゾルベントが上式のように表現されることがわかる．さらに Parseval の等式より

$$\|R_A(z)\| = \sup_{\xi \in \mathbb{R}^n} |(|\xi|^2 - z)^{-1}|$$

が成り立つ(確かめよ). したがって z が $[0,\infty)$ 上の点に近づくと $\|R_A(z)\|$ は無限大に発散するので, $\sigma(A) = [0,\infty)$. また $\lambda \in [0,\infty)$ に対して $u \in L^2(\mathbb{R}^n)$ が $(A-\lambda)u=0$ を満たせば $(|\xi|^2-\lambda)\hat{u}(\xi) = 0$ であるから $\hat{u}(\xi) = 0$ ($|\xi| \neq \lambda$). したがって $u=0$. ゆえに $\sigma_c(A) = \sigma_{\text{ess}}(A) = [0,\infty)$. □

例 2.95 定理 1.4 での記号を用いて, $X = L_\#^2$ での作用素 A を $Au = -\Delta u$ ($u \in D(A) = H_\#^2$) と定義する. このとき A は自己共役作用素で $\sigma(A) = \sigma_{\text{disc}}(A) = \{|\xi|^2; \xi \in \mathbb{Z}^n\}$ であることがわかる. □

例 2.96 (水素原子のスペクトル) 水素原子の Hamilton 作用素 H を $Hu = (-\Delta - 2/|x|)u$ ($u \in D(H) = H^2(\mathbb{R}^3)$) と定義すると, H は $L^2(\mathbb{R}^3)$ 上の自己共役作用素となり $\sigma_{\text{ess}}(A) = \sigma_c(A) = [0,\infty)$ かつ $\sigma_{\text{disc}}(A) = \{-1/k^2; k=1,2,3,\cdots\}$ であることが知られている([ReSi], [Leis], [藤田他 1]参照). 第 4 章では Schrödinger 作用素のスペクトルについてさらに詳しく論ずる. □

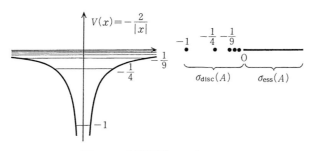

図 2.4 水素原子のスペクトル

有限次元ユニタリ空間の Hermite 対称行列がその固有値と固有ベクトルを用いて対角化されるように, Hilbert 空間の(単なる対称行列ではない)自己共役作用素もそのスペクトルを用いて対角化される. すなわち自己共役作用素 A に付随する**単位の分解**(resolution of the identity)$\{E(\lambda); \lambda \in \mathbb{R}\}$ がただ 1 つ存在して

$$A = \int_{-\infty}^{+\infty} \lambda\, dE(\lambda)$$

が成り立つ．このスペクトル分解定理の詳しい解説は岡本・中村著『関数解析』に譲り，ここでは 2 つの例を挙げる．

例 2.97 A を例 2.95 の自己共役作用素とし，$\{|\xi|^2; \xi \in \mathbb{Z}^n\} = \{\lambda_1, \lambda_2, \lambda_3, \cdots\}$ とする．固有値 λ_j の多重度を d_j とし，固有空間 $\mathrm{Ker}(A-\lambda_j)$ の正規直交基底を $\{\phi_{j,k}; k=1,2,\cdots,d_j\}$ とする．さらに，$E(\lambda)=0$ $(\lambda < \lambda_1)$,

$$E(\lambda) = \sum_{j=1}^{l} P_j \quad (\lambda_l \leqq \lambda < \lambda_{l+1}), \quad P_j = \sum_{k=1}^{d_j} (\,\cdot\,, \phi_{j,k}) \phi_{j,k}$$

とおく．このとき P_j は λ_j に付随する固有空間への直交射影作用素であり，$\{E(\lambda); \lambda \in \mathbb{R}\}$ は A に付随する単位の分解である． □

例 2.98 A を例 2.91 の自己共役作用素とする．χ_λ を集合 $\{\xi \in \mathbb{R}^n; |\xi|^2 \leqq \lambda\}$ の特性関数とし，$L^2(\mathbb{R}^n_\xi)$ における直交射影作用素 $\widehat{E}(\lambda)$ を $\widehat{E}(\lambda)f(\xi) = \chi_\lambda(\xi) f(\xi)$ $(f \in L^2(\mathbb{R}^n_\xi))$ によって定義する．このとき $E(\lambda) = \mathcal{F}^* \circ \widehat{E}(\lambda) \circ \mathcal{F}$ は A に付随する単位の分解で，任意の $u \in H^2(\mathbb{R}^n)$ に対して

$$(Au, u) = \int_{\mathbb{R}^n} |\xi|^2 |\widehat{u}(\xi)|^2 \, d\xi = \int_{-\infty}^{+\infty} \lambda \, d(\widehat{E}(\lambda)\widehat{u}, \widehat{u}) = \int_{-\infty}^{+\infty} \lambda \, d(E(\lambda)u, u)$$

が成り立つ．ここで 2,3 番目の積分は Lebesgue-Stieltjes 積分である． □

スペクトル分解定理に基づいて下に有界な自己共役作用素 $A \geqq \lambda_0$ の様々な関数を定義して見通しよく扱うことができる．例えば，

$$(A-\lambda)^{-1} = \int_{\lambda_0}^{+\infty} (\lambda-z)^{-1} \, dE(\lambda) \quad (z \in \rho(A)),$$

$$e^{-tA} = \int_{\lambda_0}^{+\infty} e^{-t\lambda} \, dE(\lambda) \quad (t \geqq 0).$$

特に $S(t) = e^{-tA}$ $(t \geqq 0)$ は $t \geqq 0$ に関して強連続な**半群**である： (0) $S(t) \in \mathcal{L}(X)$; (1) $S(t+s) = S(t)S(s)$, $t, s \geqq 0$; (2) 任意の $g \in X$ に対して $S(t)g \in C^0([0, \infty); X)$．さらに $u(t) = S(t)g$ $(g \in X)$ は X 上の常微分方程式に対する初期値問題の解を与える：$du(t)/dt = -Au(t)$ $(t > 0)$, $u(0) = g$．半群の理論は偏微分方程式に対する初期・境界値問題を扱う 1 つの視点・方法を与えるものであり，この理論に対しては吉田耕作を始めとする日本人数学者の寄与が大きい．

(b) 楕円型方程式の弱解の存在と一意性 III

以下この節を通して D は $\mathbb{R}^n$ 内の領域で $L=-\partial_i(a_{ij}(x)\partial_j)+V(x)$ は仮定 2.2 を満たす D 上の楕円型作用素とし,

$$(2.118) \qquad Q(u,v) = \int_D (a_{ij}\partial_j u \overline{\partial_i v} + V u \overline{v})\, dx$$

とする. $X=L^2(D)$, $Y_{\mathrm{D}}=H^1_0(D)$, $Y_{\mathrm{N}}=H^1(D)$ とおく(添字 D, N は Dirichlet, Neumann の略である). 注意 2.7, 注意 2.13 と同様にして, 作用素 $L_{\mathrm{D}} \in \mathcal{L}(Y_{\mathrm{D}}, Y'_{\mathrm{D}})$, $L_{\mathrm{N}} \in \mathcal{L}(Y_{\mathrm{N}}, Y'_{\mathrm{N}})$ を次式で定義する:

$$(2.119) \qquad \langle L_{\$} u, \phi \rangle = Q(u, \overline{\phi}), \quad \phi \in Y_{\$}.$$

ここで $\$$ は D または N を表わす. $\lambda < -M$ ならば $(L_{\$}-\lambda)^{-1} \in \mathcal{L}(Y'_{\$}, Y_{\$})$ となる. (特に $V(x) \geqq 1$ $(x \in D)$ ならば $\lambda=0$ として, 以下の議論が行なえることに注意.) さらに写像 $\Phi \in \mathcal{L}(X, Y'_{\$})$ を

$$\langle \Phi f, \phi \rangle = (f, \overline{\phi})_X \quad (f \in X,\ \phi \in Y_{\$})$$

により定義する. ここで $(\cdot,\cdot)_X$ は X の内積である. この Φ により X を $Y'_{\$}$ の部分空間とみなし, X 上の作用素 $A_{\$}$ を

$$(2.120)$$
$$D(A_{\$}) = \{u \in Y_{\$};\ L_{\$}u \in \Phi(X)\}, \quad A_{\$}u = \Phi^{-1}(L_{\$}u) \quad (u \in D(A_{\$}))$$

と定義する. すなわち, $(A_{\$}u, \phi)_X = Q(u, \phi)$, $u \in D(A_{\$})$. $\lambda < -M$ ならば, $D(A_{\$})=(L_{\$}-\lambda)^{-1}(\Phi(X))$ かつ $\mathrm{Ran}(A_{\$}-\lambda)=X$ となる. このとき次のことが成り立つ.

定理 2.99 $A_{\$}$ は X 上の下に有界な自己共役作用素である.

[証明] A_{N} のみを扱おう. $Y=Y_{\mathrm{N}}=H^1(D)$ とおく.

第 1 段: $\Phi(Y)$ が Y' で稠密であることを示そう. まず複素 Hilbert 空間での Riesz の表現定理により同型写像 $\Psi \in \mathcal{L}(Y', Y)$ を

$$\langle T, \phi \rangle = (\Psi T, \overline{\phi})_Y, \quad T \in Y',\ \phi \in Y$$

により定義できる. ここで $(\cdot,\cdot)_Y$ は Y の内積である. 仮に $\overline{\Phi(Y)} \neq Y'$ とすると, $\overline{\Psi(\Phi(Y))} \neq Y$. したがって $h \in Y \setminus \{0\}$ が存在して任意の $g \in Y$ に対して

$0 = (\Psi(\Phi g), \overline{h})_Y = \langle \Phi g, h \rangle = (g, \overline{h})_X$. Y は X で稠密なので,この式より $h = 0$. これは矛盾である. ゆえに $\overline{\Phi(Y)} = Y'$. 特に $\Phi(X)$ は Y' で稠密である.

第2段: $D(A_N)$ が X で稠密であることを示そう. $\lambda < -M$ とする. $(L_N - \lambda)^{-1}$ は Y' から Y の上への同型写像であり, $\Phi(X)$ は Y' で稠密である. 一方, $D(A_N) = (L_N - \lambda)^{-1}(\Phi(X))$. したがって $D(A_N)$ は Y で稠密である. Y が X で稠密なので結局 $D(A_N)$ が X で稠密となる.

第3段: A_N は対称作用素である. 実際任意の $u, v \in D(A_N)$ に対して
$$(A_N u, v)_X = Q(u, v) = \overline{Q(v, u)} = \overline{(A_N v, u)_X} = (u, A_N v)_X.$$
さらに $A_N \geqq -M$ かつ $\mathrm{Ran}(A_N - \lambda) = X$ なので,命題2.92より A_N は下に有界な自己共役作用素となる. ∎

注意 2.100 D が滑らかな有界領域で a_{ij}, V が $\overline{D}$ 上の滑らかな関数ならば,§2.2 の定理 2.38 により, $D(A_N) = \{u \in H^2(D); N_A u(x) = 0 \ (x \in \partial D)\}$ かつ $D(A_D) = H_0^1(D) \cap H^2(D)$ となる.

定理 2.101

(i) $\lambda \in \rho(A_D)$ とする. このとき方程式 $(L - \lambda)u = F$ $(F \in H^{-1}(D))$ に対する Dirichlet 問題の弱解 $u \in H_0^1(D)$ がただ1つ存在する.

(ii) $\lambda \in \rho(A_N)$ とする. このとき方程式 $(L - \lambda)u = F$ $(F \in (H^1(D))')$ に対する Neumann 問題の弱解 $u \in H^1(D)$ がただ1つ存在する.

(iii) Q が $H_0^1(D; \mathbb{R})$ 上(または $H^1(D; \mathbb{R})$ 上)強圧的になるための必要十分条件は $\inf \sigma(A_D) > 0$ (または $\inf \sigma(A_N) > 0$)である.

[証明] (i)を示そう. $Y = Y_D$, $A = A_D$ とおく. $\nu < -M$ とする. レゾルベント方程式(2.117)により $R_A(\lambda) = R_A(\nu) + (\lambda - \nu) R_A(\lambda) R_A(\nu)$. ここで $R_A(\nu)$ は $(L_D - \nu)^{-1} \in \mathcal{L}(Y', Y)$ の X への制限なので, $u \in Y$ を
$$u = (L_D - \nu)^{-1} F + (\lambda - \nu) R_A(\lambda)(L_D - \nu)^{-1} F$$
とおくと, この u が弱解となる. 一意性は明らか. (ii)の証明も(i)と同様にできる. (iii)は Dirichlet 問題の場合に示せば十分であろう. まず任意の $v, w \in H_0^1(D; \mathbb{R})$ に対して

$$Q(v+\sqrt{-1}w,\ v+\sqrt{-1}w) = Q(v,v)+Q(w,w),$$
$$(v+\sqrt{-1}w,\ v+\sqrt{-1}w)_Y = (v,v)_Y+(w,w)_Y.$$

したがって Q が $H_0^1(D;\mathbb{R})$ 上強圧的であることと "ある $\delta>0$ が存在して $Q(u,u) \geqq \delta(u,u)_Y$ $(u \in Y)$ が成り立つ" こととは同値である．したがって Q が強圧的ならば $\inf\sigma(A) > 0$．次に $\inf\sigma(A) > 0$ とする．このとき $\alpha>0$ が存在して $A \geqq \alpha$ なので $Q(u,u) = (Au,u)_X \geqq \alpha(u,u)_X$ $(u \in D(A))$．$D(A)$ は Y で稠密なので上の不等式より $Q(u,u) \geqq \alpha(u,u)_X$ $(u \in Y)$．一方,
$$Q(u,u) \geqq \mu(u,u)_Y - (M+\mu)(u,u)_X, \quad u \in Y.$$
したがって $(\alpha/(M+\mu)+1)Q(u,u) \geqq [\alpha\mu/(M+\mu)](u,u)_Y$ $(u \in Y)$．ゆえに Q は $H_0^1(D;\mathbb{R})$ 上強圧的である． ∎

注意 2.102 定理 2.101 で述べた結果は $-\partial_i(a_{ij}(x)\partial_j) - b_j(x)\partial_j + V(x)$ のような楕円型作用素に対しても成り立つ([溝畑]参照)．

(c) Fredholm の交代定理と固有関数展開

前項では $\lambda \notin \sigma(A_\$)$ ならば方程式 $(L-\lambda)u = F$ の弱解が一意に存在することを学んだ．では，$\lambda \in \sigma(A_\$)$ の場合はどうか？ 領域 D が非有界のときには，これは難しい問題でいくつかの興味深い答がごく限られた場合に与えられている．しかし有界領域の場合には非常にすっきりとした答を統一的に与えることができる．これはコンパクト自己共役作用素に対する Hilbert–Schmidt および Riesz–Schauder の理論に基づくものである．(もちろん歴史的には具体的な方程式の研究からこれらの美しい理論が生み出されたのである．) さて結果を述べよう．出発点となるのは Rellich のコンパクト性定理である．Z, W を Hilbert 空間とする．$A \in \mathcal{L}(Z,W)$ が**コンパクト作用素**(compact operator)であるとは，Z の任意の有界点列 $\{f_j\}_{j=1}^\infty$ (すなわち, $\sup\{\|f_j\|_Z;\ j=1,2,\cdots\} < \infty$)に対し W の点列 $\{Af_j\}_{j=1}^\infty$ が収束する部分列を持つことである．Z が W に**コンパクトに埋め込まれている**とは，$Z \subset W$ でその埋め込み写像 $\iota: Z \to W$ がコンパクト作用素となることである．

定理 2.103 (Rellich のコンパクト性定理) D を有界領域とする．この

とき $H_0^1(D)$ は $L^2(D)$ にコンパクトに埋め込まれている.さらに D が H^1-拡張性を持つならば(§2.2 定理 2.42 参照), $H^1(D)$ も $L^2(D)$ にコンパクトに埋め込まれている.

[証明の方針] D が H^1-拡張性を持てば, $\overline{D}$ を含む有界開集合 K が存在して拡張作用素 $E \in \mathcal{L}(H^1(D), H_0^1(K))$ となる.ゆえに前半から後半が従う.前半の主張は Ascoli–Arzelà の定理を用いて示すことができる(詳しくは[溝畑]参照). ∎

$\nu < -M$ を固定して, $G_\$ = (A_\$ - \nu)^{-1}$ とおく.($\$$ は D または N を表わす.)以下この節を通して "D は有界領域とし,Neumann 問題を扱うときにはさらに D は H^1-拡張性を持つ" と仮定する.$G_\$$ は X 上の自己共役作用素である.さらに $G_\$ = (L_\$ - \nu)^{-1}|_X \in \mathcal{L}(X, Y_\$)$ であるから Rellich の定理より次の補題が成り立つ.

補題 2.104 $G_\$$ は X 上のコンパクト自己共役作用素である. ∎

定理 2.105 A, Y は A_D, Y_D または A_N, Y_N を表わすとする.

(ⅰ) $\sigma(A) = \sigma_{\mathrm{disc}}(A)$ である.さらに,A の固有値を多重度の数だけ反復して $\lambda_1 \leq \lambda_2 \leq \cdots$ と小さい順に並べると $\lim_{j \to \infty} \lambda_j = +\infty$ である.

(ⅱ) λ_j に付随する実数値固有関数 ϕ_j が存在して $\{\phi_j\}_{j=1}^\infty$ は $X = L^2(D)$ の完全正規直交基底をなす.

(ⅲ) $\psi_j = (\lambda_j - \nu)^{-1/2} \phi_j$ とし,Y 上の内積 $[\cdot, \cdot]_Y$ を $[u, v]_Y = Q(u, v) - \nu(u, v)_X$ で定義する.このとき $\{\psi_j\}_{j=1}^\infty$ はこの内積を持つ Hilbert 空間 Y の完全正規直交基底である.

[証明の方針] コンパクト作用素 $G_\$$ は **Riesz–Schauder の定理**([ReSi], [溝畑]参照)により離散スペクトルのみを持ち $\sigma(G_\$)$ の集積点はあるとすれば 0 のみである.また $A_\$ u = \lambda u$ ならば $G_\$ u = (\lambda - \nu)^{-1} u$ であり,その逆も成り立つ.これより(ⅰ)が従う.また **Hilbert–Schmidt の定理**よりコンパクト自己共役作用素 $G_\$$ の固有関数からなる完全正規直交基底が存在する.これより(ⅱ)が従う.(ⅲ)を証明しよう.

$$[\psi_j, \psi_k]_Y = Q(\psi_j, \psi_k) - \nu(\psi_j, \psi_k)_X$$
$$= (\lambda_j - \nu)^{-1}\{(\lambda_j \phi_j, \phi_k)_X - \nu(\phi_j, \phi_k)_X\} = (\phi_j, \phi_k)_X.$$

§2.7 楕円型作用素のスペクトルと半群 —— 131

ゆえに $\{\psi_j\}$ は正規直交基底である．さらに $u \in Y$ が $[u, \psi_j]_Y = 0$ $(j=1,2,\cdots)$ を満たせば $(u, \phi_j)_X = 0$ $(j=1,2,\cdots)$ であるから $\{\phi_j\}$ の X での完全性から，$u=0$ が従う．すなわち $\{\psi_j\}$ は完全である． ∎

さらに (連立方程式に関する線形代数の定理の無限次元版と見なせる) **Fredholm の交代定理**([ReSi], [溝畑]参照) と Hilbert-Schmidt の展開定理より楕円型方程式の弱解の存在定理が得られる．以下，定理 2.105 で用いた記号をそのまま用いる．また，$(f, \phi_j) = (f, \phi_j)_X$ とする．

定理 2.106

(i) $\lambda \notin \sigma(A)$ とする．このとき方程式 $(L-\lambda)u = f$ に対する Dirichlet 問題(または Neumann 問題)は，任意の $f \in L^2(D)$ に対してただ 1 つの解 $u \in H_0^1(D)$ (または $u \in H^1(D)$)を持ち，

$$(2.121) \qquad u = \sum_{j=1}^{\infty} \frac{1}{\lambda_j - \lambda} (f, \phi_j) \phi_j$$

と表わされる．ここで右辺の級数は $L^2(D)$ で収束する．

(ii) $\lambda \in \sigma(A)$ とする．固有値 λ の多重度を d とし，$\lambda = \lambda_k = \cdots = \lambda_{k+d-1}$ とする．このとき方程式 $(L-\lambda)u = f$ に対する Dirichlet 問題(または Neumann 問題)に対する解 $u \in H_0^1(D)$ (または $u \in H^1(D)$)を持つための必要十分条件は

$$(2.122) \qquad (f, \phi_j) = 0, \quad j = k, \cdots, k+d-1$$

である．そのとき解 u は

$$(2.123) \qquad u = \sum_{j \neq k, \cdots, k+d-1} \frac{1}{\lambda_j - \lambda} (f, \phi_j) \phi_j + \sum_{l=k}^{k+d-1} c_l \phi_l$$

と表わされる ($c_k, \cdots, c_{k+d-1}$ は任意定数)． □

注意 2.107 級数 (2.121) は Y でも収束することを示そう．定理 2.105(iii) より，等式 $\left[\sum_{j=k}^{l} \alpha_j \phi_j, \sum_{j=k}^{l} \alpha_j \phi_j\right]_Y = \sum_{j=k}^{l} (\lambda_j - \nu)|\alpha_j|^2$ が成り立つ．したがって，定数 $C > 0$ が存在して

$$\left\| \sum_{j=k}^{l} \frac{1}{\lambda_j - \lambda} (f, \phi_j) \phi_j \right\|_Y^2 \leq C \sum_{j=k}^{l} \frac{(\lambda_j - \nu)|(f, \phi_j)|^2}{|\lambda_j - \lambda|^2}$$

$$\leq C\left[\sup_{j\geq k}\frac{(\lambda_j-\nu)}{|\lambda_j-\lambda|^2}\right]\sum_{j=k}^{l}|(f,\phi_j)|^2.$$

ここで Parseval の等式 $\|f\|_X^2 = \sum_{j=1}^{\infty}|(f,\phi_j)|^2$ を用いればよい.

非有界領域ではもはや一意性と可解性についてこのように単純明解な関係は成り立たない.

例 2.108 $\lambda > 0$ とする. $\mathbb{R}^n$ 上の方程式 $(-\Delta-\lambda)u = f$ の解 $u \in H^1(\mathbb{R}^n)$ の存在と一意性を考えてみよう. $f \in C_0^{\infty}(\mathbb{R}^n)$ とする. Fourier 変換して, $(|\xi|^2-\lambda)\hat{u}(\xi) = \hat{f}(\xi)$ $(\xi \in \mathbb{R}^n)$. したがって, $f = 0$ ならば $u = 0$. また $\hat{f} \in C^{\infty}(\mathbb{R}^n)$ なので解が存在すれば $\hat{f}(\xi) = 0$ $(|\xi|^2 = \lambda)$ でなければならない. すなわち一意性は成り立つが, $\hat{f}(\xi) \neq 0$ $(|\xi|^2 = \lambda)$ であるような f に対しては解が存在しない. □

問 14 $\lambda > 0$ とする. 任意の $f \in C_0^{\infty}(\mathbb{R}^3)$ に対して方程式 $(-\Delta-\lambda)u = f$ の解 $u \in C^{\infty}(\mathbb{R}^3)$ を求めよ.

(d) min-max 原理

定理 2.105 で述べた A の固有値 λ_j は次の **min-max 原理**(**Rayleigh–Ritz の公式**とも呼ばれる)によって特徴づけられる.(証明については [ReSi]参照. 定理 2.105 を用いて直接証明するのも容易である.) $R(v) = Q(v,v)/\|v\|_X^2$ を **Rayleigh 商**という.

定理 2.109 (min-max 原理) $j = 1, 2, \cdots$ とする. Y の j 次元部分空間 E_j 全体のなす集合を $\mathcal{E}_j$ と表わす. このとき次の等式(i)–(iii)が成立する:

(i) $\lambda_j = \min_{E_j \in \mathcal{E}_j} \max_{v \in E_j \setminus \{0\}} R(v)$.

(ii) $\lambda_j = \sup_{E_{j-1} \in \mathcal{E}_{j-1}} \inf_{v \in E_{j-1}^{\perp} \setminus \{0\}} R(v)$.

ここで $E_{j-1}^{\perp} = \{v \in Y\,;\, (v,\phi)_X = 0\ (\phi \in E_{j-1})\}$.

(iii) $\lambda_j = \inf_{v \in F_{j-1}^{\perp} \setminus \{0\}} R(v)$.

ここで $F_{j-1}^{\perp} = \{v \in Y\,;\, (v,\phi_j)_X = 0\ (k = 1, \cdots, j-1)\}$. □

問 15 $\lambda_1 = \inf_{v \in Y \setminus \{0\}} R(v)$ を示せ.

注意 2.110(太鼓の形) この min-max 原理を用いて固有値 λ_k の $k \to \infty$ での漸近分布を得ることができる([クーラン], [ReSi], [EdEv]参照). 特に $L = -\Delta$ のとき, $N(\lambda)$ を λ 以下の固有値の(多重度をこめて数えた)個数とすると

$$\lim_{\lambda \to \infty} \frac{N(\lambda)}{\lambda^{n/2}} = \frac{B_n |D|}{(2\pi)^n}$$

という **Weyl** の公式が成り立つ. ここで B_n は $\mathbb{R}^n$ の単位球の体積, $|D|$ は D の Lebesgue 測度である. これより

$$\lim_{k \to \infty} \frac{\lambda_k}{k^{2/n}} = \frac{4\pi^2}{(B_n |D|)^{2/n}}$$

が従う. 実際 $k = N(\lambda)$ とおくと $\lambda_k \leq \lambda < \lambda_{k+1}$ なので Weyl の公式より

$$\varlimsup_{k \to \infty} \frac{\lambda_k}{k^{2/n}} \leq \lim_{\lambda \to \infty} \frac{\lambda}{N(\lambda)^{2/n}} \leq \lim_{k \to \infty} \frac{\lambda_{k+1}}{(k+1)^{2/n}} \left(\frac{k+1}{k}\right)^{2/n}.$$

ラプラシアンの固有値漸近分布と領域(または多様体)の幾何・位相との関係は現在なお研究されている興味深い話題である. これに関連して Kac は 1966 年 "固有値 λ_j がすべてわかれば太鼓の形がわかるか?" という問題を提起し強い反響を引き起した([Kac]).

系 2.111(第 1 固有関数の正値性) $\phi_1(x) > 0$ $(x \in D)$ または $\phi_1(x) < 0$ $(x \in D)$ が成立し, 第 1 固有値 λ_1 は**単純**(simple)である(すなわち, 多重度は 1 である). また $\phi_j(x)$ $(j \geq 2)$ は D 上定符号とはなりえない.

[証明] 第 3 章の結果をいくつか用いて示す. §3.2 の定理 3.26 より $v \in Y$ $(= H_0^1(D)$ または $H^1(D))$ ならば $|v| \in Y$ であって, $R(|v|) \leq R(v)$ が成立する. したがって問 15 より $\lambda_1 = \inf_{v \in Y \setminus \{0\}} R(v) = R(\phi_1) = R(|\phi_1|)$. ゆえに $|\phi_1|$ も第 1 固有関数である. $|\phi_1| \not\equiv 0$ は $(L - \lambda_1)u = 0$ の非負値解であるから §3.3 の Harnack の不等式により $|\phi_1(x)| > 0$ $(x \in D)$. 次に $\varphi = |\phi_1| - \phi_1$ も $(L - \lambda_1)u = 0$ の非負値解であるから, やはり Harnack の不等式により $\varphi(x) \equiv 0$ または $\varphi(x) > 0$ $(x \in D)$ である. したがって ϕ_1 は定符号である. もし $\lambda_1 = \lambda_2$ ならば ϕ_2 も定符号でなければならないが, これは $(\phi_1, \phi_2) = 0$ に矛盾す

る．ゆえに λ_1 は単純である．同様にして $\phi_j(x)$ $(j \geq 2)$ は $(\phi_1, \phi_j) = 0$ を満たすので定符号とはなりえない． ∎

注意 2.112（太鼓の節） $L = -\Delta$ のときでさえ，第 j 固有関数 $\phi_j(x)$ の零点集合（節）(nodal set) $Z_j = \{x \in D ; \phi_j(x) = 0\}$ の様子は複雑である．第 2 固有関数でさえその完全な構造はわかっていない．ϕ_j は $-\Delta \phi_j = \lambda_j \phi_j$ の解なので定理 2.34 より実解析的である．よって各零点の近くで ϕ_j の挙動は，ある次数の調和多項式に近いことなど，ある程度わかる．では大域的な量，例えば Z_j の連結成分の個数 $C(j)$ はどうだろうか？ これについては一般に $C(j) \leq j$ $(j = 1, 2, \cdots)$ という **Courant の定理** が知られている（[クーラン]参照）．したがって特に $C(2) = 2$，すなわち第 2 固有関数 $\phi_1(x)$ の定符号となる連結成分の数は 2 つとなる．このとき，Dirichlet 第 2 固有関数 ϕ_2 の節 Z_2 の構造に関して "$\overline{Z}_2$ は必ず境界 ∂D と交わる" かどうかという問題は，領域 D が凸の場合でも 3 次元以上の場合は一般には未解決のようである．2 次元の滑らかな凸領域に対して正しいことがわかったのも比較的最近のことである（[Melas]参照）．

さて min-max 原理の応用をもう 1 つ与えよう．領域 D 上の楕円型作用素 $L = -\partial_i(a_{ij}(x)\partial_j) + V(x)$ に対する Dirichlet 問題（あるいは Neumann 問題）に対する j 番目の固有値を $\lambda_j^D(D; V)$（あるいは $\lambda_j^N(D; V)$）と表わす．

系 2.113（固有値の単調性）
（i）　$D_1 \subset D_2$ ならば，$\lambda_j^D(D_1; V) \geq \lambda_j^D(D_2; V)$．
（ii）　$V_1 \leq V_2$ ならば，$\lambda_j^\$(D; V_1) \leq \lambda_j^\$(D; V_2)$．ここで $\$$ は D または N を表わす． ∎

問 16 上の系 2.113 を示せ．

問 17 Neumann 問題の固有値の領域に関する単調性は成り立つか？

（e）　放物型方程式に対する初期・境界値問題 III

§2.1 では Galerkin の方法で放物型に対する初期・境界値問題(2.24)の解を求めた．ここでは前項(c)で与えた固有関数展開を活用して(2.24)を D が有界領域の場合に解いてみよう．

§2.7 楕円型作用素のスペクトルと半群 —— 135

定理 2.114 $g \in X$, $f \in L^2(0, T; Y')$ に対する(2.24)の弱解 u は

(2.124) $$u(x,t) = \sum_{j=1}^{\infty} e^{-\lambda_j t}(g, \phi_j)\phi_j(x)$$
$$+ \sum_{j=1}^{\infty} \int_0^t e^{-\lambda_j(t-s)} \langle f(\cdot, s), \phi_j \rangle \phi_j(x) \, ds$$

と表わされる.

[証明] $V(x) \geq 1$ と仮定して証明すれば十分である. このとき Y は内積 $[u, v]_Y = Q(u, v)$ に関する Hilbert 空間とみなせる. また $\lambda_j > 0$ $(j=1, 2, \cdots)$ となる. さらに $\mathcal{A}(=L_{\mathrm{D}}$ または $L_{\mathrm{N}})$ は Y から Y' への同型写像となるので, 定数 $\alpha > 0$ が存在し任意の $h \in Y'$ に対して $\alpha \|\mathcal{A}^{-1} h\|_Y \leq \|h\|_{Y'} \leq \alpha^{-1} \|\mathcal{A}^{-1} h\|_Y$ が成り立つ. 一方, 定理 2.105(iii) を $\nu = 0$ として用いて

$$\|\mathcal{A}^{-1} h\|_Y^2 = \sum_{j=1}^{\infty} |[\mathcal{A}^{-1} h, \psi_j]_Y|^2 = \sum_{j=1}^{\infty} |\langle h, \psi_j \rangle|^2.$$

したがって

(2.125) $$\alpha \|h\|_{Y'} \leq \left[\sum_{j=1}^{\infty} |\langle h, \psi_j \rangle|^2 \right]^{1/2} \leq \alpha^{-1} \|h\|_{Y'}, \quad h \in Y'.$$

さらに, Y' で

(2.126) $$h = \mathcal{A}\left[\sum_{j=1}^{\infty} [\mathcal{A}^{-1} h, \psi_j]_Y \psi_j \right] = \sum_{j=1}^{\infty} \langle h, \phi_j \rangle \phi_j.$$

さて(2.124)の右辺第1項を u_1, 第2項を u_2 とおく. まず $u_1 \in L^2(0, T; Y)$ である. 実際,

$$\int_0^T \|u_1(\cdot, t)\|_Y^2 \, dt = \int_0^T \left\| \sum_{j=1}^{\infty} e^{-\lambda_j t}(g, \phi_j) \sqrt{\lambda_j} \psi_j \right\|_Y^2 dt$$
$$= \int_0^T \sum_{j=1}^{\infty} \lambda_j e^{-2\lambda_j t} |(g, \phi_j)|^2 \, dt = \frac{1}{2} \sum_{j=1}^{\infty} (1 - e^{-2\lambda_j T}) |(g, \phi_j)|^2 \leq \frac{1}{2} \|g\|_X^2.$$

次に(2.125)を用いて $u_1 \in H^1(0, T; Y')$ を示そう.

$$\int_0^T \|\partial_t u_1(\cdot, t)\|_{Y'}^2 \, dt = \int_0^T \| \sum_{j=1}^{\infty} \lambda_j e^{-\lambda_j t}(g, \phi_j)\phi_j \|_{Y'}^2 \, dt$$

$$\leq \int_0^T \alpha^{-2} \sum_{k=1}^\infty \left| \sum_{j=1}^\infty \lambda_j e^{-\lambda_j t}(g,\phi_j)(\phi_j,\psi_k) \right|^2 dt$$

$$= \int_0^T \alpha^{-2} \sum_{j=1}^\infty \left| \lambda_j e^{-\lambda_j t}(g,\phi_j) \frac{1}{\sqrt{\lambda_j}} \right|^2 dt \leq \frac{1}{2} \|g\|_X^2.$$

同様にして,$u_2 \in L^2(0,T;Y)$. さらに

$$\partial_t u_2 = \sum_{j=1}^\infty \langle f(\cdot,t), \phi_j \rangle \phi_j - \sum_{j=1}^\infty \int_0^t \lambda_j e^{-\lambda_j (t-s)} \langle f(\cdot,s), \phi_j \rangle \phi_j \, ds.$$

これより $\partial_t u_2 \in L^2(0,T;Y')$ および $(\partial_t + L)u_2 = f$ を示すことができる.また $(\partial_t + L)u_1 = 0$, $u_1(x,0) = g(x)$, $u_2(x,0) = 0$ も成り立つ. ∎

定理 2.114 を利用して,放物型方程式の解の**定常状態への収束**について述べておこう.簡単のため $V(x) \geq 1$ $(x \in D)$ とする.D を Lipschitz 領域とし,$\varphi \in H^{1/2}(\partial D)$ に対し,$Lv_0(x) = 0$ $(x \in D)$, $v_0(x) = \varphi(x)$ $(x \in \partial D)$ のただ 1 つの弱解を $v_0 \in H^1(D)$ とする(定理 2.56 参照).$g \in L^2(D)$ に対し,$u(x,t)$ が混合問題:

$$\begin{cases} (\partial_t + L)u(x,t) = 0, \ (x,t) \in D \times (0,T); \\ u(x,0) = g(x), \ x \in D; \quad u(x,t) = \varphi(x), \ (x,t) \in \partial D \times (0,T) \end{cases}$$

の弱解とは,$T_0 v = \varphi$ なる 1 つの $v \in H^1(D)$ に対し,$w(x,t) = u(x,t) - v(x)$ が $f = Lv \in H^{-1}(D)$, $\tilde{g} = g - v \in L^2(D)$ に対する (2.24) の弱解となることと定義する (§2.3).v として上の v_0 をとり,$f = 0$, $\tilde{g} = g - v_0$ に対する (2.24) のただ 1 つの弱解を $w_0(x,t)$ とおくと,$u(x,t) = w_0(x,t) + v_0(x)$ は上の混合問題のただ 1 つの弱解を与える.定理 2.114 より $w_0(x,t) = \sum_{j=1}^\infty e^{-\lambda_j t}(\tilde{g}, \phi_j)\phi_j(x)$ と書けることより,

$$\|u(\cdot,t) - v_0\|_X^2 = \sum_{j=1}^\infty e^{-2\lambda_j t}|(\tilde{g},\phi_j)|^2 \leq e^{-2\lambda_1 t}\|\tilde{g}\|_X^2 \to 0 \quad (t \to \infty)$$

を得る.さらに D および係数 $A(x), V(x)$ が滑らかならば任意の $l \in \mathbb{N}$ に対して $\|u(\cdot,t) - v_0\|_{C^l(\overline{D})} \to 0$ $(t \to \infty)$ となることがわかる(演習問題 2.6 参照).

次に混合問題 (2.24) の基本解 $K(x,y,t)$ を求めてみよう.

§2.7 楕円型作用素のスペクトルと半群 —— 137

(2.127) $$K(x,y,t) = \sum_{j=1}^{\infty} e^{-\lambda_j t}\phi_j(x)\phi_j(y)$$

を示すのが目標である．まず，e^{-tA} を $X=L^2(D)$ 上の強連続半群

(2.128) $$e^{-tA}g = \sum_{j=1}^{\infty} e^{-\lambda_j t}(g,\phi_j)\phi_j, \quad g \in X$$

とする．今，仮に D は滑らかな有界領域で $a_{ij}, V \in C^\infty(\overline{D})$ としよう．L^2-先験的評価(定理2.38)と Sobolev の埋め込み定理により，$k > n/4$ ならば

$$\|e^{-tA}g\|_{L^\infty(D)} \leqq C_1\|e^{-tA}g\|_{H^{2k}(D)} \leqq C_2\|(A-\nu)^k e^{-tA}g\|_{L^2(D)}.$$

ここで $\nu < -M$．ところが

$$(A-\nu)^k e^{-tA}g = \sum_{j=1}^{\infty}(\lambda_j-\nu)^k e^{-\lambda_j t}(g,\phi_j)\phi_j$$

であるから，$C_3 = \sup\{s^k e^{-s}; s \geqq 0\}$ として

$$\|(A-\nu)^k e^{-tA}g\|_X^2 = \sum_{j=1}^{\infty} |\{(\lambda_j-\nu)t\}^k e^{-(\lambda_j-\nu)t} t^{-k} e^{-\nu t}(g,\phi_j)|^2$$

$$\leqq (C_3 t^{-k} e^{-\nu t}\|g\|_X)^2.$$

ゆえに $\varepsilon = k - n/4 > 0$ かつ $C = C_2 C_3$ として

$$\|e^{-tA}g\|_{L^\infty(D)} \leqq C t^{-n/4-\varepsilon} e^{-\nu t}\|g\|_{L^2(D)}, \quad g \in L^2(D)$$

が成り立つ．実は滑らかさの仮定なしで(もちろん Neumann 問題を扱う際には D が H^1-拡張性を持つことを仮定するが)より精密な評価が成り立つ．

補題 2.115 ある定数 $C > 0$ が存在して

(2.129) $$\|e^{-tA}\|_{2 \to \infty} \leqq C t^{-n/4} e^{Mt}, \quad t > 0.$$

ここで上式の左辺の $\|\cdot\|_{p \to q}$ は $\mathcal{L}(L^p(D), L^q(D))$ の作用素ノルムを表わす．□

証明は近年開発された**対数型 Sobolev 不等式**を用いてなされる．詳しくは[Davi, Theorem 2.3.6, Theorem 2.4.4]を参照されたい．この評価(2.129)から，まず $\phi_j \in L^\infty(D)$ がわかる．実際 $e^{-tA}\phi_j = e^{-\lambda_j t}\phi_j$ なので

(2.130) $$\|\phi_j\|_\infty \leqq \inf_{t>0} C t^{-n/4} e^{(\lambda_j-\nu)t}\|\phi_j\|_2 \leqq Ce(\lambda_j-\nu)^{n/4}.$$

実は§3.3の定理3.48より，$\phi_j \in C^{0,\alpha}(D)$ でもある．さて

$$K_N(x,y,t) = \sum_{j=1}^{N} e^{-\lambda_j t}\phi_j(x)\phi_j(y)$$

の評価をしよう.

補題 2.116 ある定数 $C>0$ が存在して任意の自然数 N に対して次の評価が成り立つ：

(2.131) $\quad |K_N(x,y,t)| \leq Ct^{-n/2}e^{Mt}, \quad x,y \in D,\ t > 0.$

［証明］ $\{\phi_1, \cdots, \phi_N\}$ で張られる線形部分空間への直交射影作用素を P_N とすると,

(2.132) $\quad e^{-tA/2}P_N e^{-tA/2}g(x) = \int_D K_N(x,z,t)g(z)\,dz, \quad g \in C_0^\infty(D).$

任意の $g \in C_0^\infty(D)$ と $\psi \in L^2(D)$ に対して
$$|(e^{-tA}g, \psi)| = |(g, e^{-tA}\psi)| \leq \|g\|_1 \|e^{-tA}\psi\|_\infty.$$
また $\|e^{-tA}g\|_2 = \sup\{|(e^{-tA}g,\psi)|;\ \|\psi\|_2 = 1\}$. したがって $C_0^\infty(D)$ は $L^1(D)$ で稠密であることから $\|e^{-tA}\|_{1\to 2} \leq \|e^{-tA}\|_{2\to\infty}$. ゆえに (2.129) と (2.132) より

$$\left|\int_D K_N(x,z,t)g(z)\,dz\right| \leq C^2(t/2)^{-n/2}e^{Mt}\|g\|_1, \quad x \in D,\ t > 0.$$

ここで $g(z)$ を Dirac のデルタ関数 $\delta(z-y)$ に収束させて (2.131) を得る. ∎

この補題から次の評価が従う：

(2.133) $\quad \displaystyle\sum_{j=1}^\infty e^{-\lambda_j t}\phi_j(x)^2 \leq Ct^{-n/2}e^{Mt}, \quad x \in D,\ t > 0.$

(2.134) $\quad \displaystyle\sum_{j=1}^\infty e^{-\lambda_j t}|\phi_j(x)||\phi_j(y)| \leq Ct^{-n/2}e^{Mt}, \quad x,y \in D,\ t > 0.$

また, この等式の両辺を D 上で積分すれば,

(2.135) $\quad \displaystyle\sum_{j=1}^\infty e^{-\lambda_j t} \leq Ct^{-n/2}e^{Mt}|D|$

を得る. これらの評価より, (2.127) で定義された K に対して次の定理が成り立つことがわかる.

定理 2.117 $g \in X$, $f \in L^2(0,T;Y')$ に対する (2.24) の弱解 u は

$$(2.136) \quad u(x,t) = \int_D K(x,y,t)g(y)\,dy + \int_0^t \langle K(x,\cdot,t-s), f(\cdot,s)\rangle\,ds$$

と表わされる．特に

$$(2.137) \quad e^{-tA}g(x) = \int_D K(x,y,t)g(y)\,dy, \quad (x,t) \in D \times (0,\infty).$$

さらに任意の $x, y \in D$ および $t, s \in (0, \infty)$ に対して

$$(2.138) \qquad K(y,x,t) = K(x,y,t),$$

$$(2.139) \qquad \int_D K(x,z,t)K(z,y,s)\,dz = K(x,y,t+s).$$

[証明] (2.139)は $e^{-tA}e^{-sA} = e^{-(t+s)A}$ と(2.137)より従う．(2.138)は定義より明らか．(2.136)と(2.137)の証明は読者にまかせよう． ∎

次の定理は $\partial_t + P$ の**平滑化作用**(smoothing effect)を表現するもので，これにより $(\partial_t + P)u = 0$ を放物型方程式と呼んできたことが正当化される(§1.5 (a)および[俣神]参照)．

定理 2.118 任意の $g \in X = L^2(D)$ に対して

$$(2.140) \qquad A^k e^{-tA} g(x) \in C^\infty((0,\infty); Y), \quad k = 0, 1, 2, \cdots.$$

さらに，D は C^∞ 級領域で $a_{ij}, V \in C^\infty(\overline{D})$ ならば，

$$(2.141) \qquad e^{-tA}g(x) \in C^\infty(\overline{D} \times (0,\infty)),$$

$$(2.142) \qquad K(x,y,t) \in C^\infty(\overline{D} \times \overline{D} \times (0,\infty)).$$

[証明] 定理2.105での $\psi_j = (\lambda_j - \nu)^{-1/2}\phi_j$ を用いて，

$$\partial_t^l A^k e^{-tA} g(x) = \sum_{j=1}^\infty (-1)^l (\lambda_j)^{k+l} (\lambda_j - \nu)^{1/2} e^{-t\lambda_j} (g, \phi_j) \psi_j(x)$$

と書ける．ここで $l = 0, 1, 2, \cdots$ である．$\{\psi_j\}_{j=1}^\infty$ は Y での正規直交基底なので，この式の右辺は収束して $C^0((0,\infty); Y)$ に属する．したがって(2.140)が成立する．(2.141)は系2.46および(2.140)から従う．(2.142)を示すには定理2.38，系2.39，(2.130)，(2.135)を用いればよい． ∎

注意 2.119(作用素解析) この項では有界領域に限って放物型方程式に対する混合問題を論じたが，非有界領域でもスペクトル分解定理を用いて半群 e^{-tA} を構成できる．さらに A が自己共役でない場合にも半群の理論を用いて e^{-tA} が構

成できる([Yosi]参照).

《要 約》

2.1 不連続な媒質における物理現象の記述などに不連続な係数を持つ偏微分方程式が現れる．このような場合，解の概念を一般化する必要が生じる．楕円型境界値問題に対し，Sobolev 空間に基づく弱解の概念が定義され，Riesz の表現定理(一般には Lax–Milgram の定理)により弱解の一意存在定理が得られる．

2.2 変分問題から生じる線形楕円型境界値問題の弱解は，付随する双1次形式 $Q(u,v)$ が強圧的である場合，変分問題の最小解に他ならない．

2.3 放物型方程式の初期・境界値問題の弱解の概念が Hilbert 空間に値を持つ Sobolev 空間を用いて与えられ，弱解の一意存在定理が Galerkin 法により導かれる．

2.4 領域 D および係数 $A(x), V(x), f(x)$ の H^k-微分可能性の度合いに応じて，弱解の H^k-微分可能性も増す．これを弱解の H^k-正則性理論という．境界条件に無関係な内部正則性と，境界条件による大域的正則性がある．

2.5 Sobolev の埋め込み定理により，高い H^k-微分可能性から古典的微分可能性が導かれる．特に，領域および $A(x), V(x), f(x)$ が C^∞ 級(または C^ω 級)なら，楕円型方程式の弱解 u も C^∞ 級(または C^ω 級)となる．放物型方程式の弱解の正則性定理も楕円型の場合と同様に成り立つ．

2.6 $H^k(D)$ の ∂D 上への制限の意味づけがトレース定理によって明らかにされる．非斉次境界値問題，非斉次混合問題はトレース定理によって斉次境界値問題，斉次混合問題にそれぞれ帰着される．

2.7 $A(x), V(x), f(x)$ が古典的微分可能性を持つ場合の古典解 u の存在，一意性，正則性定理が Hölder 空間の枠組で与えられる．実際，各係数を軟化子により C^∞ 級関数で近似し，L^2 理論から保証されるその C^∞ 級の解(近似解)を作り，Schauder 評価とコンパクト性の議論により古典解の存在を得る．

2.8 古典解の一意性は弱最大値原理から従う．

2.9 基本解によって古典解の表現が与えられる．楕円型境界値問題の基本解は Green 関数と Poisson 核からなる．変数係数の場合，古典的な枠組での基本解の構成法に Levi のパラメトリックスの方法がある．

2.10 楕円型作用素のスペクトル理論が展開される．また弱解の一意存在に関する最終的な答として Fredholm の交代定理がある．

2.11 有界領域上の自己共役な楕円型作用素のスペクトルは離散固有値のみからなり，各固有値は min-max 原理により変分的に特徴づけられる．特に，第1固有値は単純である．また第1固有関数は定符号であることで特徴づけられる．

2.12 固有関数展開により有界領域での放物型方程式の混合問題の弱解の表現が与えられ，解の平滑化作用が示される．

——————— 演習問題 ———————

2.1 $f \in L^2(D)$, $u \in H_0^1(D)$ に対し，$F(u) = \int_D ((1/2)a_{ij}\partial_j u \partial_i u - fu)\,dx$ とおく．変分問題：$\inf\{F(u)\,;\,u \in H_0^1(D)\}$ の最小解の存在を変分法の直接法によって示せ．

2.2 定理 2.15 の作用素 J に付随する双 1 次形式を B とする．十分大きい λ に対して $B(u,u) + \lambda(u,u)_{L^2(D)}$ が強圧的になることを示せ．

2.3 D は Lipschitz 領域とし，$m > n/2$ なる自然数 m をとる．このとき $u, v \in H^m(D)$ なら $uv \in H^m(D)$ となることを示せ．

2.4 $G(x, y)$ を定理 2.87 の評価を満たす関数とする．$f \in L^\infty(D) \cap L^1(D)$ なるとき，$u(x) = \int_D G(x,y)f(y)\,dy$ は $u \in C_b^1(\overline{D})$ となることを示せ．

2.5（**Hardy の不等式と水素原子の安定性**）

(1) $B_r = B_r(O)$ とし，$u \in H^1(B_r)$ とする．$n \geq 3$ のとき
$$\int_{B_r} \frac{|u(x)|^2}{|x|^2}\,dx \leq \frac{2}{(n-2)r}\int_{\partial B_r} u^2\,dS + \frac{4}{(n-2)^2}\int_{B_r} |\partial_x u|^2\,dx\,;$$
$n = 2$ のときは
$$\int_{B_r} \frac{|u(x)|^2}{(|x|\log(2r/|x|))^2}\,dx \leq \frac{2}{r\log 2}\int_{\partial B_r} u^2\,dS + 4\int_{B_r} |\partial_x u|^2\,dx$$
が成り立つことを示せ．

(2) 水素原子の Hamilton 作用素 $H = -\Delta - 2/|x|$, $D(H) = H^2(\mathbb{R}^3)$ を考える．このとき H は下に有界であることを示せ．

2.6（**第 1 固有値と冷却効果**）滑らかな有界領域 D に対し $(\partial_t - \Delta)u(x, t) = 0$, $(x, t) \in D \times (0, \infty)$; $u(x, 0) = g(x)$, $x \in D$; $u(x, t) = 0$, $(x, t) \in \partial D \times (0, \infty)$ の

解 $u(x,t)$ を考える．ここで $g \in L^2(D)$ とする．このとき任意の l に対して定数 M_l が存在して

$$\|u(\cdot,t)-(g,\phi_1)_{L^2(D)}e^{-\lambda_1 t}\phi_1(\cdot)\|_{C^l(\overline{D})} \leqq M_l e^{-\lambda_2 t}, \quad t \geqq 1$$

となることを示せ．

2.7（**Poincaré の不等式**） $x_0 \in \mathbb{R}^n$, $\rho > 0$ とする．n のみによる定数 C が存在して

$$\int_{B_\rho(x_0)} |u(x)-u_{B_\rho(x_0)}|^2\,dx \leqq C\rho^2 \int_{B_\rho(x_0)} |\partial_x u(x)|^2\,dx$$

が成り立つことを示せ．ここで $u_A = (1/|A|)\int_A u(x)\,dx$．

2.8 $n \geqq 2$ とする．

(1)（**Rellich の恒等式**） 球 B_r と $u \in H^2(B_r)$ に対して

$$\int_{\partial B_r} (2u_\rho^2 - |\partial_x u|^2)\,dS = \frac{2}{r}\int_{B_r} (x\cdot\nabla u)\Delta u\,dx - \left(\frac{n-2}{r}\right)\int_{B_r} |\partial_x u|^2\,dx$$

が成り立つことを示せ．ここで $u_\rho = (x/|x|)\cdot\nabla u$．

(2)（**強一意接続性**） $V \in L^\infty(D)$ とする．$Lu = -\Delta u + Vu = 0$ の解 $u \in H^1_{\mathrm{loc}}(D)$ がある $x_0 \in D$ で，すべての $m > 0$ に対し $r^{-m}\int_{B_r(x_0)} u^2(x)\,dx \to 0\ (r \to 0)$ を満たすならば $u(x) \equiv 0\ (x \in D)$ が成り立つことを示せ．

3

解の定量的評価と基本的性質

　L^2 理論は高階の楕円型作用素にも通用する "整備された都市" ではあるが解の個性には深く立ち入らない．2階の偏微分方程式はさまざまな，ときに驚くべき個性を持っている．非線形現象を記述する方程式ならなおさらである．解の個性をどれだけ引き出せるかは，数学的に自然現象をどれだけ深く理解できるかに関わってくる．この章では特にそうした解の特性に注目する．そこには未開の地が数多く広がっている．

§3.1　強最大値原理

　すでに第2章において弱最大値原理を述べ，解の一意性などに重要な役割を果たすことを示した．この節では，より強い性質としての強最大値原理を述べる．また $V(x)$ の符号に制限がない場合の弱最大値原理を論じる．後半では強最大値原理がいかに強力であるかを示す一例として，Gidas–Ni–Nirenberg による非線形楕円型境界値問題の正の解の対称性に関する理論に触れる．

(a)　楕円型・放物型方程式に対する Hopf の強最大値原理

　D を $\mathbb{R}^n$ ($n \geq 1$) の領域とする．まず，劣調和関数に対する強最大値原理を思い出そう([俣神]参照)．関数 $u \in C^2(D)$ が $\Delta u(x) \geq 0$ ($x \in D$) を満たすとき，u を D 上での**劣調和**(subharmonic)**関数**という．劣調和関数 u に対しては D

内の任意の球 $B_r(x)$ に対して次の**平均値の不等式**(mean value inequality)が成立する.

$$(3.1) \qquad u(x) \leqq \frac{1}{|B_r(x)|} \int_{B_r(x)} u(y)\, dy$$

問1 D 上の劣調和関数 u に対して $\Phi(r) = (1/|\partial B_r(x)|) \int_{\partial B_r(x)} u(y)\, dS$ とおくとき, $\Phi'(r) \geqq 0$ を示せ. またそれを用いて(3.1)を証明せよ.

この平均値の不等式から "劣調和関数 u は恒等的に定数でない限り D の内点で最大値をとらない" という強最大値原理が従う(確かめよ). 実はこの強最大値原理は以下述べるように一般の楕円型作用素に対しても成立することが1927年にHopfによって示されたが, その証明には精密な議論が必要となる. この項を通じて, D は $\mathbb{R}^n$ の領域, $A(x) = (a_{ij}(x))_{i,j=1}^n$, $b(x) = (b_i(x))_{i=1}^n$, $V(x)$ は仮定2.60を満たすものとし, §2.4同様次の非発散型の作用素 P を考える.

$$(3.2) \qquad P = -a_{ij}(x)\partial_{ij}^2 - b(x)\cdot\nabla + V(x).$$

また $P_0 = P - V(x)$ とおく. P-劣解 u (注意2.63参照)に対する **Hopfの強最大値原理**(strong maximum principle)を述べよう.

定理 3.1 $u \in C^2(D)$ が $Pu(x) \leqq 0$ $(x \in D)$ を満たすとし, u は恒等的に定数ではないものとする. このとき次のことが成立する.

(i) $V(x) \equiv 0$ のとき, $u(x)$ は D で最大値をとらない.

(ii) $V(x) \geqq 0$ のとき, $u(x)$ は D で非負の最大値をとらない.

(iii) 一般の $V(x)$ のとき, $u(x)$ は D で0を最大値としない. □

ここで定理3.1(iii)を言いかえると次のようになることを注意しておく.

系 3.2 $u \in C^2(D)$ が $Pu(x) \leqq 0$ $(x \in D)$ かつ $u(x) \leqq 0$ $(x \in \partial D)$ を満たすとする. このとき $u(x) = 0$ $(x \in D)$ または $u(x) < 0$ $(x \in D)$ が成り立つ. □

対応する P-優解に対する強最大値原理も得られることに注意されたい.

問 2 領域 D 上で $u \in C^2(D)$ が $\sum_{i=1}^{n} \partial_i(\partial_i u(x)/(1+|\nabla u(x)|^2)^{1/2}) = 0$ $(x \in D)$ を満たすとする. u が定数でないなら u は D で最大値も最小値もとらない.

定理 3.1 は Hopf による次の定理(**Hopf の補題**(Hopf's lemma)とも呼ばれる)と組み合わせて理解するのがよい. ここで領域 D がある $x_0 \in \partial D$ で**内部球条件**(interior sphere condition)を満たすとは, ある球 $B = B_{r_0}(y_0) \subset D$ があって $\overline{B} \cap \partial D = \{x_0\}$ となることをいう. またこのとき, ν を B に関する x_0 での外向き単位ベクトルとし, $(\partial u/\partial \nu)(x_0) = \lim_{t \searrow 0} \dfrac{u(x_0) - u(x_0 - t\nu)}{t}$ を u の x_0 での ν 方向の方向微分とする.

定理 3.3 $u \in C^2(D)$ が $Pu(x) \leqq 0$ $(x \in D)$ を満たし定数でないとする. さらに, ある $x_0 \in \partial D$ で D は内部球条件を満たし, $u(x) \leqq u(x_0)$ $(x \in D)$ が成立し, $(\partial u/\partial \nu)(x_0)$ が存在するものとする. このとき次の 3 つの条件のいずれかが成り立てば $(\partial u/\partial \nu)(x_0) > 0$ となる. (1) $V(x) \equiv 0$ $(x \in D)$; (2) $V(x) \geqq 0$ $(x \in D)$ かつ $u(x_0) \geqq 0$; (3) $V(x)$ は一般で $u(x_0) = 0$. □

一般に, 角のある領域の角のところでは定理 3.3 は成立しない. 実際, $D = \{(x,y) = (r\cos\theta, r\sin\theta); 0 < r < 1, \pi/3 < \theta < 2\pi/3\}$ 上で, $u(x,y) = r^3 \sin 3\theta = \mathrm{Im}(z^3)$ $(z = x+iy)$ を考えると, $\Delta u(x,y) = 0$ $((x,y) \in D)$, $u(x,y) < u(0,0) = 0$ $((x,y) \in D)$ であるが, $\partial_y u(0,0) = 0$ となる.

さて, 定理 3.1, 定理 3.3 いずれにおいても(3)の場合は(2)の場合に帰着されることに注意されたい. 実際 $u(x) \leqq 0$ より $(P_0 + V^+)u(x) \leqq 0$ となるからである. したがって, (1)および(2)の場合のみ証明すればよい. 証明の手順は次の通りである. まず, 定理 3.3 を少し強い仮定:

$$(3.3) \qquad u(x) < u(x_0), \quad x \in D$$

のもとに示し, それをもとに定理 3.1 を示す. そして定理 3.1 を用いて一般の場合の定理 3.3 を証明する.

[(3.3)のもとでの定理 3.3 の証明] 座標の平行移動により, 内部球 B の中心を原点としてよい. よって $B = B_{r_0}(O)$ とし, 同心球 $B_1 = B_{r_1}(O)$ を $B_1 \Subset B \subset D$ $(0 < r_1 < r)$ にとる. $r = |x|$ とおき $\alpha > 0$ (あとで十分大きくとる)に対し $v(x) = e^{-\alpha r^2} - e^{-\alpha r_0^2}$ とおくと $v(x) = 0$ $(x \in \partial B)$, $v(x) > 0$ $(x \in B)$

となる.ここで $\varepsilon>0$ に対し,$u_\varepsilon(x)=\varepsilon v(x)+u(x)$ とおく.このとき Pv を計算して

$$Pv(x) \leqq e^{-\alpha r^2}\left(-4\alpha^2\mu|x|^2+\frac{2\alpha n}{\mu}+2\alpha M^{1/2}|x|+M\right)$$

が得られる.$2\alpha M^{1/2}|x|\leqq \mu\alpha^2|x|^2+(M/\mu)$ より結局

(3.4) $\quad Pv(x)\leqq e^{-\alpha r^2}\{-3\alpha^2\mu|x|^2+2\alpha n\mu^{-1}+M(\mu^{-1}+1)\}$

なる評価を得る.そこで,$\alpha>0$ を $-3\alpha^2\mu r_1^2+2\alpha n\mu^{-1}+M(\mu^{-1}+1)<0$ なるように十分大きくとって固定する.このとき円環領域 $A=B\setminus \overline{B_1}$ に対し,$Pv(x)<0\ (x\in\overline{A})$ が成り立ち,$Pu_\varepsilon(x)=\varepsilon(Pv)(x)+(Pu)(x)<Pu(x)\leqq 0\ (x\in A)$ を得る.したがって補題 2.61 より,$V(x)\equiv 0$ の場合,u_ε は ∂A でのみ最大値をとる.ここで仮定(3.3)を考慮すると,$\varepsilon>0$ を十分小さくとれば u_ε は x_0 で最大値をとることがわかる(確かめよ).したがって $(\partial u_\varepsilon/\partial \nu)(x_0)\geqq 0$ となり,$(\partial u/\partial \nu)(x_0)\geqq -\varepsilon(\partial v/\partial \nu)(x_0)=2\varepsilon\alpha r_0 e^{-\alpha r_0^2}>0$ を得る.$V(x)\geqq 0$ かつ $u(x_0)\geqq 0$ の場合も,補題 2.61 より u_ε はやはり x_0 で最大値をとることになり同じ結論を得る. ∎

[定理 3.1 の証明] $x_0\in D$ で最大値 $m=u(x_0)$ をとるとして $u(x)\equiv m\ (x\in D)$ を示せばよい.$S=\{x\in D; u(x)=m\}$ とおく.$u\in C^0(D)$ より S は D の閉部分集合であり,$x_0\in S$ より空でない.一方 S は開部分集合であることを示そう.実際 $x_1\in S$ とし $d=\mathrm{dist}(x_1,\partial D)>0$ とするとき,$x_2\in B_{d/2}(x_1)$ に対し $\mathrm{dist}(x_2,S)=0$ なる.なぜなら,$\delta=\mathrm{dist}(x_2,S)>0$ と仮定すると,三角不等式より $\overline{B_\delta(x_2)}\subset D$ となるので $u\in C^2(\overline{B_\delta(x_2)})$ を得る.δ の定義から,ある $\hat{x}\in\partial B_\delta(x_2)\cap S$ が存在して,$u(\hat{x})=m,\ u(x)<m\ (x\in B_\delta(x_2))$ となる.必要なら,さらに球 B を $B\subset B_\delta(x_2)$ かつ $\overline{B}\cap\partial B_\delta(x_2)=\{\hat{x}\}$ なるようにとりなおして,$\overline{B}\cap S=\{\hat{x}\}$,すなわち(3.3)が $x_0=\hat{x},\ D=B$ として成立するとしてよい.よって $(\partial u/\partial \nu)(\hat{x})>0$ となるが,一方 $\hat{x}\in D\cap S$ より u は $\hat{x}$ で最大値をとることから $(\nabla u)(\hat{x})=0$ となり矛盾.したがって $\delta=0$,すなわち $x_2\in S$ を得る.よって D の連結性から $S=D$,すなわち $u(x)\equiv m\ (x\in D)$ が結論される. ∎

[一般の場合の定理 3.3 の証明] u は D で恒等的に定数ではないので $\overline{B}\subset$

$B_R(O)$ で, しかも u は $D_R = D \cap B_R(O)$ で定数とならないように十分大きく R をとることができる. ここで, B は x_0 において内部球条件を満たすときの1つの球である. 定理3.1により (1), (2) のいずれの場合にも $u(x) < \max\{u(y); y \in \overline{D_R}\} \leqq u(x_0)$ $(x \in D_R)$ を得る. よって $D = D_R$ として条件 (3.3) が満たされる. したがって $(\partial u/\partial \nu)(x_0) > 0$ が成り立つ. ∎

放物型方程式に対しても次の**強最大値原理**が成立する. §2.4と同じく $Q = D \times (0, T)$, $Q_T = D \times (0, T]$ とし, $P = -a_{ij}(x)\partial_{ij}^2 - \boldsymbol{b}(x) \cdot \nabla + V(x)$ とする.

定理 3.4 $u \in C^{2,1}(Q_T) \cap C^0(\overline{Q})$ が $\partial_t u(x,t) + Pu(x,t) \leqq 0$ $((x,t) \in Q_T)$ を満たすとする. $m = \sup_{\overline{Q_T}} u$ とおいて, さらに次の3つの条件のいずれかが成り立つものとする. (1) $V(x) \equiv 0$ $(x \in D)$; (2) $V(x) \geqq 0$ $(x \in D)$ かつ $m \geqq 0$; (3) $m = 0$. このとき, ある $(x_0, t_0) \in Q_T$ で $u(x_0, t_0) = m$ となるならば $u(x,t) \equiv m$ $((x,t) \in \overline{D} \times [0, t_0])$ が成り立つ. □

定理 3.5 定理3.4の仮定の他に, ある $x_0 \in \partial D$ と $0 < t_0 < T$ があって $u(x_0, t_0) = m$ かつ $u(x,t) < m$ $((x,t) \in D \times (0, t_0))$ とする. さらに, x_0 において D は内部球条件を満たすとし $(\partial u/\partial \nu)(x_0)$ が存在するものとする. このとき $(\partial u/\partial \nu)(x_0, t_0) > 0$ が成立する. □

[定理3.4, 定理3.5の証明の方針] 定理3.4を示すにはまず各 $t > 0$ に対し, $u(x,t) = m$ $(x \in D)$ か, または $u(x,t) < m$ $(x \in D)$ のいずれかしか起らないことを示す. 次に $0 \leqq t_0 < t_1 \leqq T$ とし, $u(x,t) < m$ $((x,t) \in D \times (t_0, t_1))$ ならば $u(x, t_1) < m$ $(x \in D)$ を示す. そこで $Z = \{t \in (0, T]; u(x,t) < m \ (x \in D)\}$ とおくと, ある $(x_0, t_0) \in Q_T$ で $u(x_0, t_0) = m$ なるとき $Z = (t_0, T]$ $(t_0 = T$ のときは $Z = \emptyset)$ となり, 定理3.4が結論されることになる. 定理3.5の証明には, まず定理3.4と仮定より $u(x,t) < m$ $((x,t) \in Q_T)$ となることに注意する. これより楕円型方程式に対する Hopf の補題の証明と同様にして結論が導かれる. 詳細については [PrWe] あるいは [ReRo, §4.4] を参照されたい. ∎

各 $j = 1, 2$ に対して $\phi_j(x) \in C^0(\overline{D})$, $g_j(x) \in C^0(\partial D)$ で $\phi_j(x) = g_j(x)$ $(x \in \partial D)$ なるものが与えられているとする. 強最大値原理から次の**比較定理**が成

り立つ．

系 3.6 各 $j = 1, 2$ に対し，$u_j \in C^{2;1}(Q_T) \cap C^0(\overline{Q})$ は $(\partial_t + P)u_j(x,t) = 0$ $((x,t) \in Q_T)$ の解で，$u_j(x,0) = \phi_j(x)$ $(x \in D)$，$u_j(x,t) = g_j(x)$ $((x,t) \in \partial D \times (0,T))$ とする．このとき $g_1(x) \leqq g_2(x)$ $(x \in \partial D)$，$\phi_1(x) \leqq \phi_2(x)$ $(x \in D)$ かつ $\phi_1(x) \not\equiv \phi_2(x)$ $(x \in D)$ ならば $u_1(x,t) < u_2(x,t)$ $(x \in D,\ 0 < t \leqq T)$ が成り立つ．

[証明] $v_j(x,t) = e^{-Mt} u_j(x,t)$ $(j = 1, 2)$ とおく．このとき v_j は $(\partial_t + P + M)v_j(x,t) = 0$ $((x,t) \in Q_T)$，$v_j(x,0) = \phi_j(x)$ $(x \in D)$，$v_j(x,t) = e^{-Mt}g_j(x)$ $((x,t) \in \partial D \times (0,T))$ を満たすことに注意して定理 3.4 を適用すればよい． ■

この系 3.6 では楕円型の場合とちがい，$V(x)$ の符号に対する条件はいらない．また系 3.6 は熱伝導現象の場合，初期温度 $\phi(x)$ がある部分領域でわずかでも異なれば次の瞬間に温度分布はいたる所で異なると主張していることになる．Neumann 境界条件の場合も境界が適当な微分可能性を持つとすれば同様のことが成り立つ（[McOw, 11 章]参照）．

(b) 楕円型方程式に対する弱最大値原理（$V(x) \not\geqq 0$ の場合）

(3.2) の作用素 P を考える．まず定理 2.62 の最後に述べた形の**弱最大値原理**を思い出してみよう．

(MP) $u \in C^2(D) \cap C^0(\overline{D})$ が $Pu(x) \leqq 0$ $(x \in D)$ かつ $u(x) \leqq 0$ $(x \in \partial D)$ を満たすならば，$u(x) \leqq 0$ $(x \in D)$ が成り立つ．

ここでは $V(x)$ の符号に対する制限がない場合に (MP) が成立するための十分条件を与え，さらに P が Dirichlet 境界条件下で自己共役であるとき，(MP) の成立は P の第 1 固有値 $\lambda_1 > 0$ によって特徴づけられることを示す．まず $h \in C^2(D) \cap C^0(\overline{D})$ で $h(x) > 0$ $(x \in \overline{D})$ なる $h(x)$ に対し P の **h-変換**（h-transform）と呼ばれる作用素 P^h を $P^h(v) = h^{-1}P(hv)$ $(v \in C^2(D))$ によって定義する．このとき $P_0 = P - V(x)$ とおいて $P^h(v) = P_0 v - 2a_{ij}(\partial_i h/h)\partial_j v + (Ph/h)v$ となる．

定理 3.7 D を有界領域とする．もし $h \in C^2(D) \cap C^0(\overline{D})$ で $Ph(x) \geqq 0$

$(x \in D)$ かつ $h(x) > 0$ $(x \in \overline{D})$ なるものが存在するならば(MP)が成立する．

[証明] $u(x)$ を(MP)の仮定を満たす関数とし $v(x) = u(x)/h(x)$ とおくと $(P^h v)(x) = (1/h(x))Pu(x) \leq 0$ $(x \in D)$ となる．また $(Ph/h) \geq 0$ より P^h の 0 階の係数は非負となるので定理 2.62 を任意の $D' \Subset D$ に対して適用して $\sup_{D'}(u/h) \leq \sup_{\partial D'}(u/h)^+$ を得る．u/h の $\overline{D}$ 上での一様連続性より $\sup_{D}(u/h) \leq \sup_{\partial D}(u/h)^+ = 0$ となる．よって(MP)が成り立つ．∎

この定理を用いて，領域 D が十分薄い帯領域(例えば $\{0 < x_1 < d\}$)に入るならば(MP)が成り立つことを示せる．

系 3.8 D を有界領域で $D \subset \{0 < x_1 < d\}$ なるものとする．このとき d が十分小さければ(MP)が成り立つ． □

問3 系 3.8 を定理 3.7 または次の先験的評価(定理 3.9)を用いて示せ．

定理 3.9 $D \subset \{0 < x_1 < d\}$ とし，$V(x) \geq 0$ $(x \in D)$ とする．また $f \in L^\infty(D)$ に対し，$u \in C^2(D) \cap C^0(\overline{D})$ は $Pu(x) \leq f(x)$ $(x \in D)$ を満たすとする．このとき

$$(3.5) \qquad \sup_D u \leq \sup_{\partial D} u^+ + \frac{e^{\alpha d} - 1}{\mu} \sup_D f^+$$

が成り立つ．ここで $\alpha = (\beta + \sqrt{\beta^2 + 4})/2$, $\beta = M^{1/2}/\mu$ である．

[証明] $\alpha > 0$ として $h(x) = (e^{\alpha d} - e^{\alpha x_1})/\mu$ とおくと，$h(x) \geq 0$ $(x \in D)$ で $\beta = M^{1/2}/\mu$ に対し

$$P_0 h(x) = \frac{e^{\alpha x_1}}{\mu}(\alpha^2 a_{11}(x) - \alpha b_1(x)) \geq \frac{e^{\alpha x_1}}{\mu}(\alpha^2 \mu - \alpha M^{1/2}) \geq \alpha^2 - \alpha \beta$$

を満たす．ここで，$\alpha = (\beta + \sqrt{\beta^2 + 4})/2$ ととると $\alpha^2 - \alpha\beta \geq 1$ となる．そこで，$w(x) = \sup_{\partial D} u^+ + (\sup_D f^+) h(x)$ とおくと $w(x) \geq 0$ $(x \in D)$ かつ $Pw(x) = P_0 w(x) + V(x) w(x) \geq P_0 w(x) \geq \sup_D f^+$ となる．したがって $P(u-w)(x) \leq f(x) - \sup_D f^+ \leq 0$ $(x \in D)$ かつ $(u-w)(x) \leq 0$ $(x \in \partial D)$ となるので弱最大値原理より $u(x) - w(x) \leq 0$ $(x \in D)$ を得る．これより求める評価が得られる．∎

実は，定理 3.9 の評価は次のように精密化されている．

定理 3.10 $V(x) \geq 0$ $(x \in D)$ とする.また $f \in L^n(D)$ に対し $u \in C^2(D) \cap C^0(\overline{D})$ は $Pu(x) \leq f(x)$ $(x \in D)$ かつ $u(x) \leq 0$ $(x \in \partial D)$ を満たすとする.このとき n, μ, M と diam $D \leq d$ なる d にしかよらない定数 B が存在して

$$(3.6) \qquad \sup_D u \leq B \|f^+\|_{L^n(D)}$$

が成り立つ. □

定理 3.10 の証明は省略する([GiTr, 9 章]参照).(3.6)は **Alexandroff–Bakelman–Pucci の不等式**と呼ばれている(単に **ABP 不等式**と呼ぶ).

問 4 定理 3.10 で $u(x) \leq 0$ $(x \in \partial D)$ なる仮定をはずした場合,$\sup_D u \leq \sup_{\partial D} u^+ + B\|f^+\|_{L^n(D)}$ となることを示せ.

またこれから $V(x) \geq 0$ $(x \in D)$ を仮定しないで次のことがいえる.

系 3.11 diam $D \leq d$ とする.このとき n, μ, M, d にしかよらない定数 $\delta > 0$ が存在して,$|D| < \delta$ なら(MP)が成立する.

[証明] $u \in C^2(D) \cap C^0(\overline{D})$ を(MP)の仮定をみたすものとし,$\delta > 0$ を定理 3.10 の定数 B に対して $MB\delta^{1/n} < 1$ なるようにとる.$\sup_D u^+ > 0$ として矛盾を導く.仮定より $(P_0 + V^+)u \leq V^- u \leq V^- u^+$ となる.また $\sup_D u^+ > 0$ のとき $\sup_D u = \sup_D u^+$ なので定理 3.10 から

$$\sup_D u^+ = \sup_D u \leq B|D|^{1/n} \sup_D (V^- u^+) \leq MB|D|^{1/n} \sup_D u^+$$

となり矛盾である.よって $\sup_D u^+ \leq 0$,すなわち $u(x) \leq 0$ $(x \in D)$ となる.■

もう 1 つ定理 3.10 からただちに得られる系を述べておこう.

系 3.12 diam $D \leq d$ とし,$V(x) \geq 0$ $(x \in D)$ とする.また $f \in L^\infty(D)$ に対し,$u \in C^2(D) \cap C^0(\overline{D})$ は $Pu(x) = f(x)$ $(x \in D)$ かつ $u(x) = 0$ $(x \in \partial D)$ を満たすとする.このとき n, μ, M, d にしかよらない定数 B が存在して

$$(3.7) \qquad \sup_D |u| \leq B\|f\|_{L^n(D)}$$

が成り立つ. □

 さて,今まで(MP)が $P=P_0+V$ に対して成り立つ様子を $V(x) \geqq 0$ の場合や,D が十分薄い帯領域に含まれるか D の体積が十分小さい場合に見てきた.これらを統一的に見る見方はないものであろうか? ここでは,P が形式的自己共役性を持つ場合に作用素 P を改めて L と書いて,$L=-\partial_i(a_{ij}(x)\partial_j)+V(x)$ に対して(MP)の成立はその第 1 固有値 λ_1 が正であることと同値であることを示す.したがってまた L に対応する双 1 次形式 Q が**強圧的**であることとも同値となる.実は,次の定理 3.13 と同様のことが一般の P と領域 D に対しても成り立つことがわかっている([BNV]参照).さて,有界領域 D 上の L に対する Dirichlet 境界条件下での第 1 固有値を λ_1 とする.

定理 3.13 D を滑らかな有界領域とし,$a_{ij}(x), V(x) \in C^\infty(\overline{D})$ とする.このとき L に対する次の 3 条件は同値である: (1) (MP)が成立する; (2) $\lambda_1>0$; (3) L-優解 $h \in C^2(D) \cap C^0(\overline{D})$ で $h(x)>0$ $(x \in \overline{D})$ を満たすものが存在する.

 [証明] まず(MP)が成立するなら $\lambda_1>0$ となることを示そう.第 1 固有関数を $\phi_1(x)$ とすると,仮定と§2.2 の正則性理論より $\phi_1 \in C^\infty(\overline{D})$ となる.また系 2.111(§2.7)より $\phi_1(x)>0$ $(x \in D)$ としてよい.よってもし $\lambda_1 \leqq 0$ とすると $L\phi_1(x)=\lambda_1 \phi_1(x) \leqq 0$ $(x \in D)$, $\phi_1(x)=0$ $(x \in \partial D)$ となり,(MP)の成立から $\phi_1(x) \leqq 0$ $(x \in D)$ となる.これは矛盾である.よって $\lambda_1>0$ となる.次に $\lambda_1>0$ ならば(3)が成立することを示そう.$\lambda_1>0$ より Fredholm の交代定理(定理 2.106)から

$$Lh(x)=0 \ (x \in D), \quad h(x)=1 \ (x \in \partial D)$$

なる解 $h \in H^1(D)$, $h-1 \in H_0^1(D)$ がただ 1 つ存在する.さらに正則性理論より $h \in C^\infty(\overline{D})$ となる.仮に $h(x) \geqq 0$ $(x \in D)$ とすると $h(x)=1$ $(x \in \partial D)$ より $h \not\equiv 0$ なので系 3.2 によって $h(x)>0$ $(x \in \overline{D})$ を得る.(これを示すのには後述の Harnack の不等式を用いてもよい.)したがって $h(x) \geqq 0$ $(x \in D)$,すなわち $h^- \equiv 0$,を示せばよい.まず,後述の定理 3.26(1)と補題 2.50 により $h^- \in H_0^1(D)$.次に $h^- = (-h)^+$ に注意すると,後述の定理 3.35 より

$(Lh^-, h^-)_{L^2(D)} = \int_D (a_{ij}\partial_j h^- \partial_i h^- + V(h^-)^2)\,dx \leq 0$ となる.一方,min-max 原理より $\lambda_1(h^-, h^-)_{L^2(D)} \leq (Lh^-, h^-)_{L^2(D)}$ ゆえ, $h^- \equiv 0$ すなわち $h(x) \geq 0$ ($x \in D$) を得る.これで(2)ならば(3)が示せた.最後に(3)ならば(1)は定理 3.7 より従う. ∎

注意 3.14(弱解に対する最大値原理) 固有値問題を扱うには弱解を考えた方がより自然である.弱解に対しても定理 2.62,定理 3.13 の類似がよりすっきりした形で成り立つ.(詳しくは[EdEv],[Ag1]参照.)ここでは後述の定理 3.26 と定理 3.25 を用いて定理 2.62(ii)の後半部分の類似を示しておこう. L の係数は仮定 2.2 の他に $V(x) \geq 0$ ($x \in D$) を満たすとする. $u \in H^1(D)$ に対する条件 $u(x) \leq 0$ ($x \in \partial D$) および $Lu(x) \leq 0$ ($x \in D$) を, $u^+ \in H^1_0(D)$ および

$$\int_D (a_{ij}\partial_j u \partial_i v + Vuv)dx \leq 0, \quad v \in H^1_0(D),\ v \geq 0$$

を満たすことであると定式化する.このとき"$u \in H^1(D)$ が $Lu(x) \leq 0$ ($x \in D$) かつ $u(x) \leq 0$ ($x \in \partial D$) を満たすならば $u(x) \leq 0$ ($x \in D$) である".実際, $u^+ \in H^1_0(D)$ が

$$\int_D a_{ij}\partial_j u^+ \partial_i u^+\,dx \leq 0$$

を満たすので $u^+ = 0$,すなわち $u(x) \leq 0$ ($x \in D$) が従う.

(c) Gidas–Ni–Nirenberg の理論

D を $\mathbb{R}^n$ の有界領域, $f(t)$ を $t \in \mathbb{R}^1$ に関する C^1 級の関数として,次の非線形楕円型境界値問題

(3.8) $\Delta u(x) + f(u(x)) = 0,\ x \in D;\ u(x) = 0,\ x \in \partial D$

の $u(x) > 0$ ($x \in D$) なる解 $u \in C^2(D) \cap C^0(\overline{D})$ (**正値解**と呼ぶ)を考えよう.

問 5 $f(t)$ がさらに非増加関数であるとすると,(3.8)の解は一意的である.

(3.8)の解がどのような場合に存在するかという問題自体,非線形解析学の興味深い一分野となっているが,ここでは論じない.この項では,解があるとして領域の対称性が解の対称性を導くかという問題を考える. 1979

年の Gidas–Ni–Nirenberg による次の定理は有名である．ここではその後の Berestycki–Nirenberg([BeNi]) による一般化に沿った形で与える．

定理 3.15 $D=\{|x|<R\}\subset\mathbb{R}^n$ として $u\in C^2(D)\cap C^0(\overline{D})$ は (3.8) の正値解とする．このとき u は球対称となり，$r=|x|$ として $(\partial u/\partial r)(r)<0$ $(0<r<R)$ が成り立つ． □

これは次の一般的定理からの帰結として示される．

定理 3.16 D を有界領域とし，x_1 方向に関し凸でかつ超平面 $x_1=0$ に関し対称であるとする．また $u\in C^2(D)\cap C^0(\overline{D})$ が (3.8) の正値解とする．このとき，$u(x)$ は x_1 に関し対称，すなわち $u(x_1,y)=u(-x_1,y)$ $(x=(x_1,y)\in D)$ であり $(\partial u/\partial x_1)(x)<0$ $(x_1>0,\ x\in D)$ が成り立つ． □

[定理 3.15 の証明] 任意の単位ベクトル $\gamma\in\mathbb{R}^n$ に対し，$\gamma=(1,0,\cdots,0)$ となるよう座標変換して考える．定理 3.16 を適用して u は γ 方向に関し対称で $(\partial u/\partial\gamma)(x)<0$ $(x\in\{x\cdot\gamma>0\})$ となる．γ の任意性より結論が得られる． ■

注意 3.17（対称性と対称性の破れ） 解の対称性の研究は，非線形楕円型方程式の解の研究を対応する常微分方程式の解の研究に帰着させ，解全体の集合の詳しい構造（例えば一意性など）を研究する重要なステップとなる．定理 3.15 では領域および方程式の持つ対称性が正値解の対称性に遺伝するが，例えば円環領域 $D=\{0<a<|x|<b\}$ に対する (3.8) の正値解に対しては一般には球対称でない解が現れる（**対称性の破れ**ともいう）．非線形問題の解全体の集合は領域 D の形状と非線形性 $f(t)$ に強く依存する．詳細は [Stru]，[Suzu] を参照されたい．

定理 3.16 は，強最大値原理，Hopf の補題，ABP 不等式を用い，**平面移動の方法**(moving plane method) によって示される．

[定理 3.16 の証明] まず $x=(x_1,y)\in D$ に対し

(3.9) $\qquad \dfrac{\partial u}{\partial x_1}(x_1,y)>0,\quad x_1<0,$

(3.10) $\qquad u(x_1,y)<u(x_1',y),\quad x_1<x_1',\ x_1+x_1'<0$

を示せばよいことに注意しよう．実際，$x_1<0$ に対し，x_1' を下から $-x_1$

に近づけることにより(3.10)から $u(x_1,y) \leq u(-x_1,y)$ $(x_1>0)$ を得る.この議論は領域と方程式の対称性から x_1 方向を逆向きにとってもできて $u(x_1,y) \leq u(-x_1,y)$ $(x_1<0)$, すなわち $u(x_1,y) \geq u(-x_1,y)$ $(x_1>0)$ を得る.結局 $u(x_1,y) = u(-x_1,y)$ $(x_1<0)$ となり,これと(3.9)より $(\partial u/\partial x_1)(x_1,y) <0$ $(x_1>0)$ となり結論が導かれる.

第1段: 以下,(3.9)と(3.10)を証明する. $-a=\inf\{x_1; x\in D\}$ とおき,$-a<\lambda<0$ に対して超平面 T_λ と領域 $\Sigma(\lambda)$ を $T_\lambda=\{x_1=\lambda\}$, $\Sigma(\lambda)=\{x\in D; x_1<\lambda\}$ で定義する(図3.1参照). $x\in\Sigma(\lambda)$ に対し, T_λ に関する $x=$

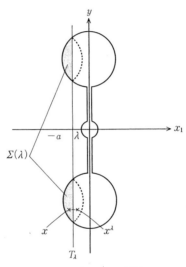

図3.1 超平面 T_λ と領域 $\Sigma(\lambda)$

(x_1,y) の対称点を $x^\lambda=(2\lambda-x_1,y)$ とすると,仮定より $x^\lambda\in D$ となる.ここで $v_\lambda(x)=u(x^\lambda)$, $w_\lambda(x)=v_\lambda(x)-u(x)$ とおく.任意の $-a<\lambda<0$ に対して
(3.11) $\qquad w_\lambda(x)>0, \quad x\in\Sigma(\lambda)$
が成り立つことを示そう.(3.10)は(3.11)で $\lambda=(1/2)(x_1+x_1')<0$ として得られる.(3.9)は $x_1<0$ として $x=(x_1,y)\in T_\lambda\cap D$ なる $\lambda<0$ に対して(3.11)を適用すればよい.実際, $w_\lambda(x)=0$ $(x\in T_\lambda\cap D)$ に注意してHopfの補題を用いることにより $T_\lambda\cap D$ 上で $(\partial w_\lambda/\partial x_1)<0$ を得る. $T_\lambda\cap D$ 上 $(\partial w_\lambda/\partial x_1)=$

§3.1 強最大値原理—— 155

$-2(\partial u/\partial x_1)$ ゆえ, $(\partial u/\partial x_1)>0$ $(x\in T_\lambda \cap D)$ となり (3.9) が示された.

第2段: さて, (3.11) を示そう. まず λ が $-a$ に十分近いときの (3.11) を示す. $x\in \Sigma(\lambda)$ において $\Delta w_\lambda(x)=f(v_\lambda(x))-f(u(x))=c(x,\lambda)w_\lambda(x)$. ここで, $c(x,\lambda)=\int_0^1 f'(u(x)+\theta(v_\lambda(x)-u(x)))\,d\theta$ である. $f\in C^1(\mathbb{R}^1)$ と $u\in C^0(\overline{D})$ よりある λ によらない定数 K_0 があって $\|c(\cdot,\lambda)\|_{L^\infty(D)}\leqq K_0$ となる. $\lambda<0$ より $x\in \partial\Sigma(\lambda)\setminus T_\lambda$ なるとき $x^\lambda\in D$ となるので, $\partial\Sigma(\lambda)$ 上 $w_\lambda(x)\geqq 0$ かつ $w_\lambda(x)\not\equiv 0$ となることに注意する. よって, λ が $-a$ に十分近いとき領域 $\Sigma(\lambda)$ は x_1 方向に関する薄い帯領域に含まれるため, 系 3.8 より $\Sigma(\lambda)$ 上で $w_\lambda(x)\geqq 0$ かつ $w_\lambda(x)\not\equiv 0$ となる. したがって強最大値原理より $w_\lambda(x)>0$ $(x\in \Sigma(\lambda))$ となる.

第3段: すべての $\lambda\in(-a,0)$ に対して (3.11) の成立を示す. すなわち
$$\mu=\sup\{\lambda\in(-a,0);\,w_\lambda(x)>0,\,x\in \Sigma(\lambda)\}$$
として, $\mu=0$ を示せばよい. $\mu<0$ として矛盾を導こう. μ の定義よりすべての $\lambda\in(-a,\mu)$ に対し $w_\lambda(x)>0$ $(x\in\Sigma(\lambda))$ が成立している. $w_\lambda(x)$ の連続性から $w_\mu(x)\geqq 0$ $(x\in\Sigma(\mu))$ となる. $\mu<0$ なので $w_\mu(x)\not\equiv 0$ となり, 強最大値原理より $w_\mu(x)>0$ $(x\in\Sigma(\mu))$ を得る.

次に, このとき十分小さい $\varepsilon>0$ が存在して

(3.12) $\qquad w_{\mu+\varepsilon}(x)>0,\quad x\in\Sigma(\mu+\varepsilon)$

となることを示す. (3.12) は μ の定義に反し矛盾となり $\mu=0$ を得る. さて, diam $D\leqq d$ とし, n,K_0,d にしかよらない定数 $\delta>0$ を系 3.11 のようにとる. また $\Sigma(\mu)$ の閉部分集合 G を $|\Sigma(\mu)\setminus G|\leqq \delta/2$ なるようにとる. $w_\mu(x)>0$ $(x\in\Sigma(\mu))$ と G のコンパクト性より $w_\mu(x)\geqq \kappa>0$ $(x\in G)$ なる正定数 κ が存在する. よって十分小さい $\varepsilon_0>0$ をとると $0<\varepsilon\leqq \varepsilon_0$ なる任意の ε に対し $|\Sigma(\mu+\varepsilon)\setminus G|\leqq \delta$ かつ $w_{\mu+\varepsilon}(x)>0$ $(x\in G)$ が成り立つとしてよい. そこで $\widetilde{\Sigma}=\Sigma(\mu+\varepsilon)\setminus G$ とおくと $w_{\mu+\varepsilon}(x)>0$ $(x\in\partial G)$ に注意して

$\Delta w_{\mu+\varepsilon}(x)+c(x,\mu+\varepsilon)w_{\mu+\varepsilon}(x)=0,\,x\in\widetilde{\Sigma};\,w_{\mu+\varepsilon}(x)\geqq 0,\,x\in\partial\widetilde{\Sigma}$

かつ $|\widetilde{\Sigma}|\leqq \delta$ となる. よって系 3.11 より $w_{\mu+\varepsilon}(x)\geqq 0$ $(x\in\widetilde{\Sigma})$ となる. また $w_{\mu+\varepsilon}(x)\not\equiv 0$ $(x\in\widetilde{\Sigma})$ より強最大値原理から $w_{\mu+\varepsilon}(x)>0$ $(x\in\widetilde{\Sigma})$ を得る. したがって $w_{\mu+\varepsilon}(x)>0$ $(x\in G\cup \widetilde{\Sigma}=\Sigma(\mu+\varepsilon))$ が示された. ∎

最大値原理そのものは(みかけ上)単純であるがその使い方によっては非常に強力なものとなる．その意味で現在もなおその使い方が工夫されつつあり，いろいろな可能性を秘めている．

§3.2　Sobolevの不等式，加藤の不等式，劣解評価

解のより詳しい各点評価を得るには L^2 理論だけでは限界がある．この節ではまず L^p スケールでの Sobolev 空間 $W^{k,p}(D)$ を導入し，$W^{k,p}(D)$ に対する Sobolev の埋め込み定理および Sobolev の不等式を示す．これらはこの第 3 章での強力な評価を導くのに何度も用いられることになる．また弱微分を扱う基本的手法として**合成則**および**積公式**を述べる．次にそれらを用いて楕円型方程式の弱解に対する**加藤の不等式**を示し，また**弱 L-劣解(優解)** の概念を導入する．加藤の不等式は正のポテンシャルを持つ Schrödinger 作用素の本質的自己共役性の問題に有効である(定理 4.2 参照)．また u がある線形方程式あるいは非線形方程式の解であるとき $|u|$ がある線形楕円型作用素 L の弱 L-劣解となることに利用される．弱 L-劣解に対しては **Moser の反復法**によって**劣解評価**と呼ばれる L^∞-評価を導く．この劣解評価は非線形楕円型方程式の解の評価にも応用の効く重要かつ基本的な評価である．

(a)　Sobolevの不等式

まず改めて，D を $\mathbb{R}^n$ の領域とし，$k \in \mathbb{N}_0$, $1 \leqq p \leqq \infty$ に対する Sobolev 空間 $W^{k,p}(D)$ とそのノルムを

$$W^{k,p}(D) = \{u \in L^p(D); \partial_x^\alpha u \in L^p(D), |\alpha| \leqq k\},$$

$$\|u\|_{W^{k,p}(D)} = \Big(\sum_{|\alpha| \leqq k} \|\partial_x^\alpha u\|_{L^p(D)}^p \Big)^{1/p}$$

で定義する．ただし，$p = \infty$ のときは，$\|u\|_{W^{k,\infty}(D)} = \sum_{|\alpha| \leqq k} \|\partial_x^\alpha u\|_{L^\infty(D)}$ とする．$W^{k,p}(D)$ は Banach 空間となり $H^k(D) = W^{k,2}(D)$ である．以下，$\|u_n - u\|_{W^{k,p}(D)} \to 0$ $(n \to \infty)$ なるとき $u_n \to u$ in $W^{k,p}(D)$ と書くことにする．また

$C_0^\infty(D)$ の $\|\cdot\|_{W^{k,p}(D)}$ における閉包を $W_0^{k,p}(D)$ で表わすと，これも Banach 空間となりそれぞれ $H^k(D)$, $H_0^k(D)$ と同様の性質を持つ．ただし $X=H^k(D)$ は Hilbert 空間であったのに対し，$X=W_0^{k,p}(D)$ は $p\neq 2$ のときは Hilbert 空間ではない．しかし $1<p<\infty$ のときは**反射的 Banach 空間**(すなわち，X' の共役空間 $(X')'$ は X と同一視できる)となる．特に $1\leq p\leq\infty$ に対し $1/p+1/q=1$ なる $1\leq q\leq\infty$ ($p=1$ のときは $q=\infty$, $p=\infty$ のときは $q=1$) を p の**共役指数**といい，$1<p<\infty$ のとき $L^p(D)$ と $L^q(D)$ は互いに双対空間となる．Riesz の表現定理より Hilbert 空間は反射的 Banach 空間であり，反射的 Banach 空間も Hilbert 空間と同様，**有界集合の弱コンパクト性を持つ** (岡本・中村著『関数解析』参照)．次の不等式は Schwarz の不等式の一般化で非常に有用である．

補題 3.18 (Hölder の不等式) $1\leq p\leq +\infty$ として，q を p の共役指数とする．このとき次の不等式が成り立つ．

$$\int_D |uv|\,dx \leq \|u\|_{L^p(D)}\|v\|_{L^q(D)}, \quad u\in L^p(D),\ v\in L^q(D).$$

[証明] $1<p<+\infty$ のときのみ示せば十分である．まず次の **Young の不等式**: $ab \leq \dfrac{1}{p}a^p + \dfrac{1}{q}b^q$ $(a,b\geq 0)$ が成立することに注意しよう(確かめよ)．これより $\|u\|_{L^p(D)}\neq 0$, $\|v\|_{L^q(D)}\neq 0$ として

$$\int_D \left(\frac{|u(x)|}{\|u\|_{L^p(D)}}\right)\left(\frac{|v(x)|}{\|v\|_{L^q(D)}}\right)dx$$

$$\leq \frac{1}{p}\int_D \left(\frac{|u(x)|}{\|u\|_{L^p(D)}}\right)^p dx + \frac{1}{q}\int_D \left(\frac{|v(x)|}{\|v\|_{L^q(D)}}\right)^q dx = 1$$

となり，求める不等式を得る． ∎

Hölder の不等式から導かれる事実をまとめておこう．

系 3.19

(i) D が有界領域で $0<p\leq q<\infty$ のとき $u\in L^q(D)$ ならば $u\in L^p(D)$ で $|D|^{-1/p}\|u\|_{L^p(D)} \leq |D|^{-1/q}\|u\|_{L^q(D)}$ が成り立つ．

(ii) $0<p<q<r<\infty$ に対し $\mu^{-1}=(p^{-1}-q^{-1})/(q^{-1}-r^{-1})$ とおくと任意の $\varepsilon>0$ に対し $\|u\|_{L^q(D)} \leq \varepsilon\|u\|_{L^r(D)} + \varepsilon^{-\mu}\|u\|_{L^p(D)}$ $(u\in L^p(D)\cap L^r(D))$ が

成り立つ.

(iii) $1 \leqq p_j \leqq \infty$, $\sum_{j=1}^{m}(p_j)^{-1}=1$ なるとき次の不等式が成り立つ.
$$\int_D |u_1 u_2 \cdots u_m|\, dx \leqq \|u_1\|_{L^{p_1}(D)}\|u_2\|_{L^{p_2}(D)}\cdots\|u_m\|_{L^{p_m}(D)}.$$

(iv) D を有界領域とする. ある定数 K があって任意の $1<p<\infty$ に対し $\|u\|_{L^p(D)} \leqq K$ ならば $u \in L^\infty(D)$ で $\lim_{p\to\infty}\|u\|_{L^p(D)}=\|u\|_{L^\infty(D)}$ が成り立つ. □

問 6 系 3.19 を示せ.

定理 2.40 の拡張として特に $W^{k,p}(D)$ あるいは $W_0^{k,p}(D)$ に対する Sobolev の埋め込み定理を述べておこう.

定理 3.20（Sobolev の埋め込み定理, II）

(i) $1 \leqq p < n/k$ のとき $W_0^{k,p}(D) \hookrightarrow L^{np/(n-kp)}(D)$, $p > n/k$ のとき $W_0^{k,p}(D) \hookrightarrow C^{0,\gamma}(\overline{D})$ ($\gamma=1-n(kp)^{-1}$) が成り立つ.

(ii) D を $\mathbb{R}^n$ の Lipschitz 領域とする. $1 \leqq p < n/k$ のとき $W^{k,p}(D) \hookrightarrow L^{np/(n-kp)}(D)$, $p > n/k$ のとき $W^{k,p}(D) \hookrightarrow C^{0,\gamma}(\overline{D})$ ($\gamma=1-n(kp)^{-1}$) が成り立つ. □

例 3.21 $D=\{|x|<1\}$ とする. $u(x)=\log(\log(2/|x|))-\log(\log 2)$ とおくと $u \in W_0^{1,n}(D)$ であるが $u \notin L^\infty(D)$ である. これから $p=n$ が境目であることがわかるであろう. またこの例で, 任意の $q>0$ に対して $e^{|u|} \in L^q(D)$ となる. 一般に $p=n$ のとき, $u \in W_0^{1,n}(D)$ ならば $e^{|u|} \in L^q(D)$ ($q>0$) が成り立つことが知られている. □

また Rellich のコンパクト性定理は次のように拡張される（証明は [GiTr, Theorem 7.26] 参照）.

定理 3.22 D を Lipschitz 領域とする. $W^{k,p}(D)$ は $1 \leqq p < n/k$ のときは任意の $q < np/(n-kp)$ に対して $L^q(D)$ に, $p > n/k$ のときは $C^0(\overline{D})$ にそれぞれコンパクトに埋め込まれる. □

定理 3.20 の (ii) は Lipschitz 領域 D に対し $W^{1,p}(D)$ から $W^{1,p}(\mathbb{R}^n)$ への拡張作用素の存在から (i) に帰着される. ここでは (i) を $k=1$ かつ $p<n$ の場合

§3.2 Sobolevの不等式,加藤の不等式,劣解評価 —— 159

に証明する.$k>1$の場合は帰納的に示される.$p>n/k$の場合は[GiTr, 7章],[Troi, §1.6]を参照されたい($p=2$の場合は演習問題3.9参照).

定理3.23（Sobolevの不等式） Dは$\mathbb{R}^n$の任意の領域とする.$1\leq p<n$とし$q=np/(n-p)$とおく.このときnとpのみによる定数Sが存在して

(3.13) $$\|u\|_{L^q(D)} \leq S\|\partial_x u\|_{L^p(D)}, \quad u\in W_0^{1,p}(D)$$

が成り立つ.

[証明] $u\in C_0^1(D)$の場合に示せば十分である.$u\in C_0^1(D)$を$\mathbb{R}^n$上に0-拡張して考える.

第1段: まず$p=1$の場合を示す.各$i=1,\cdots,n$に対し

$$|u(x)| = \left|\int_{-\infty}^{x_i} \partial_i u\, dx_i\right| \leq \int_{-\infty}^{+\infty} |\partial_i u|\, dx_i.$$

よって

(3.14) $$|u(x)|^{n/(n-1)} \leq \left(\prod_{i=1}^{n}\int_{-\infty}^{+\infty} |\partial_i u|\, dx_i\right)^{1/(n-1)}.$$

(3.14)を各変数$x_1,\cdots,x_n$に関して順に積分していく.そのとき系3.19(iii)を$m=p_1=\cdots=p_m=n-1$として適用して

(3.15) $$\|u\|_{L^{n/(n-1)}(D)} \leq \left(\prod_{i=1}^{n} \|\partial_i u\|_{L^1(D)}\right)^{1/n}$$

を得る.ここで$(b_1\cdots b_n)^{1/n} \leq (1/n)(b_1+\cdots+b_n)$ $(b_j\geq 0)$を用いれば,$S=1/n$として(3.13)が(3.15)より従う.

第2段: $1<p<n$とする.一般に$r>1$に対して,$|u|^r\in C_0^1(D)$で$|\partial_i(|u|^r)|=r|u|^{r-1}|\partial_i u|$となる.よって第1段より

$$\||u|^r\|_{L^{n/(n-1)}(D)} \leq \frac{r}{n}\||u|^{r-1}\partial_x u\|_{L^1(D)}.$$

ここで$r=(n-1)p/(n-p)>1$とおくと$nr/(n-1)=np/(n-p)$.Hölderの不等式から$\||u|^{r-1}\partial_x u\|_{L^1(D)} \leq \||u|^{r-1}\|_{L^q(D)}\|\partial_x u\|_{L^p(D)}$.したがって,$S=p(n-1)/n(n-p)$として,

$$\|u\|_{L^{np/(n-p)}(D)}^r \leq \|u\|_{L^{np/(n-p)}(D)}^{r-1}\|\partial_x u\|_{L^p(D)}$$

が成り立つ.これより(3.13)を得る. ∎

(b) 弱微分の合成則,積公式

この項では弱微分の性質を見ておこう.例えば $u \in H^1(D)$ のとき $u^2 \in H^1(D)$ となるであろうか? $u, v \in H^1(D)$ のとき $uv \in H^1(D)$ となるであろうか? これらは一般には成り立たない.

例 3.24 $u(x) = |x|^{-\alpha} \in H^1(D)$ $(D = \{|x| < 1\})$ となるための必要十分条件は $2(\alpha+1) < n$ である.よって例えば3次元のとき $u(x) = |x|^{-1/4} \in H^1(D)$ であるが $u^2 \notin H^1(D)$ となる. □

一方,$u \in H^1(D)$ のとき,例えば $v(x) = \sin u(x)$ に対して $v \in H^1(D)$ となることが次の**合成則**(chain rule)からわかる.

定理 3.25 $1 \leq p < +\infty$ とし,D は有界領域であって,$f \in C^1(\mathbb{R}^1)$ で $f' \in L^\infty(\mathbb{R}^1)$ とする.このとき $u \in W^{1,p}(D)$ ならば,$U(x) = (f \circ u)(x) = f(u(x))$ とおくとき $U \in W^{1,p}(D)$ で $\partial_x U(x) = f'(u(x)) \partial_x u(x)$ が成り立つ.さらに $f(0) = 0$ なる場合,$u \in W_0^{1,p}(D)$ ならば $U \in W_0^{1,p}(D)$ が成り立つ.ただし,非有界領域 D に対しても,$f(0) = 0$ なる仮定のもとに $U \in W^{1,p}(D)$ が成り立つ.

[証明の概略] $p = 1$ の場合を示そう.$p > 1$ の場合も同様である.まず $u \in W^{1,1}(D)$ に対し,補題 2.49 より $\{u_n\}_{n=1}^\infty \subset C^\infty(D) \cap W^{1,1}(D)$ で $u_n \to u$,$\partial_x u_n \to \partial_x u$ in $L_{\text{loc}}^1(D)$ なるものがとれる.このとき適当に部分列 $\{u_{n_k}\}_{k=1}^\infty$ をとれば $\{f(u_{n_k})\}_{k=1}^\infty \to f(u)$ in $W_{\text{loc}}^{1,1}(D)$ が成り立つことがわかる.したがってまた補題 2.49 から $U = f \circ u \in W^{1,1}(D)$ で $\partial_x U = f'(u) \partial_x u$ となる.$f(0) = 0$ で $u \in W_0^{1,1}(D)$ の場合は,$\{u_n\}_{n=1}^\infty \subset C_0^\infty(D)$ で $u_n \to u$ in $W^{1,1}(D)$ なるものをとって,$v_n = f \circ u_n \in C_0^1(D)$ に対して同様の議論をすればよい. ∎

次のことは一見すると不思議であるが,非常に有用な合成則で超関数の意味での微分の自然さを示している.以下 $\chi_A(x)$ は集合 A の**特性関数**と呼ばれるもので,$\chi_A(x) = 1$ $(x \in A)$;$\chi_A(x) = 0$ $(x \in A^c)$ とし,また $\text{sign}(t) = 1$ $(t > 0)$; $\text{sign}(t) = 0$ $(t = 0)$; $\text{sign}(t) = -1$ $(t < 0)$ とする.また,$u^+ = \max(u, 0)$,$u^- = \max(-u, 0)$ であったことを思い出しておこう.

§3.2 Sobolev の不等式, 加藤の不等式, 劣解評価 ―― 161

定理 3.26

（ⅰ） $1 \leq p < \infty$ とする. $u \in W^{1,p}(D)$ のとき $u^+, u^-, |u| \in W^{1,p}(D)$ となり, 次が成り立つ.
$$\partial_x u^+ = \chi_{\{u>0\}} \partial_x u, \quad \partial_x u^- = -\chi_{\{u<0\}} \partial_x u, \quad \partial_x |u| = \mathrm{sign}(u) \partial_x u.$$

（ⅱ） $1 < p < \infty$ とする. $u \in W_0^{1,p}(D)$ のとき $u^+, u^-, |u| \in W_0^{1,p}(D)$ となる.

[証明] 第1段: まず(ⅰ)を示す. $u^+ \in W^{1,p}(D)$ を示せば十分である. $u^-, |u| \in W^{1,p}(D)$ は $u^- = (-u)^+$, $|u| = u^+ + u^-$ から導かれる. $\varepsilon > 0$ に対し

(3.16) $\quad f_\varepsilon(t) = (t^2 + \varepsilon^2)^{1/2} - \varepsilon, \quad t > 0; \quad f_\varepsilon(t) = 0, \quad t \leq 0$

とおくと, $f_\varepsilon \in C^1(\mathbb{R}^1)$ で $f_\varepsilon(0) = 0$ かつ $f_\varepsilon'(t) = \chi_{\{t>0\}} t(t^2 + \varepsilon^2)^{-1/2}$ となる. よって $\|f_\varepsilon'\|_{L^\infty} \leq 1$. 定理 3.25 より $f_\varepsilon(u) \in W^{1,p}(D)$ で

$$\int_D f_\varepsilon(u) \partial_x \phi \, dx = -\int_{D \cap \{u>0\}} \frac{u \partial_x u}{(u^2 + \varepsilon^2)^{1/2}} \phi \, dx, \quad \phi \in C_0^\infty(D)$$

となる. $|f_\varepsilon(u)| \leq |u|$ と $\varepsilon \to 0$ で $f_\varepsilon(u(x)) \to u^+(x)$ (a.e. $x \in D$) なることから Lebesgue の収束定理より $\int_D u^+ \partial_x \phi \, dx = -\int_{D \cap \{u>0\}} \partial_x u \phi \, dx$ ($\phi \in C_0^\infty(D)$) を得る. したがって $u^+ \in W^{1,p}(D)$ で $\partial_x u^+ = \chi_{\{u>0\}} \partial_x u$ が成り立つ.

第2段: (ⅱ)を示そう. $u \in W_0^{1,p}(D)$ のとき, $u^+ \in W_0^{1,p}(D)$ を示せば十分である. $\{u_n\}_{n=1}^\infty \subset C_0^\infty(D)$ で $\|u_n - u\|_{W^{1,p}(D)} \to 0$ $(n \to \infty)$ なるものをとる. $f(t) = t^+$ とおくと $f(0) = 0$ ゆえ, $v_n = f(u_n) = u_n^+$ は第1段より台がコンパクトな $W^{1,p}(D)$ の元となり, $u_n^+ \in W_0^{1,p}(D)$ を得る(補題 2.50 参照). ここで $\{u_n\}$ が $W^{1,p}(D)$ の有界列なので $\{u_n^+\}$ も $W^{1,p}(D)$ の有界列となる. $1 < p < \infty$ のとき $W^{1,p}(D)$ は反射的 Banach 空間であることから, 適当な部分列 $\{u_{n_k}^+\}_{k=1}^\infty$ とある $v \in W^{1,p}(D)$ が存在し $u_{n_k}^+$ は v に $W^{1,p}(D)$ で弱収束する. このとき $v = u^+$ となる(問7参照). よって Mazur の定理より u^+ は $W^{1,p}(D)$ において $\{u_{n_k}^+\} \subset W_0^{1,p}(D)$ の閉凸包に含まれ, $u^+ \in W_0^{1,p}(D)$ となる. ∎

問7 $1 < p < \infty$ とし, $W^{1,p}(D)$ において $\{u_n\}$ が u に弱収束するとき, $\{u_n\}$, $\{\partial_x u_n\}$ は $L^p(D)$ において, それぞれ $u, \partial_x u$ に弱収束する. また適当に部分列をとると $k \to \infty$ で $u_{n_k}(x) \to u(x)$ (a.e. $x \in D$) が成り立つ.

注意 3.27 上の証明から $1<p<\infty$ とするとき,$u\in W_0^{1,p}(D)$ と $u_n\to u$ in $W^{1,p}(D)$ なる $\{u_n\}\subset C_0^\infty(D)$ に対して "u^+ は $\{u_n^+\}$ の $W^{1,p}(D)$ における閉凸包に含まれる" ことがわかる.また $u^-, |u|$ についても同様のことが成り立つ.

系 3.28 $1\leq p<\infty$,D を有界領域とする.$u\in W^{1,p}(D)\cap C^0(\overline{D})$ が $u(x)=0$ $(x\in\partial D)$ を満たすならば $u\in W_0^{1,p}(D)$ となる.

[証明] 定理 3.26 より $u^\pm\in W^{1,p}(D)\cap C^0(\overline{D})$ かつ $u^\pm(x)=0$ $(x\in\partial D)$ となる.したがって任意の $\varepsilon>0$ に対して,$(u^\pm-\varepsilon)^+\in W_0^{1,p}(D)$(補題 2.50 参照).さらに $\|(u^\pm-\varepsilon)^+-u^\pm\|_{W^{1,p}(D)}\to 0$ $(\varepsilon\to 0)$ となる.よって $u=u^+-u^-\in W_0^{1,p}(D)$. ∎

一般に次の合成則が成り立つ.

定理 3.29 (合成則) G は実数値連続関数で,ある有限集合 S と定数 M があって $G\in C^1(\mathbb{R}^1\setminus S)$ かつ $|G'(t)|\leq M$ $(t\in\mathbb{R}^1\setminus S)$ が成り立ち,しかも S の各点で $G'(t)$ の右極限と左極限があるものとする.$1\leq p<\infty$ に対し,$u\in W^{1,p}(D)$ ならば $G\circ u\in W^{1,p}(D)$ となり $\partial_x(G\circ u)=\chi_{S^c}G'(u)\partial_x u$ が成り立つ.ここで $S^c=\mathbb{R}^1\setminus S$.さらに $G(0)=0$ のとき,有界領域 D と $1<p<\infty$ に対し $u\in W_0^{1,p}(D)$ ならば $G\circ u\in W_0^{1,p}(D)$ が成り立つ. ∎

問 8 定理 3.29 を証明せよ.

次に弱微分の**積公式**(product formula)で基本的なものを 1 つだけ述べておこう.

定理 3.30 (積公式) $1<p,q<\infty$ で $1/p+1/q=1$ とし,$u\in W^{1,p}(D)$,$v\in W^{1,q}(D)$ とする.このとき $uv\in W^{1,1}(D)$ となり $\partial_x(uv)=u(\partial_x v)+(\partial_x u)v$ が成り立つ.

[証明] Meyers–Serrin の定理(§2.2(a))より $u\in C^\infty(D)\cap W^{1,p}(D)$,$v\in W^{1,q}(D)$ のときに示せば十分である.このとき任意の $\phi\in C_0^\infty(D)$ に対し $u\phi\in C_0^\infty(D)$ であるので,各 $j=1,\cdots,n$ で次が成り立つ.

$$\int_D uv\partial_j\phi\,dx = \int_D v(\partial_j(\phi u)-\phi\partial_j u)\,dx = -\int_D (u\partial_j v+v\partial_j u)\phi\,dx.$$

仮定と Hölder の不等式から $u\partial_j v+v\partial_j u\in L^1(D)$ なので結論を得る. ∎

(c) 加藤の不等式と弱 L-劣解・優解

この節を通して, $a_{ij}(x), V(x)$ は仮定 2.2 を満たすとし
$$L = -\partial_i(a_{ij}(x)\partial_j)+V(x), \quad L_0 = L-V(x) = -\partial_i(a_{ij}(x)\partial_j)$$
とする. また, $C^\infty_{0,+}(D)=\{\phi\in C^\infty_0(D);\,\phi(x)\geqq 0\ (x\in D)\}$ とおく. 加藤敏夫は 1973 年, Schrödinger 作用素の本質的自己共役作用素の研究において次の不等式を見つけた.

定理 3.31 $a_{ij}(x)\in C^1(D)$ を仮定する. $u\in L^1_{\mathrm{loc}}(D;\mathbb{C})$ が超関数の意味で $L_0 u\in L^1_{\mathrm{loc}}(D;\mathbb{C})$ を満たすならば
$$L_0|u| \leqq \mathrm{sign}(\overline{u})(L_0 u) \quad \text{in } \mathcal{D}'(D)$$
が成り立つ. ここで $\mathrm{sign}(\overline{u})=\overline{u}/|u|\ (u\neq 0)$, $\mathrm{sign}(\overline{u})=0\ (u=0)$. また超関数 $T,S\in\mathcal{D}'(D)$ に対し $T\leqq S$ in $\mathcal{D}'(D)$ とは $\langle T,\phi\rangle\leqq\langle S,\phi\rangle\ (\phi\in C^\infty_{0,+}(D))$ なることをいう. □

この証明は [黒田 2] を参照していただきたい. ここでは $a_{ij}(x)$ が仮定 2.2 を満たすだけで, 微分可能性がなくても成り立つ次の形での**加藤の不等式** (Kato's inequality) を証明する. 定理 3.31 同様, これは複素数値関数についても成り立つが ([Ag2] 参照), ここでは実数値関数に限って結果を述べる.

定理 3.32 $f\in L^1_{\mathrm{loc}}(D)$ と $u\in H^1_{\mathrm{loc}}(D)$ が

(3.17) $$\int_D a_{ij}\partial_j u\partial_i\phi\,dx = \int_D f\phi\,dx, \quad \phi\in C^\infty_0(D)$$

を満たすとする. このとき $|u|\in H^1_{\mathrm{loc}}(D)$ で

(3.18) $$\int_D a_{ij}\partial_j|u|\partial_i\phi\,dx \leqq \int_D (\mathrm{sign}\,u)f\phi\,dx, \quad \phi\in C^\infty_{0,+}(D)$$

が成り立つ.

[証明] $f\in L^1(D)$, $u\in H^1(D)$ として一般性を失わない. まず $\varepsilon>0$ に対し $u_\varepsilon(x)=(|u(x)|^2+\varepsilon^2)^{1/2}$ とおくとき, 定理 3.25 より $u_\varepsilon, u/u_\varepsilon\in H^1(D)$ で

$$\partial_x u_\varepsilon = (u/u_\varepsilon)\partial_x u, \quad \partial_x(u/u_\varepsilon) = (\partial_x u/u_\varepsilon) - (u^2 \partial_x u/u_\varepsilon^3)$$

となる.また定理 3.26 より $|u| \in H^1(D)$ で $\partial_x|u| = (\operatorname{sign} u)\partial_x u$. さらに $\|u_\varepsilon - u\|_{H^1(D)} \to 0 \; (\varepsilon \to 0)$ もわかる. さて $\phi \in C_{0,+}^\infty(D)$ なる ϕ に対し,a.e. $x \in D$ で

$$(3.19) \quad (a_{ij}\partial_j u_\varepsilon \partial_i \phi)(x) = \left[\left(\frac{u}{u_\varepsilon}\right)a_{ij}\partial_j u\partial_i \phi\right](x)$$
$$= \left[a_{ij}\partial_j u\partial_i\left(\frac{u}{u_\varepsilon}\phi\right) - \phi a_{ij}\partial_j u\partial_i\left(\frac{u}{u_\varepsilon}\right)\right](x)$$

となる.ここで

$$(3.20) \quad a_{ij}\partial_j u\partial_i\left(\frac{u}{u_\varepsilon}\right)(x) \geqq 0, \quad \text{a.e. } x \in D$$

なることに注意しよう. 実際 $|u(x)/u_\varepsilon(x)| < 1$ より

$$a_{ij}\partial_j u\partial_i\left(\frac{u}{u_\varepsilon}\right)(x) \geqq \left(\frac{1}{u_\varepsilon}\left[1 - \left(\frac{u}{u_\varepsilon}\right)^2\right]a_{ij}\partial_j u\partial_i u\right)(x) \geqq 0$$

となるからである. したがって (3.19) より

$$(3.21) \quad \int_D a_{ij}\partial_j u_\varepsilon \partial_i \phi\, dx \leqq \int_D a_{ij}\partial_j u\partial_i\left(\frac{u}{u_\varepsilon}\phi\right) dx, \quad \phi \in C_{0,+}^\infty(D)$$

を得る. 次に

$$(3.22) \quad \int_D a_{ij}\partial_j u\partial_i\left(\frac{u}{u_\varepsilon}\phi\right) dx = \int_D f\left(\frac{u}{u_\varepsilon}\right)\phi\, dx, \quad \phi \in C_0^\infty(D)$$

を示す. まず $u/u_\varepsilon \in H^1(D)$ で $|u(x)/u_\varepsilon(x)| < 1$ (a.e. $x \in D$) なることから $\{\varphi_n\} \subset C_0^\infty(D)$ で $|\varphi_n(x)| \leqq 1$ $(x \in D)$ かつ $\varphi_n \to u/u_\varepsilon$ in $H_{\text{loc}}^1(D)$ $(n \to \infty)$ なるものがとれる. 実際 $\psi_n \in C_0^\infty(D)$ を $\psi_n \to u$ in $H_{\text{loc}}^1(D)$ かつ $\psi_n(x) \to u(x)$ (a.e. $x \in D$) なるようにとり,$\varphi_n(x) = \psi_n(x)/(|\psi_n(x)|^2 + \varepsilon^2)^{1/2}$ とおけばよい (確かめよ). 仮定から $\int_D a_{ij}\partial_j u\partial_i(\varphi_n\phi)\, dx = \int_D f\varphi_n\phi\, dx$. ここで $n \to \infty$ として

$$\int_D a_{ij}\partial_j u\left[\partial_i\left(\frac{u}{u_\varepsilon}\right)\phi + \frac{u}{u_\varepsilon}\partial_i\phi\right] dx = \int_D f\left(\frac{u}{u_\varepsilon}\right)\phi\, dx$$

を得る. よって積公式 (定理 3.30) より (3.22) を得る. (3.21) と (3.22) より

$$\int_D a_{ij}\partial_j u_\varepsilon \partial_i \phi\, dx \leqq \int_D f\left(\frac{u}{u_\varepsilon}\right)\phi\, dx, \quad \phi \in C_{0,+}^\infty(D)$$

となり,$u_\varepsilon \to |u|$ in $H^1(D)$, $u(x)/u_\varepsilon(x) \to \operatorname{sign} u(x)$ (a.e. $x\in D$) に注意して結論を得る. ∎

定義 3.33 L に対し $u\in H^1(D)$ が**弱 L-劣解**(weak L-subsolution)であるとは

$$(3.23) \qquad \int_D (a_{ij}\partial_j u \partial_i \phi + Vu\phi)dx \leqq 0, \quad \phi \in C_{0,+}^\infty(D)$$

なることをいう.また(3.23)の逆の不等式を満たす $u\in H^1(D)$ を**弱 L-優解**(weak L-supersolution)という.また $u\in H^1_{\mathrm{loc}}(D)$ に対しても弱 L-劣解(優解)の定義は同じである. □

係数が滑らかな場合 L-劣解(優解)は弱 L-劣解(優解)となる.

注意 3.34 一般に $\phi\in H^1_0(D)$, $\phi(x)\geqq 0$ (a.e. $x\in D$) ならば,$\phi_n \in C_{0,+}^\infty(D)$ なる ϕ_n で $\phi_n \to \phi$ in $H^1(D)$ となるものがとれる(以下の問9参照).よって弱 L-劣解 $u\in H^1(D)$ に対し,(3.23)は $\phi\in H^1_0(D)$ で $\phi(x)\geqq 0$ (a.e. $x\in D$) なる任意の ϕ に対して成立する.

問9 $\phi\in H^1_0(D)$, $\phi(x)\geqq 0$ (a.e. $x\in D$) ならば,$\phi_n \in C_{0,+}^\infty(D)$ で $\|\phi_n-\phi\|_{H^1(D)} \to 0$ $(n\to\infty)$ なるものが存在する.

定理 3.35 $u\in H^1(D)$ が弱 L-劣解ならば u^+ は弱 L-劣解となる.また,$u\in H^1(D)$ が弱 L-優解ならば u^- は弱 L-劣解となる.

[証明] 加藤の不等式の証明の中での(3.21)より

$$\frac{1}{2}\int_D a_{ij}\partial_j u_\varepsilon \partial_i \phi\, dx \leqq \frac{1}{2}\int_D a_{ij}\partial_j u \partial_i\left(\frac{u}{u_\varepsilon}\phi\right)dx, \quad \phi \in C_{0,+}^\infty(D).$$

両辺に $\frac{1}{2}\int_D a_{ij}\partial_j u \partial_i \phi\, dx$ をたして

$$(3.24) \quad \int_D a_{ij}\partial_j\left(\frac{u_\varepsilon + u}{2}\right)\partial_i \phi\, dx \leqq \frac{1}{2}\int_D a_{ij}\partial_j u \partial_i\left[\left(1+\frac{u}{u_\varepsilon}\right)\phi\right]dx$$

となる.また $(1+u/u_\varepsilon)(x) > 0$ (a.e. $x\in D$) より $\varphi_n(x) > 0$ なる $\varphi_n \in C_0^\infty(D)$

で $\varphi_n \to (1/2)(1+u/u_\varepsilon)$ in $H^1_{\mathrm{loc}}(D)$ なるものがとれる．u が弱 L-劣解であることから $\int_D (a_{ij}\partial_j u \partial_i(\varphi_n\phi) + V u \varphi_n \phi)dx \leqq 0$ となる．$n\to\infty$ として

$$(3.25) \quad \frac{1}{2}\int_D a_{ij}\partial_j u \partial_i\left[\left(1+\frac{u}{u_\varepsilon}\right)\phi\right]dx + \frac{1}{2}\int_D V u\left(1+\frac{u}{u_\varepsilon}\right)\phi\, dx \leqq 0$$

を得る．(3.25)を(3.24)に代入し，$u_\varepsilon \to |u|$ in $H^1(D)$ より $(1/2)(u_\varepsilon + u) \to u^+$ in $H^1(D)$ となることに注意すると

$$\int_D a_{ij}\partial_j u^+ \partial_i\phi\, dx + \frac{1}{2}\int_D V u\left(\frac{u}{|u|}+1\right)\phi\, dx \leqq 0$$

となる．$\mathrm{sign}\, u = (1/2)(1+u/|u|)$ なので結論を得る． ∎

(d) 弱解の L^∞ 評価(Moser の劣解評価)

§3.1 で見たように D 上の劣調和関数 u (すなわち $\Delta u(x) \geqq 0$ ($x\in D$) を満たす)は $B_r(x)\subset D$ なる任意の球 $B_r(x)$ に対して $u(x) \leqq (1/|B_r(x)|)\int_{B_r(x)} u\, dy$ を満たす．これから $B_{2r}(x_0)\Subset D$ なる球に対し $\sup\{|u(x)|;\, x\in B_r(x_0)\} = |u(\hat{x})|$ とすると

$$\sup_{x\in B_r(x_0)} |u(x)| \leqq \frac{1}{|B_r(\hat{x})|}\int_{B_r(\hat{x})}|u(y)|\, dy \leqq \frac{2^n}{|B_{2r}(x_0)|}\int_{B_{2r}(x_0)}|u(y)|\, dy$$

を得る．これと同様の**局所的 L^∞-評価**が弱 L-劣解に対しても成り立つ．ここでは次の§3.3 との関係で少し一般的な設定で扱う．以下この項を通して f_j ($j=0,1,\cdots,n$) は実数値可測関数で次を満たすとする．

仮定 3.36 ある $q>\max(n,2)$ に対して $f_0\in L^{q/2}(D)$ かつ $f_j\in L^q(D)$ ($j=1,\cdots,n$) が成り立つ． ∎

さらにこの項を通して $\delta = 1-n/q > 0$ とし，$F=(f_1,\cdots,f_n)$ とおき，$|F(x)|^2 = \sum_{j=1}^n |f_j(x)|^2$, $F(x)\cdot\nabla\phi(x) = \sum_{j=1}^n f_j(x)\partial_j\phi(x)$, $\nabla\cdot F = \sum_{j=1}^n \partial_j f_j$ なる記号を用いることにする．

定義 3.37 f_0, F は仮定 3.36 を満たすとする．$u\in H^1_{\mathrm{loc}}(D)$ が

$$(3.26) \quad \int_D (a_{ij}\partial_j u \partial_i\phi + V u\phi)\, dx \leqq \int_D (f_0\phi - F\cdot\nabla\phi)\, dx,$$

§3.2 Sobolev の不等式,加藤の不等式,劣解評価

$$\phi \in H_0^1(D),\ \phi(x) \geqq 0,\ \text{a.e.}\ x \in D$$

を満たすとき,u を方程式 $Lu = f_0 + \nabla \cdot F$ の**弱劣解**(weak subsolution)と呼ぶ.同様に(3.26)の反対の不等式を満たす $u \in H_{\mathrm{loc}}^1(D)$ を方程式 $Lu = f_0 + \nabla \cdot F$ の**弱優解**(weak supersolution)と呼ぶ.次の評価は **Moser の劣解評価**(subsolution estimate)と呼ばれている. □

定理 3.38(**劣解評価**) $u \in H_{\mathrm{loc}}^1(D)$ が $Lu = f_0 + \nabla \cdot F$ の D 上での弱劣解であるとする.$M = \|V^-\|_{L^\infty(D)}$ とおく.このとき,任意の $p \geqq 2$ に対して,n, p, q にしかよらない正定数 C と,n, q にしかよらない正定数 l が存在して,$B_{2r}(x_0) \Subset D$ なる任意の $x_0 \in D,\ r > 0$ に対して

$$(3.27) \quad \sup_{x \in B_r(x_0)} u(x) \leqq C(1+Mr^2)^l \left[\left(\frac{1}{r^n} \int_{B_{2r}(x_0)} |u^+|^p\, dy \right)^{1/p} + k^+(r) \right]$$

が成り立つ.ここで $k^+(r) = r^\delta \|F\|_{L^q(B_{2r}(x_0))} + r^{2\delta} \|f_0^+\|_{L^{q/2}(B_{2r}(x_0))}$ である. □

$n = 1$ の場合は,Sobolev の埋め込み定理および Caccioppoli の不等式より(3.27)は容易に導かれる.

注意 3.39 $u \in H_{\mathrm{loc}}^1(D)$ が $Lu = f_0 + \nabla \cdot F$ の D 上での弱解,すなわち

$$(3.28) \quad \int_D (a_{ij} \partial_j u \partial_i \phi + V u \phi)\, dx = \int_D (f_0 \phi - F \cdot \nabla \phi)\, dx,\quad \phi \in H_0^1(D)$$

を満たすならば $M = \|V\|_{L^\infty(D)}$ として

$$(3.29) \quad \sup_{x \in B_r(x_0)} |u(x)| \leqq C(1+Mr^2)^l \left[\left(\frac{1}{r^n} \int_{B_{2r}(x_0)} |u|^p\, dy \right)^{1/p} + k(r) \right]$$

が成り立つ.ここで $k(r) = r^\delta \|F\|_{L^q(B_{2r}(x_0))} + r^{2\delta} \|f_0\|_{L^{q/2}(B_{2r}(x_0))}$.

この評価を $p = 2$ の場合に眺めてみると驚異の不等式である.§2.2 で見たように係数 $a_{ij}(x), V(x)$ が十分滑らかならば,$H_{\mathrm{loc}}^1(D)$ に属する解が $L_{\mathrm{loc}}^\infty(D)$ に属することは方程式を逐次に微分して容易に示すことができる(この方法は高階の楕円型方程式に対しても適用できる).しかし,評価(3.29)は係数の連続性さえも仮定せずに成り立つのである.この種の不等式は 2 階の楕円型および放物型方程式特有のものである.最後に,実は(3.27), (3.29)の評価は**任意の $p > 0$ に対して**成り立つことを注意しておこう(後述の定理 3.44 の証明参照).

定理 3.38 を Moser の反復法(iteration method)に従って示そう.

[定理 3.38 の証明] $n \geq 2$ とする. まず平行移動により x_0 を原点 O とし, さらにスケール変換 $\tilde{y} = y/r$ をすることによって, $r=1$ の場合に(3.27)を示せば十分であることに注意しよう. (3.27)の各項にスケール不変性があるからである. 以下 $B_2(O) \Subset D$ として $r=1$ のときの評価(3.27)を示す. 簡単のため $B_\rho = B_\rho(O)$ と書く.

第 1 段: $1 \leq r_1 < r_2 \leq 2$ とし, $\eta \in C_0^1(B_2)$ を $\eta(x) \geq 0$, $\eta(x) \equiv 1$ $(x \in B_{r_1})$, $\eta(x) \equiv 0$ $(x \in B_{r_2}^c)$ かつ $|\partial_x \eta(x)| \leq C/(r_2 - r_1)$ (C は定数)なるようにとる. $\beta \geq 1$, $k > 0$, $N > k$ に対して
$$G_N(t) = |t|^\beta - k^\beta \ (k \leq |t| \leq N); \quad = N^\beta - k^\beta \ (|t| \geq N); \quad = 0 \ (|t| \leq k)$$
とおく. 以下, $(f_0, F) \neq (0,0)$ とし $k = \|F\|_{L^q(B_2)} + \|f_0^+\|_{L^{q/2}(B_2)} > 0$ とおく. $(f_0^+, F) = (0,0)$ のときは以下の議論を任意の $k > 0$ に対して行ない, 最後に $k \to 0$ とすればよい. 仮定より $u \in H^1(B_2)$ であり, $w(x) = u^+(x) + k$ とおくと定理 3.29 より $(G_N \circ w)(x) = G_N(w(x)) \in H^1(B_2)$ かつ $\partial_x(G_N(w(x)) = \chi_{S_N} G_N'(w(x)) \partial_x w(x)$ が成り立つ. ここで $S_N = \{x \in B_2; w(x) < N\}$ である. $\phi = \eta^2 (G_N \circ w) \in H_0^1(D)$ を(3.26)に代入する. また $\{G_N(w(x)) > 0\} = \{u(x) > 0\}$ よりこの集合上 $\partial_x w(x) = \partial_x u(x)$ なること, また $u^+(x) \leq w(x)$ および積公式(定理 3.30)に注意して次を得る.

$$\beta \int_{S_N} \eta^2 a_{ij} \partial_j w \partial_i w w^{\beta-1} \, dx$$
$$\leq \mu^{-1} \int_{B_2} \eta |\partial_x \eta| |\partial_x w| w^\beta \, dx + \int_{B_2} \eta^2 w^{\beta+1} \, dx + \frac{\mu}{2} \beta \int_{S_N} \eta^2 |\partial_x w|^2 w^{\beta-1} \, dx$$
$$+ \int_{B_2} (f_0^+ \eta^2 w^\beta + 2\eta |F| |\partial_x \eta| w^\beta) \, dx + \frac{1}{2\mu} \int_{S_N} \eta^2 |F|^2 \beta w^{\beta-1} \, dx.$$

ここで $N \to \infty$ とすると, 単調収束定理より次の評価を得る.

(3.30) $\quad \dfrac{\mu \beta}{2} \displaystyle\int_{B_2} \eta^2 |\partial_x w|^2 w^{\beta-1} \, dx$

$\qquad\qquad \leq \mu^{-1} \displaystyle\int_{B_2} \eta |\partial_x \eta| |\partial_x w| w^\beta \, dx + M \displaystyle\int_{B_2} \eta^2 w^{\beta+1} \, dx$

§3.2 Sobolev の不等式，加藤の不等式，劣解評価 —— 169

$$+ \int_{B_2} \left(f_0^+ \eta^2 w^\beta + 2|F|\eta|\partial_x\eta| w^\beta + \frac{1}{2\mu}\eta^2 |F|^2 \beta w^{\beta-1} \right) dx.$$

第2段: さて，2^* を $n \geq 3$ なら $2n/(n-2)$, $n=2$ なら $2q/(q-2)$ より大きいある数として $\sigma = \min\{2^*(q-2)/(2q), (2^*+2)/4\} > 1$ とおく. (3.30)より，すべての $\gamma \geq 2$ に対して $w \in L^\gamma(B_2)$ となることを示す. 実際ある $\beta_0 \geq 1$ に対し $w^{(\beta_0+1)/2} \in H^1(B_2)$ なら ($\beta_0 = 1$ のとき $w^{(\beta_0+1)/2} = w \in H^1(B_2)$ はすでに成立), $(\beta+1) = \sigma(\beta_0+1)$ なる $\beta > \beta_0$ に対して $w^{(\beta+1)/2} \in H^1(B_2)$ が成り立つことを見ればよい. Hölder の不等式より

$$\int_{B_2} \eta |\partial_x w| \, |\partial_x \eta| w^\beta \, dx \leq \left(\int_{B_2} \eta^2 w^{\beta-1} |\partial_x w|^2 \, dx \right)^{1/2} \left(\int_{B_2} |\partial_x \eta|^2 w^{2\beta-\beta_0+1} \, dx \right)^{1/2}$$

であり，Sobolev の不等式より $w^{2^*(\beta_0+1)/2} \in L^1(B_2)$ が成り立つので，$\beta+1 \leq (2^*+2)(\beta_0+1)/4$ なるとき $\int_{B_2} \eta |\partial_x w| \, |\partial_x \eta| w^\beta \, dx < \infty$ を得る. また $(2^*+2)(\beta_0+1)/4 < 2^*(\beta_0+1)/2$ より $\int_{B_2} \eta^2 w^{\beta+1} \, dx < \infty$ となる. これより Hölder の不等式から $\beta q/(q-2) \leq 2^*(\beta_0+1)/2$ なら (3.30) の F, f_0 を含む項はすべて有限となる. よって $(\beta+1) = \sigma(\beta_0+1)$ なる β に対し $\beta \int_{B_2} \eta^2 |\partial_x w|^2 w^{\beta-1} \, dx < \infty$ を得る. よって $w^{(\beta+1)/2} \in H^1_{\mathrm{loc}}(B_2)$ を得る (演習問題 3.3 参照).

第3段: さて $w^\beta = w^{(\beta-1)/2} w^{(\beta+1)/2}$ として

$$\frac{1}{\mu} \int_{B_2} \eta |\partial_x w| \, |\partial_x \eta| w^\beta \, dx \leq \frac{\mu \beta}{4} \int_{B_2} \eta^2 |\partial_x w|^2 w^{\beta-1} \, dx + \frac{1}{4\mu^2 \beta} \int_{B_2} |\partial_x \eta|^2 w^{\beta+1} \, dx$$

を得る. これを (3.30) に代入して次の評価を得る.

(3.31)
$$\frac{\mu \beta}{4} \int_{B_2} \eta^2 |\partial_x w|^2 w^{\beta-1} \, dx \leq \frac{1}{4\mu^2 \beta} \int_{B_2} |\partial_x \eta|^2 w^{\beta+1} \, dx$$
$$+ \int_{B_2} \eta w^{\beta+1} \left[\eta \left(M + \frac{f_0^+}{k} + \frac{1}{2\mu} \left(\frac{|F|}{k} \right)^2 \right) + 2|\partial_x \eta| \left(\frac{|F|}{k} \right) \right] dx.$$

ここで $\frac{w(x)}{k} \geq 1$ を用いた. $z = w^{(\beta+1)/2}$ とおくと $\partial_x z = \frac{\beta+1}{2} w^{(\beta-1)/2} \partial_x w$ となる. (3.31), Schwarz の不等式および Sobolev の不等式より, μ にしかよらないある定数 $C(\mu)$ と n, q にしかよらない定数 $S = S(n, q)$ が存在して

$$\frac{S\mu\beta}{(\beta+1)^2}\left(\int_{B_2}|\eta z|^{2^*}dx\right)^{2/2^*} \leqq \frac{\mu\beta}{(\beta+1)^2}\int_{B_2}|\partial_x(\eta z)|^2\,dx$$

$$\leqq \left[\frac{2\mu}{(\beta+1)^2}+\frac{1}{2\mu^2}+2\right]\int_{B_2}|\partial_x\eta|^2 z^2\,dx + 2M\int_{B_2}\eta^2 z^2\,dx$$

$$+C(\mu)(1+\beta)\|\eta z\|^2_{L^{2q/(q-2)}(B_2)}$$

が成り立つ．仮定 $q>n$ より $2<2q/(q-2)<2^*$ である．ゆえに，系 3.19(ii) から任意の $\varepsilon>0$ に対し

$$\|\eta z\|^2_{L^{2q/(q-2)}(B_2)} \leqq \frac{\varepsilon}{(\beta+1)^3}\|\eta z\|^2_{L^{2^*}(B_2)} + \left(\frac{(\beta+1)^3}{\varepsilon}\right)^\kappa \|\eta z\|^2_{L^2(B_2)}$$

となる．ここで $\kappa=[(q-2)/(2q)-(1/2^*)]/(2^{-1}-(q-2)/(2q))\,(=(q-n)/n,\ n\geqq 3)$ である．$\varepsilon=(S\mu)/2C(\mu)$ ととることにより，n,q,μ のみによる定数 C が存在して

$$\|\eta z\|^2_{L^{2^*}(B_2)} \leqq C\frac{(1+M)(\beta+1)^{3+3\kappa}}{(r_2-r_1)^2}\|z\|^2_{L^2(B_{r_2})}$$

を得る．$z=w^{(\beta+1)/2}$ であり，また $\eta(x)\equiv 1\ (x\in B_{r_1})$ ゆえ，結局次の評価が成り立つ．

(3.32) $$\|w\|^{\beta+1}_{L^{2^*(\beta+1)/2}(B_{r_1})} \leqq C\frac{(1+M)(\beta+1)^{3+3\kappa}}{(r_2-r_1)^2}\|w\|^{\beta+1}_{L^{\beta+1}(B_{r_2})},\quad \beta\geqq 1.$$

第4段：$p\geqq 2$ とし，$m\in\mathbb{N}$ に対し $\beta+1=\chi^m p$, $\chi=2^*/2>1$, $r_1=1+2^{-(m+1)}$, $r_2=1+2^{-m}$ として (3.32) を適用すると

(3.33)

$$\|w\|_{L^{\chi^{m+1}p}(B_1)} \leqq \|w\|_{L^{\chi^{m+1}p}(B_{1+2^{-(m+1)}})}$$

$$\leqq \left[C(1+M)\frac{(\chi^m p)^{3+3\kappa}}{2^{-2m}}\right]^{1/(\chi^m p)}\|w\|_{L^{\chi^m p}(B_{1+2^{-m}})}$$

$$\leqq [C(1+M)]^{p^{-1}\sigma_0} 2^{2p^{-1}\sigma_1} p^{(3+3\kappa)p^{-1}\sigma_0}(\chi^{3+3\kappa})^{p^{-1}\sigma_1}\|w\|_{L^p(B_2)}$$

となる．ここで $\sigma_0=\sum_{m=1}^\infty \chi^{-m}$, $\sigma_1=\sum_{m=1}^\infty m\chi^{-m}$．よって特に $p=2$ とし，$m\to\infty$ として n,q,μ のみによる定数 C と n,q のみによる定数 $l>0$ が存在して

$$\sup_{B_1} w \leq C(1+M)^l \|w\|_{L^2(B_2)}$$ が成り立つ(系 3.19(iv)参照). $w = u^+ + k$ なので結局次の評価を得る.

(3.34) $$\sup_{B_1} u^+ \leq C(1+M)^l (\|u^+\|_{L^2(B_2)} + k).$$

$p > 2$ に対しては(3.34)と Hölder の不等式より求める評価が得られる. ■

最後に弱解の大域的 L^∞-評価を述べよう.

定理 3.40 D を有界領域とし, $u \in H_0^1(D)$ が $Lu = f_0 + \nabla \cdot F$ の弱劣解ならば, $n, q, \mu, |D|$ および $\|V^-\|_{L^\infty(D)}$ のみによる定数 C が存在して

$$\sup_D u \leq C(\|u^+\|_{L^2(D)} + \|F\|_{L^q(D)} + \|f_0^+\|_{L^{q/2}(D)})$$

が成り立つ. □

証明は省略する([GiTr, Theorem 8.15]参照).

注意 3.41 弱解 $u \in H_0^1(D)$ に対しては次の評価が成立する.

(3.35) $$\sup_D |u| \leq C(\|u\|_{L^2(D)} + \|F\|_{L^q(D)} + \|f_0\|_{L^{q/2}(D)}).$$

(3.35)から弱解に対する系 3.12 の類似を導くことができる. $V(x) \geq 0$ ならば §2.1 の定理 2.6 より, 弱解 $u \in H_0^1(D)$ は

$$\|u\|_{H_0^1(D)} \leq C(\|F\|_{L^q(D)} + \|f_0\|_{L^{q/2}(D)})$$

を満たす. 実際, $f_0 + \nabla \cdot F \in H^{-1}(D)$ で $\|f_0 + \nabla \cdot F\|_{H^{-1}(D)} \leq C(\|F\|_{L^q(D)} + \|f_0\|_{L^{q/2}(D)})$ なることが Sobolev の不等式よりわかるからである. よって, (3.35)と合わせて次の評価を得る.

系 3.42 $V(x) \geq 0$ ($x \in D$) とする. $u \in H_0^1(D)$ が $Lu = f_0 + \nabla \cdot F$ の弱解なら $\sup_D |u| \leq C(\|F\|_{L^q(D)} + \|f_0\|_{L^{q/2}(D)})$ が成り立つ. ここで定数 C は n, q, μ, D のみによる. □

§3.3 楕円型・放物型 Harnack の不等式とその応用

この節では楕円型方程式 $Lu = f_0 + \nabla \cdot F$ の弱解 u に対して Harnack の不等

式を示し，それから De Giorgi–Nash–Moser の定理として知られている u の Hölder 評価を導く．楕円型 Harnack の不等式は $(f_0, F) = (0, 0)$ のとき，"非負の弱解 u のコンパクト集合上での最大値がその最小値の (u によらない) 定数倍で上から押さえられる"という強力な評価で，特に Green 関数の各点評価や解の大域的な性質に関する Liouville 型定理を導く．Harnack の不等式は，強最大値原理の定量的評価でもある．

本節ではさらに放物型方程式の非負値解に対する Harnack の不等式とその応用を述べる．放物型 Harnack の不等式は非常に基本的なものであるがその重要性が認識されたのは近年のことであり，熱方程式に対する Harnack の不等式を Hadamard と Pini が独立に発見したのは Schwartz の "超関数論" 出版直後の 1954 年のことであった．

問 10 u を $B_R(O)$ で調和かつ $\overline{B_R(O)}$ で連続な非負値関数とする．Poisson の積分公式 (例 1.32 参照) を用いて次の不等式 (これも Harnack の不等式と呼ばれる) を示せ．

$$(3.36) \quad \frac{R^{n-2}(R-|x|)}{(R+|x|)^{n-1}} u(O) \leqq u(x) \leqq \frac{R^{n-2}(R+|x|)}{(R-|x|)^{n-1}} u(O), \quad x \in B_R(O).$$

調和関数に対する Harnack の不等式は (3.36) より容易に示せるが，一般の場合の証明には複雑な手続きが必要である．

(a) 楕円型 Harnack の不等式と Hölder 評価

この項では $Lu = f_0 + \nabla \cdot F$ の非負の弱解 u に対して Harnack の不等式を示し，それを用いて弱解 u の Hölder 評価を与える．弱解 u が局所有界となることは定理 3.38 でみたが，実は Hölder 連続となるのである．この事実は 1957 年に De Giorgi によって示されたが，その発見は当時の非線形変分問題の最小解の正則性の問題を解決するために必然的に生れたものである (以下の (d) 項を参照)．その後すぐ Moser によって，次の **Harnack の不等式** (Harnack inequality) を経由しての Hölder 連続性の証明が与えられた．

§3.3 楕円型・放物型 Harnack の不等式とその応用 —— 173

定理 3.43（楕円型 Harnack の不等式） $u \in H^1_{\mathrm{loc}}(D)$ を $Lu = f_0 + \nabla \cdot F$ の非負の弱解とする．このとき n, μ, q にしかよらない定数 C が存在して

$$(3.37) \quad \sup_{x \in B_r(x_0)} u(x) \leqq \exp(C(1+Mr^2)^{1/2}) \left[\inf_{x \in B_r(x_0)} u(x) + k(r) \right]$$

が $B_{2r}(x_0) \Subset D$ なる任意の $x_0 \in D$ と $r > 0$ に対して成り立つ．ここで
$$M = \|V\|_{L^\infty(B_{2r}(x_0))}, \quad k(r) = r^\delta \|F\|_{L^q(B_{2r}(x_0))} + r^{2\delta} \|f_0\|_{L^{q/2}(B_{2r}(x_0))}$$
($\delta = 1 - n/q > 0$) である．

[証明]　定理 3.38 と次の弱 Harnack の不等式からの帰結である． ∎

定理 3.44（弱 Harnack の不等式） $u \in H^1_{\mathrm{loc}}(D)$ が $Lu = f_0 + \nabla \cdot F$ の非負の弱解であるとする．このとき n, μ, q にしかよらない定数 C が存在して

(3.38)
$$\left(\frac{1}{r^n} \int_{B_{3r/2}(x_0)} (u(y) + k(r))^2 dy \right)^{1/2} \leqq \exp(C(1+Mr^2)^{1/2}) \left[\inf_{x \in B_r(x_0)} u(x) + k(r) \right]$$

が $B_{2r}(x_0) \Subset D$ なる任意の $x_0 \in D$ と $r > 0$ に対して成り立つ． □

注意 3.45　弱 Harnack の不等式は特に，D 上での $Lu = 0$ の恒等的に 0 でない非負の弱解 u は $u(x) > 0$ $(x \in D)$ となることを導く．このことは，実は非負の弱優解に対しても成り立つ（以下の証明参照）．

[定理 3.44 の証明の概略]　概略のみ述べる．定理 3.38 の証明と同様，$x_0 = O$, $r = 1$ としてよい．$k = \|F\|_{L^q(B_2(O))} + \|f_0\|_{L^{q/2}(B_2(O))}$ とおく．u が非負の弱優解であるということから 2 つの情報を取り出す．

第 1 段：　1 つは $\bar{u}(x) = u(x) + k$, $\varepsilon > 0$, $p > 0$ として $v(x) = (\bar{u} + \varepsilon)^{-p}$ とおき，v が L とほぼ同じ楕円型作用素の弱劣解になることを利用する．よって，定理 3.38 の証明の論法により C, l が存在して

$$\sup_{x \in B_1(O)} v(x) \leqq C(1+M)^l \left(\int_{B_{3/2}(O)} v^2(y) \, dy \right)^{1/2}$$

が導かれる．ここで $\varepsilon \to 0$ として u に対して

$$\left(\int_{B_{3/2}(O)} \bar{u}(y)^{-p}\,dy\right)^{-1/p} \leqq C(1+M)^l \left(\inf_{x\in B_1(O)} u(x)+k\right)$$

が成り立つ.

第2段: もう1つは，u が非負の弱優解であるということから，実は

$$\left(\int_{B_2(O)} \bar{u}^\theta(x)\,dx\right)^{1/\theta} \left(\int_{B_2(O)} \bar{u}^{-\theta}(x)\,dx\right)^{1/\theta} \leqq \exp(C(1+M)^{1/2})$$

が十分小さい $\theta>0$ に対して成り立つことがわかる．(この部分の詳細は例えば[GiTr]あるいは[Mo1]参照).

一方，u が弱劣解であることから，次の評価が成立することがわかる ([FaSt1]参照):

$$\left(\int_{B_{3/2}(O)} \bar{u}^2\,dx\right)^{1/2} \leqq C(1+M)^l \left(\int_{B_2(O)} \bar{u}^\theta(x)\,dx\right)^{1/\theta}.$$

(これは Hölder の不等式と指数の大小関係が逆であることから**逆 Hölder 不等式**と呼ばれる．) 以上の評価を組み合わせて求める評価が得られる． ∎

定理 3.43 よりただちに次のことがいえる．

系 3.46 特に $V(x)\equiv 0$, $(f_0,F)=(0,0)$ のとき，n と μ にしかよらない定数 C が存在して

(3.39) $$\sup_{x\in B_r(x_0)} u(x) \leqq C \inf_{x\in B_r(x_0)} u(x)$$

が $B_{2r}(x_0)\Subset D$ なる任意の $x_0\in D$ と $r>0$ に対して成り立つ． ∎

例 3.47 $\lambda>0$ に対して $u(x)=e^{\lambda x_1}$ とおく．$x_0=(1,0,\cdots,0)$ に対して，$\sup_{B_{1/2}(x_0)} u=e^{3\lambda/2}$, $\inf_{B_{1/2}(x_0)} u=e^{\lambda/2}$ となり $\sup_{B_{1/2}(x_0)} u / \inf_{B_{1/2}(x_0)} u = e^\lambda$ となる．また $-\Delta u+Mu=0$ ($M=\lambda^2$) を満たす．この例は(3.37)の $\exp(C(1+Mr^2)^{1/2})$ なる項の M に対する依存性をよく反映している． ∎

定理 3.48（Hölder 評価） $u\in H^1_{\mathrm{loc}}(D)$ は $Lu=f_0+\nabla\cdot F$ の弱解とし，$B_{8r_0}(x_0)\Subset D$ とする．このとき n,q,μ,r_0 および $M=\|V\|_{L^\infty(B_{8r_0}(x_0))}$ による定数 C と $\alpha\in(0,1)$ が存在して，任意の $0<r\leqq r_0$ に対して

§3.3 楕円型・放物型 Harnack の不等式とその応用 —— *175*

(3.40) $$\sup_{x,y \in B_r(x_0)} |u(x) - u(y)| \leq C r^\alpha \left(r_0^{-\alpha} \sup_{x \in B_{4r_0}(x_0)} |u(x)| + k(4r_0) \right)$$

が成立する．特に

(3.41) $$|u(x) - u(y)| \leq C |x-y|^\alpha \left(r_0^{-\alpha} \sup_{x \in B_{4r_0}(x_0)} |u(x)| + k(4r_0) \right)$$

が任意の $x, y \in B_{r_0/2}(x_0)$ に対して成立する． □

これは，De Giorgi とほとんど同時に同じ結果を放物型方程式の場合も含めて示した Nash を加えて，通常 **De Giorgi–Nash–Moser の定理**と呼ばれている．この証明には次の補題が重要な役割を果たす．

補題 3.49 $r_0 > 0$ とする． $\omega(r)$ と $\sigma(r)$ がともに $(0, r_0]$ から $(0, \infty)$ への非減少関数で，ある定数 $0 < \gamma < 1$ に対して

(3.42) $$\omega(r/4) \leq \gamma \omega(r) + \sigma(r), \quad 0 < r \leq r_0$$

を満たすとする．このとき任意の $\tau \in (0, 1)$ に対して $\alpha = (1-\tau)[\log(1/\gamma) / \log 4]$ とおくとき，γ のみによる定数 C が存在して

$$\omega(r) \leq C \left[\left(\frac{r}{r_0} \right)^\alpha \omega(r_0) + \sigma(r^\tau r_0^{1-\tau}) \right]$$

が任意の $0 < r \leq r_0$ に対して成り立つ． □

この証明は [GiTr, Lemma 8.23] を参照されたい．

[定理 3.48 の証明] $M(r) = \sup_{B_r(x_0)} u$, $m(r) = \inf_{B_r(x_0)} u$ とおく． $v(x) = M(4r) - u(x)$ とすると v は $B_{4r}(x_0)$ において $Lv = \widetilde{f}_0 - \nabla \cdot F$, $\widetilde{f}_0(x) = M(4r) V(x) - f_0(x)$ の非負の弱解となる．よって Harnack の不等式（定理 3.43）より n, q, μ のみによる定数 C_0 が存在して $C_1 = \exp(C_0 (1 + M r_0^2)^{1/2})$ に対して

$$\sup_{B_r(x_0)} v \leq C_1 \left(\inf_{B_r(x_0)} v + \widetilde{k}(r) \right)$$

が成り立つ．ここで

$$\widetilde{k}(r) = r^\delta \|F\|_{L^q(B_{8r_0}(x_0))} + r^{2\delta} \|f_0\|_{L^{q/2}(B_{8r_0}(x_0))} + r^{2\delta} M r_0^{2n/q} M(4r_0)$$

である．これから

(3.43) $\qquad M(4r)-m(r) \leqq C_1(M(4r)-M(r)+\tilde{k}(r))$

を得る．一方，$w(x)=u(x)-m(4r)$ は $B_{4r}(x_0)$ において $Lw=f_0'+\nabla\cdot F$, $f_0'(x)$
$=f_0(x)-m(4r)V(x)$ の非負の弱解となるので，同様にして

(3.44) $\qquad M(r)-m(4r) \leqq C_1(m(r)-m(4r)+\tilde{k}(r))$

を得る．よって $\omega(r)=M(r)-m(r)$ とおくと，(3.43)と(3.44)から

(3.45) $\qquad \omega(r) \leqq \left(\dfrac{C_1-1}{C_1+1}\right)\omega(4r)+\left(\dfrac{C_1}{C_1+1}\right)\tilde{k}(r), \quad r \leqq r_0$

を得る．ここで補題 3.49 を適用する．$\gamma=(C_1-1)/(C_1+1)<1$ として $\tau \in (0,1)$ を

$$\alpha = (1-\tau)\left[\dfrac{\log(1/\gamma)}{\log 4}\right] < \tau\delta$$

なるように，1 に十分近くとる．すると定数 $C(r_0$ による$)$ が存在して $r^{\tau\delta} \leqq Cr^\alpha$ となるので

$$\omega(r) \leqq Cr^\alpha\left(r_0^{-\alpha}\sup_{B_{4r_0}(x_0)}|u|+\|F\|_{L^q(B_{8r_0}(x_0))}+\|f_0\|_{L^{q/2}(B_{8r_0}(x_0))}\right)$$

が成り立つ．$x,y \in B_{r_0/2}(x_0)$ に対しては $|x-y|=r \leqq r_0$ より(3.41)は(3.40)から従う． ∎

注意 3.50（解の族のコンパクト性） 弱解の劣解評価（定理 3.38）より u の局所 L^∞-ノルムは局所 L^2-ノルムで押えられる．したがって Hölder 評価より，Hölder ノルムも局所 L^2-ノルムで押えられることになる．一方 Caccioppoli の不等式より局所 H^1-ノルムも局所 L^2-ノルムで押えられる．したがって $Lu=f_0+\nabla\cdot F$ の解の族 $\{u_j\}_{j=1}^\infty$ の局所 L^2-ノルムが一様有界ならば局所 H^1-ノルムも局所 Hölder ノルムも一様有界となり，$\{u_j\}_{j=1}^\infty$ の適当な部分列がある解 u に広義一様収束すること（すなわち，$\{u_j\}_{j=1}^\infty$ の局所コンパクト性）がわかる．さらに係数の滑らかさに応じて，内部 H^s-先験的評価もしくは内部 Schauder 評価により高階微分まで含めての局所相対コンパクト性も得られる．

(b) Dirichlet 問題と Green 関数の評価

この項では Harnack の不等式の応用として得られる Green 関数の評価を述べ，連続な境界値に対する Dirichlet 問題の可解性に触れる．

§3.3 楕円型・放物型 Harnack の不等式とその応用

D を $\mathbb{R}^n$ $(n \geq 2)$ の有界領域,作用素 $L = -\partial_i(a_{ij}(x)\partial_j) + V(x)$ の係数は仮定 2.2 とさらに $V(x) \geq 0$ $(x \in D)$ を満たすとする.すでに §2.6 で $a_{ij}(x), V(x)$ が滑らかな(適当な Hölder 連続性を持つ)場合の L の Green 関数の存在および性質を述べたが,ここでは係数に滑らかさを仮定しない場合の,弱解に対応する Green 関数がどのように定義されるか,およびその存在と性質について述べる.

$$Q(u,v) = \int_D (a_{ij}\partial_j u \partial_i v + Vuv)\, dx$$

とおく.

定理 3.51 次を満たす関数 $G: D \times D \to \mathbb{R}^1 \cup \{\infty\}$ がただ 1 つ存在する.

(i) $G(x,y) > 0$ $(x,y \in D)$ で,各 $y \in D$ と $0 < r < \mathrm{dist}(y, \partial D)$ に対して $G(\cdot, y) \in H^1(D \setminus B_r(y)) \cap W_0^{1,1}(D)$ となる.

(ii) $Q(G(\cdot, y), \phi) = \phi(y)$ $(\phi \in C_0^\infty(D))$ が成り立つ.

(iii) 任意の $1 \leq p < n/(n-2)$ に対して $G(\cdot, y) \in L^p(D)$ である.(ただし,$n=2$ のときは $n/(n-2) = \infty$ とみなす.)さらに $f_0 \in L^{q/2}(D)$ $(q > n)$ に対する $Lu = f_0$ の弱解 $u \in H_0^1(D)$ は $u(x) = \int_D G(x,y) f_0(y)\, dy$ と書ける. □

この $G(x,y)$ を L の Dirichlet 境界条件 $u(x) = 0$ $(x \in \partial D)$ に関する D 上の **Green 関数**という.今,関数 $g(x,y)$ を

(3.46) $\quad g(x,y) = |x-y|^{2-n}$ $(n \geq 3);\ = \max(|\log|x-y||, 1)$ $(n=2)$

とおく.Green 関数 $G(x,y)$ は次の性質を持つ.ここで $d = \mathrm{diam}\, D$ とする.

定理 3.52

(i) 任意の $1 \leq s < n/(n-1)$ に対して $G(\cdot, y) \in W_0^{1,s}(D)$ となる.

(ii) n と μ にしかよらない正定数 K_1 が存在して $G(x,y) \leq K_1 g(x,y)$ $(x, y \in D)$.

(iii) $M = \|V\|_{L^\infty(D)}$ とおく.このとき n と μ にしかよらない正定数 K_2 と n にしかよらない正定数 C_1, C_2 が存在して,

$$G(x,y) \geq K_2 \exp(-C_2 M^{1/2} d(y)) g(x,y), \quad |x-y| \leq \frac{1}{2}\min(d(y), C_1 M^{-1/2})$$

が成り立つ．ここで $d(y) = \mathrm{dist}(y, \partial D)$ である．

(iv) $G(x,y) = G(y,x)\ (x,y \in D)$. □

特に(iii)の証明にHarnackの不等式が本質的に用いられる．証明の詳細については[GrWi]を見ていただきたい．ここではその証明の方針およびその際に用いられる**軟化Green関数**(mollified Green function) $G^\rho(x,y)\ (\rho>0)$について述べておこう．$y \in D$ を固定し，$0 < \rho < \mathrm{dist}(y, \partial D)$ に対し汎関数 $\mathcal{G}: H_0^1(D) \to \mathbb{R}^1$ を

$$\mathcal{G}(\phi) = \frac{1}{|B_\rho(y)|} \int_{B_\rho(y)} \phi(x)\, dx, \quad \phi \in H_0^1(D)$$

によって定義すると $\mathcal{G} \in H^{-1}(D)$ となる．したがって定理2.6より

$$Q(G^\rho(\cdot, y), \phi) = \frac{1}{|B_\rho(y)|} \int_{B_\rho(y)} \phi(x)\, dx, \quad \phi \in H_0^1(D)$$

なる $G^\rho(\cdot, y) \in H_0^1(D)$ がただ1つ存在する．特に $G^\rho(\cdot, y)$ は弱L-優解であるので弱解に対する最大値原理(注意3.14)から $G^\rho(x,y) \geqq 0$ (a.e. $x \in D$) となる．また弱Harnackの不等式(注意3.45)より $G^\rho(x,y) > 0\ (x \in D)$ となる．さらに定理3.48から $x \in D$ の関数としてHölder連続となる．実は，$G^\rho(x,y)$ に対する種々の評価より，適当に部分列 $\rho_j \to 0$ をとれば $G^{\rho_j}(x,y)$ は x の関数として，任意の $1 \leqq s < n/(n-1)$ に対し $W_0^{1,s}(D)$ で $G(x,y)$ に弱収束し，かつ $G^{\rho_j}(x,y) \to G(x,y)$ (a.e. $x \in D$) となることがわかる．解に対する何らかの評価がほしいとき，Green関数を試験関数にとると少なくとも形式的にはうまくいく場合がある．実際には $G(\cdot, y) \notin H_0^1(D)$ ゆえ，直接Green関数を代入できないが上の軟化Green関数によって計算が正当化されることが多い．

注意3.53（**Green関数の比較**）有界領域 D 上で $V(x) \geqq 0\ (x \in D)$ とし，Dirichlet境界条件下での $L_0 = -\partial_i(a_{ij}(x)\partial_j)$ および $L = L_0 + V(x)$ のGreen関数をそれぞれ $G_0(x,y)$, $G(x,y)$ とするとき

(3.47) $\qquad 0 < G(x,y) \leqq G_0(x,y), \quad x, y \in D$

が成り立つ．実際 $G_0^\rho(x,y)$, $G^\rho(x,y)$ をそれぞれ L_0, L の軟化Green関数とすると，$u(x) = G_0^\rho(x,y) - G^\rho(x,y) \in H_0^1(D)$ で $L_0 u = V(x) G^\rho(x,y) \geqq 0\ (x \in D)$ より u

§3.3 楕円型・放物型 Harnack の不等式とその応用 —— 179

は弱 L_0-優解となる．よって弱解に対する最大値原理より $u(x) \geqq 0$ $(x \in D)$，すなわち $G^\rho(x,y) \leqq G_0^\rho(x,y)$ $(x,y \in D)$ を得る．$\rho \to 0$ として(3.47)を得る．

さて定理3.48では，局所的内部 Hölder 評価を述べたが，**一様外部錐条件**を満たす有界領域 D では $Lu = f_0 + \nabla \cdot F$ の弱解 $u \in H^1(D)$ に対して**大域的 Hölder 評価**が成り立ち $u \in C^{0,\alpha}(\overline{D})$ となることが知られている([GiTr, Theorem 8.29]参照)．ここで領域 D が**一様外部錐条件**(uniform exterior cone condition)を満たすとは，各点 $x_0 \in \partial D$ に対して x_0 を頂点とする閉錐 V_{x_0} で $\overline{D} \cap V_{x_0} = \{x_0\}$ を満たし，かつ V_{x_0} は合同なるものが存在することである．

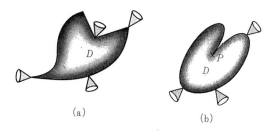

図 **3.2** 一様外部錐条件を(a)満たす領域；(b)点 P で満たさない領域

注意 3.54（連続な境界値に対する Dirichlet 問題） D は一様外部錐条件を満たす有界領域とし，$V(x) \geqq 0$ $(x \in D)$ とする．このとき任意の境界値 $\varphi \in C^0(\partial D)$ に対して Dirichlet 問題
$$D \text{ 上で } Lu = f_0 + \nabla \cdot F, \quad \partial D \text{ 上で } u = \varphi$$
の解 $u \in H^1_{\text{loc}}(D) \cap C^0(\overline{D})$ がただ1つ存在することを見てみよう．

まず，$\{\varphi_m\} \subset C^1(\overline{D})$ を $\|\varphi_m - \varphi\|_{L^\infty(\partial D)} \to 0$ $(m \to \infty)$ なるようにとる．実際 **Tietze の拡張定理**によって φ を $D \Subset \widetilde{D}$ なる有界領域 $\widetilde{D}$ 上に連続に拡張しておいて，軟化子によって滑らかにすればよい．Dirichlet 問題
$$D \text{ 上で } Lu_m = f_0 + \nabla \cdot F, \quad \partial D \text{ 上で } u_m = \varphi_m$$
はただ1つの弱解 $u_m \in H^1(D)$ を持ち，$u_m \in C^0(\overline{D})$ なることが大域的 Hölder 評価よりわかる．したがって弱解に対する最大値原理より
$$\|u_m - u_k\|_{L^\infty(D)} \leqq \|\varphi_m - \varphi_k\|_{L^\infty(\partial D)} \to 0 \quad (m, k \to \infty)$$
となり，u はある $u \in C^0(\overline{D})$ に一様収束し $u(x) = \varphi(x)$ $(x \in \partial D)$ となる．また

Caccioppoli の不等式より任意の $G \Subset D$ に対し $\int_G |\partial_x u_m - \partial_x u_k|^2 \, dx \to 0 \ (m, k \to \infty)$ となる．よって $u_m \to u \ (m \to \infty)$ in $H^1_{\mathrm{loc}}(D)$ となり，$u \in H^1_{\mathrm{loc}}(D) \cap C^0(\overline{D})$ は D 上 $Lu = f_0 + \nabla \cdot F$ の弱解となる．また D の内側からの近似領域列に最大値原理を適用して解の一意性も示せる．

（c） Liouville 型定理

Harnack の不等式の 1 つの応用として次の **Liouville 型定理**を述べる．

定理 3.55 $a_{ij}(x)$ は $D = \mathbb{R}^n$ での仮定 2.2 を満たすものとする．$u \in H^1_{\mathrm{loc}}(\mathbb{R}^n)$ が $\mathbb{R}^n$ 上 $\partial_i(a_{ij}(x)\partial_j u(x)) = 0$ の弱解で，下に有界(すなわちある定数 M があって $u(x) \geqq -M \ (x \in \mathbb{R}^n)$)ならば，$u(x)$ は定数である．上に有界の場合も同じことが成り立つ．

［証明］ $m = \inf\limits_{\mathbb{R}^n} u$ とおくと仮定より $m \geqq -M > -\infty$. $v(x) = u(x) - m$ は $\mathbb{R}^n$ 上で $\partial_i(a_{ij}(x)\partial_j u(x)) = 0$ の非負の弱解となる．よって系 3.46 より n と μ にしかよらない定数 C が存在して，任意の $R > 0$ に対し

$$\sup_{B_R(O)} v \leqq C \inf_{B_R(O)} v$$

が成り立つ．C は R によらないので $R \to \infty$ として $\sup\limits_{\mathbb{R}^n} v \leqq C \inf\limits_{\mathbb{R}^n} v = 0$，すなわち $v(x) \leqq 0 \ (x \in \mathbb{R}^n)$ となる．これより $u(x) \equiv m$ となる． ■

Harnack の不等式は，実はさらに強い主張を導く(演習問題 3.7 参照)．

問 11 $u \in C^2(\mathbb{R}^n)$ が $\Delta u(x) = 0 \ (x \in \mathbb{R}^n)$ で，ある定数 $C, l > 0$ に対して $|u(x)| \leqq C(1 + |x|)^l \ (x \in \mathbb{R}^n)$ を満たすとする．このとき u は多項式となる．

注意 3.56（多様体上の非負の調和関数） Liouville 型定理は解に関する大域的性質で，上の場合 u が $\mathbb{R}^n$ 全体での解であることが反映されている．一般に完備な非コンパクト Riemann 多様体 (M, g) 上に非負の定数でない調和関数(すなわち Laplace–Beltrami 作用素 Δ_g に対し $\Delta_g u = 0$ を満たす u)が存在するかという問題は M の曲がり方に強くよっていて興味深い研究対象である([Davi]参照)．

次の極小曲面の方程式への応用も有名である．

§3.3 楕円型・放物型 Harnack の不等式とその応用 —— 181

定理 3.57 $u \in C^2(\mathbb{R}^n)$ が

(3.48) $$\sum_{j=1}^n \partial_j \left(\frac{\partial_j u(x)}{\sqrt{1+|\partial_x u(x)|^2}} \right) = 0, \quad x \in \mathbb{R}^n$$

を満たし,ある定数 K があって $|\partial_x u(x)| \leq K$ ($x \in \mathbb{R}^n$) なるとき $u(x)$ は 1 次関数となる;すなわちある $a \in \mathbb{R}^1$ と $b \in \mathbb{R}^n$ があって $u(x) = a + b \cdot x$ と書ける.

[証明] まず次の項(例 3.63 参照)で示すように,実は $u \in C^\infty(\mathbb{R}^n)$ となる.$w(x) = \partial_k u(x)$ ($k = 1, \cdots, n$) とおくと (3.48) を微分することにより $w(x)$ は $\partial_i(a_{ij}(x)\partial_j w(x)) = 0$ を

$$a_{ij}(x) = (1+|\partial_x u|^2)^{-3/2}[\delta_{ij}(1+|\partial_x u|^2) - \partial_i u \partial_j u]$$

として満たす.このとき明らかに $|a_{ij}(x)| \leq 1$. また仮定 $|\partial_x u(x)| \leq K$ から,任意の $\xi \in \mathbb{R}^n$ に対して $a_{ij}(x)\xi_i\xi_j \geq (1+K^2)^{-3/2}|\xi|^2$ となる.よって $z(x) = w(x) - \inf_{\mathbb{R}^n} w$ は一様楕円性を持つ方程式 $\partial_i(a_{ij}(x)\partial_j z(x)) = 0$ の非負の解となる.系 3.46 より K と n のみによる定数 C が存在して,任意の $R > 0$ に対して $\sup_{B_R(O)} z \leq C \inf_{B_R(O)} z$ となる.$R \to \infty$ として $z(x) \equiv 0$, すなわち $w(x)$ は一定となる.したがって結論を得る. ∎

注意 3.58 (Bernstein 型定理) 実は $2 \leq n \leq 7$ なら, $|\partial_x u(x)|$ が有界という制限なしで (3.48) の解 $u \in C^2(\mathbb{R}^n)$ は 1 次関数に限ることが知られている.これは $n = 2$ のとき 1915 年 Bernstein によって初めて証明されたことにより **Bernstein 型定理**と呼ばれ,極小曲面の方程式の独特の非線形性から導かれる深い結果である ([Gius] 参照). $n \geq 8$ のときは一般には Bernstein 型定理は成立しないこともわかっているが,一般の次元で (3.48) の解は高々多項式の増大度しか持たないであろう,という Bombieri の予想は今なお未解決のようである.

(d) 非線形変分問題の解の正則性

一般に $F(p) \in C^2(\mathbb{R}^n)$ と $\mathbb{R}^n$ の有界領域 D に対して,汎関数

$$I(u) = \int_D F(\partial_x u)\, dx$$

を考える.ここで $F(p)$ は次の**正則性**(regular)**条件**を満たすものとする.

仮定 3.59 定数 $L, \mu, \nu > 0$ が存在して次を満たす.

$$|\partial_{p_i}F(p)| \leq L(1+|p|), \quad \mu^{-1}|p|^2 \leq F(p) \leq \mu(1+|p|^2),$$
$$|\partial^2_{p_ip_j}F(p)| \leq L, \quad \partial^2_{p_ip_j}F(p)\xi_i\xi_j \geq \nu|\xi|^2, \quad \xi, p \in \mathbb{R}^n.$$
□

この条件のもとで, $I(u)$ は $H^1(D)$ 上の汎関数として定義される. このとき与えられた $\phi \in H^1(D)$ に対し

$$\mathcal{B} = \{u \in H^1(D); u - \phi \in H^1_0(D)\}$$

とおき, "$v \in \mathcal{B}$ の中で $I(v)$ を最小にするものを求めよ" という変分問題を考える. 仮定 3.59 よりこの変分問題は**正則な変分問題**と呼ばれる. もし $F(p)$ が C^∞ 級なら正則な変分問題の解(最小解)u も $u \in C^\infty$ となるであろうか? これは Hilbert によって 1900 年に提出された 1 つの問題 "$F(p)$ が解析的なら解も解析的か?" と関係がある. 1904 年の Bernstein の研究に始まって, C^1 級の解なら解も解析的になるという形で解決された([増田 1], [Giaq]参照). では弱解 $u \in H^1(D)$ は必ず C^1 級になるであろうか? この答が De Giorgi–Nash–Moser の定理を出発点として与えられることを示そう.

まず上の変分問題の弱解の存在定理は比較的容易である.

定理 3.60 $F \in C^2(\mathbb{R}^n)$ は仮定 3.59 を満たすとする. このとき任意の $\phi \in H^1(D)$ に対して $I(u) = \min_{v \in \mathcal{B}} I(v)$ なる $u \in \mathcal{B}$ が存在する.

[証明] 変分法の直接法(direct method)による. $\sigma = \inf_{v \in \mathcal{B}} I(u) \geq 0$ として**最小化列**(minimizing sequence)$\{v_n\} \subset \mathcal{B}$, $I(v_n) \to \sigma$ $(n \to \infty)$ をとる. 仮定 3.59 よりある定数 σ' が存在して $\int_D |\partial_x v_n|^2 dx \leq I(v_n) \leq \sigma'$ となる. また Poincaré の不等式よりある定数 C が存在して

$$\int_D |v_n|^2 dx \leq 2\int_D |v_n - \phi|^2 dx + 2\int_D \phi^2 dx$$
$$\leq C\int_D |\partial_x v_n - \partial_x \phi|^2 dx + 2\int_D \phi^2 dx$$

となり, したがって $\{v_n\}$ は $H^1(D)$ の有界列となる. $H^1(D)$ の弱コンパクト性より適当に部分列 $\{v_{n_k}\}$ をとればある $u \in H^1(D)$ があって v_{n_k} は u に $H^1(D)$ で弱収束する. Mazur の定理より $u \in \mathcal{B}$ を得る. さて $I(u)$ は $H^1(D)$ で**弱下半連続性**(weakly lower semi-continuity)を持つ. すなわち $u_n \in H^1(D)$

§3.3 楕円型・放物型 Harnack の不等式とその応用 —— 183

が $u \in H^1(D)$ に $H^1(D)$ で弱収束するなら $I(u) \leqq \varliminf_{n \to \infty} I(u_n)$ が成り立つ. 実際, 仮定 3.59 と F の Taylor 展開を用いて

$$\int_D F(\partial_x u_n)\, dx \geqq \int_D \partial_{p_i} F(\partial_x u)(\partial_i u_n - \partial_i u)\, dx + \int_D F(\partial_x u)\, dx$$

が従う. さらに $\int_D \partial_{p_i} F(\partial_x u)(\partial_i u_n - \partial_i u)\, dx \to 0 \ (n \to \infty)$ となる. よって弱下半連続性を得る. $\sigma = I(u)$ かつ $u \in \mathcal{B}$ となり u が求めるものとなる. ∎

定理 3.60 で得られた解 u は, 特に Euler–Lagrange の方程式:

$$\sum_{i=1}^{n} \int_D \partial_{p_i} F(\partial_x u) \partial_i \eta\, dx = 0, \quad \eta \in C_0^\infty(D)$$

を満たす. ここで $\mathcal{A}^i(p) = \partial_{p_i} F(p)$ とおくと仮定 3.59 より $\mathcal{A}^i(p)$ は次を満たすことになる.

(3.49) $\qquad |\mathcal{A}^i(p)| \leqq L(1+|p|),$

(3.50) $\qquad \nu|\xi|^2 \leqq \sum_{i,j=1}^{n} \partial_{p_j} \mathcal{A}^i(p)\xi_i \xi_j \leqq L|\xi|^2, \quad \xi \in \mathbb{R}^n.$

$u \in H^1_{\mathrm{loc}}(D)$ が

(3.51) $\qquad \sum_{i=1}^{n} \int_D \mathcal{A}^i(\partial_x u) \partial_i \eta\, dx = 0, \quad \eta \in C_0^\infty(D)$

を満たすとき u は $\sum_{i=1}^{n} \partial_i(\mathcal{A}^i(\partial_x u)) = 0$ の**弱解**であるという.

定理 3.61 $\mathcal{A}^i \in C^1(\mathbb{R}^n) \ (i = 1, \cdots, n)$ は仮定 (3.49), (3.50) を満たすとし, $u \in H^1_{\mathrm{loc}}(D)$ は $\sum_{i=1}^{n} \partial_i(\mathcal{A}^i(\partial_x u)) = 0$ の弱解であるとする. このとき $m \in \mathbb{N}$ と $0 < \alpha < 1$ に対して $\mathcal{A}^i \in C^{m,\alpha}(\mathbb{R}^n)$ ならば $u \in C^{m+1,\alpha}(D)$ が成り立つ. □

定理 3.61 からただちに次を得る.

系 3.62 $u \in H^1(D)$ を定理 3.60 の解とする. このとき $m \in \mathbb{N}$, $0 < \alpha < 1$ に対し $F \in C^{m+1,\alpha}(\mathbb{R}^n)$ ならば $u \in C^{m+1,\alpha}(D)$ が成り立つ. 特に $F \in C^\infty(\mathbb{R}^n)$ ならば $u \in C^\infty(D)$ となる. □

例 3.63(極小曲面の方程式の解の正則性) 極小曲面の方程式は $\mathcal{A}^i(p) = p_i(1+|p|^2)^{-1/2}$ として, $\sum_{i=1}^{n} \partial_i(\mathcal{A}^i(\partial_x u)) = 0$ と書ける. $\mathcal{A}^i(p)$ は $|p| \leqq K$ なる範囲で K による正定数 ν と $L = 1$ に対して仮定 (3.49), (3.50) を満たす.

また $\mathcal{A}^i \in C^\infty(\mathbb{R}^n)$. 定理 3.57 では仮定より解 u が $|\partial_x u(x)| \leq K$ を満たすので，$|p| \leq K$ では $\mathcal{A}^i(p)$ に一致し，$|p| > K$ では仮定 (3.49), (3.50) および $\widetilde{\mathcal{A}}^i \in C^\infty(\mathbb{R}^n)$ なるように適当に修正した $\widetilde{\mathcal{A}}^i$ に対し，$\sum_{i=1}^{n} \partial_i(\widetilde{\mathcal{A}}^i(\partial_x u)) = 0$ を満たす．定理 3.61 を適用して $u \in C^\infty(\mathbb{R}^n)$ を得る．同様の議論を各コンパクト集合 $G \subset \mathbb{R}^n$ で行なうことにより，極小曲面の方程式の解 $u \in C^2(\mathbb{R}^n)$ は $|\partial_x u(x)| \leq K$ なる制限なしで $u \in C^\infty(\mathbb{R}^n)$ となる． □

[定理 3.61 の証明] まず §2.2 の差分商の方法により $u \in H^2_{\mathrm{loc}}(D)$ となり，各 $k = 1, \cdots, n$ に対し $w(x) = \partial_k u$ は $a_{ij}(x) = \partial_{p_j} \mathcal{A}^i(\partial_x u(x))$ として

$$\int_D a_{ij}(x) \partial_j w \partial_i \eta \, dx = 0, \quad \eta \in C_0^\infty(D)$$

を満たすことがわかる(確かめよ)．(3.50) より定理 3.48 が適用できて，ある $\beta \in (0,1)$ に対して $w = \partial_k u \in C^{0,\beta}(D)$ $(k = 1, \cdots, n)$ となる．よって $u \in C^{1,\beta}(D)$．さて $m = 1$ のとき，すなわち $\mathcal{A}^i \in C^{1,\alpha}(\mathbb{R}^n)$ とすると $a_{ij}(x) = \partial_{p_j} \mathcal{A}^i(\partial_x u(x)) \in C^{0,\alpha\beta}(D)$ となる．よって Schauder 評価(定理 2.71) より $w = \partial_k u \in C^{1,\alpha\beta}(D)$ $(k = 1, \cdots, n)$ となり $u \in C^{2,\alpha\beta}(D)$．したがって特に $a_{ij}(x) = \partial_{p_j} \mathcal{A}^i(\partial_x u(x)) \in C^{0,\alpha}(D)$ がいえる．これをもとに上の議論を改めて行なうことにより $u \in C^{2,\alpha}(D)$ を得る．よって $m = 1$ の場合は示されたことになる．$m \geq 2$ の場合は帰納法により示される．実際 $m - 1$ のとき成立すると仮定すると $u \in C^{m,\alpha}(D)$．仮定から $\mathcal{A}^i \in C^{m,\alpha}(\mathbb{R}^n)$ ゆえ，上の議論と同様に Schauder 評価を用いて $a_{ij}(x) = \partial_{p_j} \mathcal{A}^i(\partial_x u(x)) \in C^{m-1,\alpha}(D)$ に到達する．そこでもう一度 Schauder 評価を用いて $w = \partial_x u \in C^{m,\alpha}(D)$ となり，したがって $u \in C^{m+1,\alpha}(D)$ が結論される． ■

以上で考えてきたのはスカラー関数に対する正則な変分問題の最小解の正則性の問題であったが，ではベクトル値関数 $\vec{u}(x) = (u_1(x), \cdots, u_N(x))$ $(N > 1)$ に対してはどうであろうか？ 実は，$n = 2$ の場合には Morrey によってすでに 1938 年に肯定的解答が与えられていたのであるが，$n \geq 3$ の場合には 1968 年に De Giorgi によって $N = 1$ の場合とは異なり一般には最小解の正則性は成り立たないことが示された([Giaq]参照)．これ以後，非線形楕円型方程式系の弱解の正則性の研究は今なお続いており，そこには非線形方程式

§3.3 楕円型・放物型 Harnack の不等式とその応用 —— 185

の個性が色濃くあらわれる.

(e) 放物型 Harnack の不等式

この項を通して, $a_{ij}(x), V(x)$ は仮定 2.2 を満たし, $L=-\partial_i(a_{ij}(x)\partial_j)+V(x)$ とする. また $T>0$ を定数とし, $Q=D\times(0,T)$ とおく. さらに簡単のため "$a_{ij}(x), V(x)\in C^\infty(D),\ f(x,t)\in C^\infty(Q)$" と仮定して,

(3.52) $\qquad (\partial_t+L)u(x,t)=f(x,t),\quad (x,t)\in Q$

の非負の解 $u\in C^\infty(Q)$ に対する**放物型 Harnack の不等式**を与える. また, 放物型 Harnack の不等式の応用として, 解の Hölder 評価, 基本解の Aronson 型評価を与える. この項では $B(x,r)=\{y\in\mathbb{R}^n;\ |x-y|<r\}$ なる記号も用いる.

放物型方程式の解の評価においては, $Q_r(x,s)\equiv B(x,r)\times(s,s+r^2)$ なる筒状領域(**放物型筒状領域**(parabolic cylinder)ともいう)が基本的な領域となる. 次の Moser による不等式を**放物型 Harnack の不等式**(parabolic Harnack inequality)という.

定理 3.64 $u\in C^\infty(Q)$ を(3.52)の非負の解とする. このとき n と μ のみによる定数 C が存在して $Q_r(x,s)=B(x,r)\times(s,s+r^2)\Subset Q$ なる任意の $(x,s)\in Q$ と $r>0$ に対して

(3.53) $\qquad \displaystyle\sup_{(y,t)\in Q_-} u(y,t) \leqq e^{C(1+Mr^2)}\left[\inf_{(y,t)\in Q_+} u(y,t)+r^2 k\right]$

が成り立つ. ここで $M=\|V\|_{L^\infty(B(x,r))},\ k=\|f\|_{L^\infty(Q_r(x,s))}$, かつ

(3.54) $\qquad Q_-=B\left(x,\dfrac{r}{2}\right)\times\left(s+\dfrac{r^2}{6},s+\dfrac{r^2}{3}\right),$

$\qquad\qquad Q_+=B\left(x,\dfrac{r}{2}\right)\times\left(s+\dfrac{2r^2}{3},s+r^2\right).$ □

ここで $1/6$ とか $1/3$ という数は重要ではなく, 重要なのは Q_+ と Q_- との間に時間差(time-lag)があり, かつそれが $Q_\pm$ の時間の幅と同じ次数(order) r^2 であるということである. また定理 3.64 から, 特に $u\in C^\infty(\mathbb{R}^n\times(0,\infty))$ が

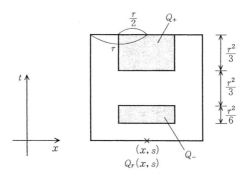

図 3.3 領域 $Q_\pm$

(3.55) $$(\partial_t - \partial_i(a_{ij}(x)\partial_j))u(x,t) = 0$$

を満たすとき, n と μ にしかよらない定数 C が存在して, すべての $(x,s) \in \mathbb{R}^n \times (0,\infty)$ と $r > 0$ に対して $\sup_{Q_-} u \leqq C \inf_{Q_+} u$ が成り立つ.

注意 3.65(弱解に対する評価) a_{ij}, V, f に滑らかさを仮定しなくても弱解 u に対して同じ評価が成り立つ. さらに, この項では解の局所的評価のみ与えるが, 大域的評価も楕円型の場合と同様適当な条件(D に関する仮定や境界条件)のもとで成り立つ. 詳しくは[Aron], [ArSe]を参照していただきたい.

ここで, 熱方程式 $\partial_t u(x,t) = \Delta u(x,t)$, $(x,t) \in \mathbb{R}^n \times (0,T)$ に対する放物型 Harnack の不等式を, その基本解の特性を生かして比較的容易に導く方法を与えておこう. 簡単のため, 初期条件 $u(x,0) = a(x) (\geqq 0) \in C_0^\infty(\mathbb{R}^n)$ に対する解 $u(x,t)$ を考える. このとき, $\Gamma_0(x,t) = (4\pi t)^{-n/2} \exp(-|x-y|^2/4t)$ として $u(x,t) = \int \Gamma_0(x-y,t)a(y)\,dy$ と書ける. $\partial_t \Gamma_0 + (n/2t)\Gamma_0 = |\nabla \Gamma_0|^2/\Gamma_0$ および Schwarz の不等式より次を得る.

$$|\nabla u|^2 \leqq (\partial_t u)u + \frac{n}{2t}u^2.$$

ここで $0 < s, t < T$, $x, y \in \mathbb{R}^n$ に対して, $x_\lambda = x + (y-x)s^{-1}(\lambda - t)$ $(\lambda \in [t, t+s])$ とし, $\phi(\lambda) = u(x_\lambda, \lambda)\lambda^{n/2} \exp(|x-y|^2\lambda/4s^2)$ とおく. このとき, 次が成り立つ.

§3.3 楕円型・放物型 Harnack の不等式とその応用 —— 187

$$\frac{d\log\phi(\lambda)}{d\lambda} \geqq \left(\frac{|\nabla u|}{u}\right)^2 - \left|\frac{\nabla u}{u}\right|\left(\frac{|x-y|}{s}\right) + \frac{|x-y|^2}{4s^2} \geqq 0.$$

これを λ に関して t から $t+s$ まで積分して

$$u(x,t) \leqq u(y,t+s)\left(\frac{t+s}{t}\right)^{n/2}\exp\left(\frac{|x-y|^2}{4s}\right)$$

を得る. これから放物型 Harnack の不等式が従う.

一般の場合,放物型 Harnack の不等式の証明の方針は楕円型方程式の解に対する Harnack の不等式の証明と同様である. 詳細については,[Mo2]および[Salo]を参照されたい. ここでは放物型 Harnack の不等式のいくつかの応用について触れる. まず, 放物型 Harnack の不等式から次の定理で述べる**解の Hölder 評価**が,楕円型の場合と同様にして示される([ArSe]参照).

定理 3.66 $0<\delta<1$ とする. $u\in C^\infty(Q)$ が(3.52)の解であるとし,$Q_0 \equiv Q_{r_0}(x_0,s_0)\Subset Q$ および $M=\|V\|_{Q_0}$ とする. このとき n,μ,M,r_0,δ にのみよる定数 $C>0$ と $\alpha\in(0,1)$ が存在して

(3.56)

$$|u(x,t)-u(y,s)| \leqq C\left[\frac{\max(|t-s|^{1/2},|x-y|)}{r_0}\right]^\alpha \left(\sup_{Q_0}|u|+r_0^2\|f\|_{L^\infty(Q_0)}\right)$$

が任意の $(x,t),(y,s)\in B(x_0,(1-\delta)r_0)\times(s_0+\delta r_0^2,s_0+r_0^2)$ で成り立つ. □

放物型 Harnack の不等式の別の応用として,∂_t+L_0, $L_0=-\partial_i(a_{ij}(x)\partial_j)$ に対する $\mathbb{R}^n\times(0,\infty)$ での初期値問題の基本解 $\Gamma_0(x,y,t)$ が次のように評価される.

定理 3.67 n,μ にしかよらない正定数 C_j $(j=1,2,3,4)$ が存在して, 任意の $0<s<t<\infty$ と $x,y\in\mathbb{R}^n$ に対して, 次の評価が成り立つ.

(3.57)

$$\frac{C_1}{t^{n/2}}\exp\left(-\frac{C_2|x-y|^2}{t}\right) \leqq \Gamma_0(x,y,t) \leqq \frac{C_3}{t^{n/2}}\exp\left(-\frac{C_4|x-y|^2}{t}\right).$$

□

(3.57)の上からの評価については§2.6でも述べたが, そこでの評価は定数 C_3,C_4 が係数 $a_{ij}(x)$ の 1 階微分までの Hölder ノルムに依存するものである. $a_{ij}(x)$ に関し n,μ だけによるという定理 3.67 の精密な評価は Aronson によ

るもので，基本解の **Aronson** 型評価とも呼ばれている．下からの Aronson 型評価の証明に放物型 Harnack の不等式が用いられるが，現在では放物型 Harnack の不等式によらない証明もある．解の Hölder 評価(および上からの Aronson 型評価)を初めて証明したのは Nash である．定理 3.67 の証明については[Davi], [Aron], [FaSt2](例えば上からの評価については Fabes–Strook, 下からの評価については Aronson の論文など)を参照していただきたい．

また定理 3.67 と最大値原理(定理 2.66)から次のことが容易にわかる．$\partial_t + L$, $L = L_0 + V(x)$ に対する $\mathbb{R}^n \times (0, \infty)$ での初期値問題の基本解を $\Gamma(x, y, t)$ とする．

系 3.68 $V \in L^\infty(\mathbb{R}^n)$, $V(x) \geqq -M$ $(x \in \mathbb{R}^n)$ なるとき，n, μ にしかよらない定数 C_1, C_2 が存在して

$$0 \leqq \Gamma(x, y, t) \leqq C_1 \frac{e^{Mt}}{t^{n/2}} \exp\left(-C_2 \frac{|x-y|^2}{t}\right)$$

が任意の $0 < t < \infty$ と $x, y \in \mathbb{R}^n$ に対して成立する． □

《要約》

3.1 弱最大値原理より強い Hopf の強最大値原理が成り立つ．

3.2 $V(x)$ の符号によらずに弱最大値原理が成り立つ場合がある．特に領域 D が十分狭い帯領域に含まれていたり，体積が十分小さい場合がそうである．

3.3 形式的自己共役作用素の場合，弱最大値原理の成立は Dirichlet 境界条件での第 1 固有値 λ_1 が正であることと同値となる．

3.4 最大値原理は非線形方程式の解に対しても重要な情報を与える．例えば Gidas–Ni–Nirenberg の理論では対称性を持った領域での非線形楕円型境界値問題の正値解の対称性を導く．

3.5 弱解に対しても境界値の大小関係を適当に定めることにより最大値原理が成立する．

3.6 弱解の弱微分に関して，合成則，積公式が成り立つ．

3.7 加藤の不等式は複雑な方程式の弱解 u に対し，$|u|$ がより単純な作用素の弱 L-劣解になることを導く．

3.8 弱 L-劣解(優解)に対して Moser の劣解(優解)評価が成り立つ.

3.9 楕円型方程式の非負の弱解は Harnack の不等式を満たす. これから弱解に対して De Giorgi–Nash–Moser の Hölder 評価が得られる.

3.10 Harnack の不等式から基本解や Green 関数に対し,精密な各点評価が導かれる. また大域的性質として Liouville 型定理が導かれる.

3.11 De Giorgi–Nash–Moser の評価と Schauder 評価を組み合わせることにより非線形変分問題の最小解(あるいは弱解)の正則性定理が得られる.

3.12 放物型方程式の非負解に対しても放物型 Harnack の不等式が成り立つ. 楕円型の場合と類似しているが,時間差があることに特徴がある.

────── 演習問題 ──────

3.1 領域 D 上の 1 次関数でない調和関数 u に対し,$|\nabla u(x)|^2$ は D で最大値をとらないことを示せ.

3.2 $\mathbb{R}^n$ の滑らかな領域 D に対し,$\Delta u(x)+\lambda(1-u^2(x))u(x)=0$ $(x\in D)$,$u(x)=0$ $(x\in\partial D)$ の解 $u\in C^2(D)\cap C^0(\overline{D})$ を考える. ここで λ は正定数. このとき $u(x)\not\equiv 0$ $(x\in D)$ なら $|u(x)|<1$ $(x\in D)$ なることを示せ.

3.3 ある $1\leq p<\infty$ に対し,$u\in L^p(D)$ で $\partial_x u\in L^1(D)$ かつ $|u|^{p-1}\partial_x u\in L^1(D)$ であるとする. このとき $|u|^p\in W^{1,1}(D)$ となり $\partial_x(|u|^p)=p(\mathrm{sign}\,u)|u|^{p-1}\partial_x u$ が成り立つことを示せ.

3.4 $\mathbb{R}^n$ $(n\geq 3)$ の滑らかな有界領域 D に対して,$V\in L^{n/2}(D)$ とする. $u\in H^1(D)$ が

$$\int_D (\partial_i u\partial_i\phi+Vu\phi)\,dx=0,\quad \phi\in H^1_0(D)$$

を満たすとき,u は $-\Delta u+Vu=0$ の**弱解**であるという.

(1) ある定数 C が存在して,任意の $\phi\in H^1_0(D)$ に対して

$$\int_D |Vu\phi|dx \leq C\|V\|_{L^{n/2}(D)}\|u\|_{H^1(D)}\|\phi\|_{H^1_0(D)}$$

が成り立つことを示せ.

(2) (**Brezis–Kato の定理**) $u\in H^1(D)$ が $-\Delta u+Vu=0$ の弱解であるとする. このとき,任意の $2\leq q<\infty$ に対して,$u\in L^q_{\mathrm{loc}}(D)$ となることを示せ.

また特に $u \in H_0^1(D)$ ならば $u \in L^q(D)$ ($2 \leqq q < \infty$) となることを示せ.

3.5 $V \in L_{\mathrm{loc}}^\infty(\mathbb{R}^n)$ で $V(x) \geqq 0$ ($x \in \mathbb{R}^n$) とする. $u \in H_{\mathrm{loc}}^1(\mathbb{R}^n) \cap L^2(\mathbb{R}^n)$ が $L = -\Delta + V(x)$ に対し, $\mathbb{R}^n$ 上で弱 L-劣解であるとする.

(1) $|u(x)| \to 0$ ($|x| \to \infty$) を示せ.

(2) さらに $V(x) \geqq M > 0$ ($|x| \to \infty$) とするとき, ある定数 C が存在して $|u(x)| \leqq C e^{-\sqrt{M}|x|}$ が成り立つことを示せ.

3.6 λ を定数とする. 方程式 $(\Delta + \lambda) u(x) = 0$ ($x \in \mathbb{R}^n$) の非負値解全体の張る線形部分空間の次元を求めよ.

3.7 (Liouville 型定理) 一様楕円性を持つ発散型の楕円型方程式
$$\partial_i (a_{ij}(x) \partial_j u(x)) = 0, \quad x \in \mathbb{R}^n$$
の弱解 $u \in H_{\mathrm{loc}}^1(\mathbb{R}^n)$ で, $u(x) \leqq C(1 + |\log |x||)$ ($x \in \mathbb{R}^n$) を満たすものは定数に限ることを示せ.

3.8 D を $\mathbb{R}^n$ ($n \geqq 3$) の滑らかな単連結有界領域で原点を含むとする. さらに, D は原点に関して星型, すなわち $x \cdot n(x) > 0$ ($x \in \partial D$) ($n(x)$ は D に関しての外向き単位法線ベクトル)とする. $G = \mathbb{R}^n \setminus D$ とおく. このとき,
$$\Delta u(x) = 0, \ x \in G; \ u(x) = 1, \ x \in \partial D; \ u(x) \to 0 \quad (|x| \to \infty)$$
を満たす $u \in C^\infty(\overline{G})$ に対して, 正定数 C が存在して $|\nabla u(x)|^2 > C|x|^{-2} u(x)^2$ ($x \in G$) が成り立つことを示せ.

3.9 $k > n/2$ とし, $u \in H^k(\mathbb{R}^n)$ および $0 < \gamma < \min\left(k - \dfrac{n}{2}, 1\right)$ とする.

(1) ある定数 C が存在して
$$|u(x) - u(y)| \leqq C|x - y|^\gamma \|u\|_{H^k(\mathbb{R}^n)}, \quad x, y \in \mathbb{R}^n$$
となることを示せ.

(2) $u \in H^k(\mathbb{R}^n)$ に対して, $u \in C_b^{0,\gamma}(\mathbb{R}^n)$ かつ $u(x) \to 0$ ($|x| \to \infty$) となることを示せ.

4

Schrödinger 半群

　非有界領域での偏微分方程式の広野には個性豊かな町が点在する．この章では $\mathbb{R}^n$ 上の定常 Schrödinger 方程式と対応する放物型方程式を素材として非有界領域での偏微分方程式独特の現象を述べる．その多様さと面白さを読者に感じとってもらうことが本章の目標である．

　楕円型方程式と対応する作用素のスペクトルとは深い関わりがある(§2.7 参照)．また，2 階楕円型・放物型方程式は最大値原理や Harnack の不等式を通して"正値性"によって支配されている．(特に，楕円型方程式の正値解の存在と最大値原理成立と楕円型作用素の正定値性が互いに同値であるという定理 3.13(§3.1(b))を想起されたい．) 本章では，$L^2(\mathbb{R}^n)$ 上の Schrödinger 作用素 $H = -\Delta + V$ および Schödinger 半群 e^{-tH} の性質と対応する楕円型・放物型方程式の解の性質をスペクトル論と正値性の観点から論ずる．主題は解の一意性，正値性，増大度，長時間漸近形である．

§4.1　極小基本解と Schrödinger 半群

この章で扱う問題は放物型方程式に対する初期値問題

$$(4.1) \quad \begin{cases} (\partial_t - \Delta + V(x))u(x,t) = 0, & (x,t) \in \mathbb{R}^n \times (0,\infty), \\ u(x,0) = g(x), & x \in \mathbb{R}^n \end{cases}$$

およびそれに付随する定常 Schrödinger 方程式

(4.2) $\quad\quad\quad (-\Delta+V(x))u(x) = \lambda u(x), \quad x \in \mathbb{R}^n$

である.ここで $\lambda \in \mathbb{R}$ とする.この章を通して "$V(x)$ は $\mathbb{R}^n$ 上 C^∞ 級の実数値関数で下に有界である,すなわち非負定数 M が存在して

(4.3) $\quad\quad\quad V(x) \geqq -M, \quad x \in \mathbb{R}^n$

が成り立つ" と仮定する.本章では $x \to \infty$ のとき $V(x) \to \infty$ となる場合も考察する.以下,$L = -\Delta + V(x)$ とおく.

まず,(4.1)の極小基本解 $K(x, y, t)$ を定義しよう.$R > 0$ に対して $B_R = \{x \in \mathbb{R}^n; |x| < R\}$ とおく.混合問題

$$\begin{cases} (\partial_t + L)u(x,t) = 0, & (x,t) \in B_R \times (0,\infty), \\ u(x,t) = 0, & (x,t) \in \partial B_R \times (0,\infty), \\ u(x,0) = g(x), & x \in B_R \end{cases}$$

の基本解(§2.6)を $K_R(x, y, t)$ とする.弱最大値原理(§2.4)により,$0 < R < S$ に対して不等式

$$0 < K_R(x,y,t) \leqq K_S(x,y,t) \leqq e^{Mt}(4\pi t)^{-n/2} e^{-|x-y|^2/4t}$$

が $B_R^2 \times (0,\infty)$ 上で成り立つ.したがって極限

(4.4) $\quad K(x,y,t) = \lim_{R \to \infty} K_R(x,y,t), \quad (x,y,t) \in \mathbb{R}^{2n} \times (0,\infty)$

が存在し,K を(4.1)の**極小基本解**(minimal fundamental solution)と呼ぶ.

問 1 熱方程式 ($V=0$) の場合には $K(x,y,t) = (4\pi t)^{-n/2} e^{-|x-y|^2/4t}$ である.

K_R に対する上の評価式および定理 2.73,定理 2.117 により,極小基本解 K は次の性質を持つことがわかる:

(i) $K \in C^\infty(\mathbb{R}^{2n} \times (0,\infty))$ であって,

(4.5) $\quad\quad (\partial_t + L)K(x,y,t) = 0, \quad (x,y,t) \in \mathbb{R}^{2n} \times (0,\infty).$

(ii) 任意の $g \in C_0^\infty(\mathbb{R}^n)$ に対して,

(4.6) $$\lim_{t\searrow 0}\int K(x,y,t)g(y)\,dy = g(x), \quad x\in\mathbb{R}^n.$$

ここで上の積分範囲は $\mathbb{R}^n$ 全体である. (以下同様の省略をする.)

(iii) 任意の $(x,y)\in\mathbb{R}^{2n}$ および $t,s\in(0,\infty)$ に対して,

(4.7) $$K(y,x,t) = K(x,y,t),$$

(4.8) $$\int K(x,z,t)K(z,y,s)\,dz = K(x,y,t+s),$$

(4.9) $$0 < K(x,y,t) \leqq e^{Mt}(4\pi t)^{-n/2}e^{-|x-y|^2/4t}.$$

次の命題が K を "極小" 基本解と呼ぶ理由である.

命題 4.1 $g\in C_0^\infty$ かつ $g\geqq 0$ とする. このとき

(4.10) $$u(x,t) = \int K(x,y,t)g(y)\,dy$$

は(4.1)の非負解の中で最小のものである. すなわち, v が(4.1)の非負解ならば

(4.11) $$u(x,t) \leqq v(x,t), \quad (x,t)\in\mathbb{R}^n\times(0,\infty).$$

[証明] u が(4.1)の非負解であることは K の性質からわかる. また最大値原理により,

$$\int_{B_R} K_R(x,y,t)g(y)\,dy \leqq v(x,t), \quad (x,t)\in B_R\times(0,\infty).$$

したがって $R\to\infty$ として(4.11)を得る. ∎

次に Schrödinger 半群を定義しよう. 以下 §2.7 の記号を用いる. $X=L^2=L^2(\mathbb{R}^n)$ 上の作用素 h を

(4.12) $$hu = Lu, \quad u\in D(h) = C_0^\infty$$

によって定義する. h は対称作用素となる. すなわち, $h\subset h^*$. H を h の最小閉拡張 $\bar{h}$ とする.

定理 4.2

(i) H は L^2 上の自己共役作用素である. すなわち, h は本質的に自己共役である. さらに, $H\geqq -M$.

(ii) H は h のただ1つの自己共役拡張である: 自己共役作用素 T が h

の拡張ならば，$T = H$ である．

(iii) H の定義域 $D(H)$ は
(4.13) $$D(H) = \{u \in L^2\,;\ -\Delta u + Vu \in L^2\}$$
によって特徴づけられる．ここで $-\Delta u$ は超関数の意味とする．さらに
(4.14) $$D(H) \subset H^1(\mathbb{R}^n) \cap D((V+M+1)^{1/2})$$
が成り立つ．ここで
$$D((V+M+1)^{1/2}) = \{u \in L^2\,;\ (V+M+1)^{1/2}u \in L^2\}.$$

[証明] 記号の簡単のために $V+M+1$ をあらためて V と書くことにする．$V \geq 1$ となる．

(i) $h \geq 1$ なので，命題 2.93 より，H が自己共役であることを示すのには h の値域 $\mathrm{Ran}(h)$ が X で稠密であることを示せばよい．それには，$u \in X$ が $\mathrm{Ran}(h)$ と直交すれば $u = 0$ であることを示せばよい．
$$(u, h\psi) = 0, \quad \psi \in D(h)$$
ならば，$\langle u, L\varphi \rangle = 0$ $(\varphi \in C_0^\infty)$ である．したがって，超関数として $\Delta u = Vu \in L_{\mathrm{loc}}^2$．加藤の不等式（定理 3.31）より
$$\Delta |u| \geq \mathrm{Re}(\mathrm{sign}\,\bar{u} \cdot \Delta u) = \mathrm{Re}(\mathrm{sign}\,\bar{u} \cdot Vu) = V|u| \geq |u|.$$
さて，S_ε を軟化作用素 (§2.3(a)) として $v_\varepsilon = S_\varepsilon |u|$ とおく．このとき
$$\Delta v_\varepsilon = (\Delta |u|) * \eta_\varepsilon = |u| * (\Delta \eta_\varepsilon)$$
であるから，$v_\varepsilon \in C^\infty(\mathbb{R}^n) \cap H^2(\mathbb{R}^n)$ かつ $\Delta v_\varepsilon(x) \geq v_\varepsilon(x)$ $(x \in \mathbb{R}^n)$．よって
$$\int v_\varepsilon^2\,dx \leq \int (\Delta v_\varepsilon) v_\varepsilon\,dx = -\int |\nabla v_\varepsilon|^2\,dx \leq 0.$$
ゆえに $v_\varepsilon = 0$ $(\varepsilon > 0)$．これより $u = 0$ が従う．これで $\bar{h}$ が自己共役であることが示せた．また，$h \geq 1$ なので内積の連続性より $\bar{h} \geq 1$ が従う．

(ii) 自己共役作用素 T が h の拡張ならば，h のグラフ $\Gamma(h) \subset \Gamma(T)$ より
$$\Gamma(H) = \overline{\Gamma(h)} \subset \overline{\Gamma(T)} = \Gamma(T).$$
ゆえに $D(H) \subset D(T)$．一方，H の自己共役性より，任意の $v \in D(T)$ に対して $u \in D(H)$ が存在して $(H+i)u = (T+i)v$ となる．ところが，$D(H) \subset D(T)$ なので $(H+i)u = (T+i)u$．したがって
$$v = (T+i)^{-1}\{(H+i)u\} = u.$$

ゆえに $D(T) \subset D(H)$. よって $T = H$.

(iii) (4.13)は(i)の証明と類似の方法で示せるが省略しよう.（[黒田1, 定理6.5]参照.）さて, (4.14)を示そう. $u \in D(H)$ とする. $H = \bar{h}$ なので, $u_j \in C_0^\infty$, $j = 1, 2, \cdots$, が存在して,

$$\lim_{j \to \infty}(\|u_j - u\| + \|hu_j - Hu\|) = 0.$$

ここで $\|\cdot\| = \|\cdot\|_X$. したがって

$$\lim_{j \to \infty}\int(|\nabla u_j|^2 + V|u_j|^2)dx = \lim_{j \to \infty}(hu_j, u_j) = (Hu, u) < \infty.$$

よって $\{u_j\}_{j=1}^\infty$ は $H^1 = H^1(\mathbb{R}^n)$ の有界集合である. Hilbert 空間の有界集合の弱コンパクト性（命題2.22）により，ある $v \in H^1$ が存在して $\{u_j\}$ の適当な部分列が v に H^1 で収束する. 一方 $\{u_j\}$ は u に L^2 で収束するから, $v = u$ となる. ゆえに $u \in H^1$. また $\{u_j\}$ の適当な部分列は a.e. $x \in \mathbb{R}^n$ で u に収束するから, Fatou の補題より

$$\int V|u|^2\,dx \leqq \liminf_{j \to \infty}\int V|u_j|^2\,dx \leqq (Hu, u).\qquad\blacksquare$$

以後 H を **Schrödinger 作用素**と呼ぶ.

微分作用素の自己共役拡張を求めるのはどのような境界条件を与えれば境界値問題が適切になるかを求めることに対応する. また自己共役作用素を定めることは量子力学的運動法則を確定することに対応する.（[黒田2], [ReSi]参照.）

さて，自己共役作用素 H が構成できると様々な有界作用素が定義できる: e^{-tH}, e^{-itH}, $(H+M+1)^{-1}$, $\cdots$. 特に $e^{-tH}g$ ($g \in D(H)$) は初期値問題(4.1)の解を与え，$e^{-itH}g$ ($g \in D(H)$) は Schrödinger 方程式に対する初期値問題:

(4.15) $(i\partial_t + L)u(x, t) = 0$, $(x, t) \in \mathbb{R}^n \times \mathbb{R}^1$; $u(x, 0) = g(x)$, $x \in \mathbb{R}^n$

の解を与える. $\{e^{-itH}\}_{t \in \mathbb{R}}$ は L^2 上のユニタリ群であるが, $\{e^{-tH}\}_{t \geq 0}$ は半群である. B. Simon は e^{-tH} を **Schrödinger 半群**と呼んだ. V が下に有界と仮定したので h のただ1つの自己共役拡張 H が下に有界となり, e^{-tH} が $t \geqq 0$ に関して強連続な半群として自然に定義できたのである.

ここまでくると，極小基本解 K を用いて構成した(4.1)の解(4.10)と $e^{-tH}g$ との関係はどうなのか，という疑問が湧く．

定理 4.3 任意の $g \in L^2$ に対して

(4.16) $\quad e^{-tH}g(x) = \int K(x,y,t)g(y)\,dy, \quad (x,t) \in \mathbb{R}^n \times (0,\infty).$

[証明] $H \geq -M$ より，$\|e^{-tH}g\| \leq e^{Mt}\|g\|$．また(4.9)より

(4.17) $\quad\quad\quad \left\|\int K(\cdot,y,t)g(y)\,dy\right\| \leq e^{Mt}\|g\|.$

したがって，C_0^∞ は L^2 で稠密であるから，$g \in C_0^\infty$ に対して(4.16)を示せばよい．この場合(4.16)の両辺はともに(4.1)の解で任意の $T > 0$ に対して $L^\infty(0,T;L^2)$ に属する．ゆえに後述の一意性定理4.6より(4.16)が従う． ∎

§4.2 初期値問題の解の一意性と非一意性

$T > 0$ とし，$I = (0,T)$, $S = \mathbb{R}^n \times I$ とおく．この節では初期値問題

(4.18) $\quad (\partial_t + L)u(x,t) = 0,\ (x,t) \in S;\quad u(x,0) = g(x),\ x \in \mathbb{R}^n$

の解の一意性を考察する．以下，(4.18)で初期値 $g = 0$ の場合を**(4.18.0)** と書く．まず，$\mathbb{R}^1$ 上の熱方程式 $(n=1, V=0)$ の場合はどうだったろうか？

(1) 例1.9, 1.20で構成した零解 $v \in C^\infty(\mathbb{R}^{n+1})$ と 0 はともに(4.18.0)の解である．したがって解を初期値 g のみでは一意に定めることはできない．

(2.∞) 例1.28より，$g \in H^\infty$ ならば $C^1(\bar{I}; H^\infty)$ に属する解が一意に存在する．

(2.0) 定理2.18と補題2.20より，$g \in L^2$ ならば $C^0(\bar{I}; L^2) \cap L^2(I; H^1(\mathbb{R}^n)) \cap H^1(I; H^{-1}(\mathbb{R}^n))$ に属する解がただ1つ存在する．

(3) 演習問題1.4および本章問1より，$g(x) = \exp(x^2)$ ならば(4.10)で与えられる解が $T = 1/4$ として存在する．

では，(3)で述べたような解をも一意に定めるためにはどのような条件を課すのが自然だろうか？ Tychonoff と Täcklind が1935年と1936年に与え

た答は"$x \to \infty$ での**解の増大度**が指定されたもの以下という条件のもとで解は一意に定まるが，その指定された増大度を超えることを許すと解の一意性が破れる"というものであった．これは上記(2.∞),(2.0)および定理2.79で述べた条件と軌を一にするものである．一方，Widderは1944年に(熱方程式の物理的背景を考えて)**非負値解**は一意に定まることを示した．

さて，定理2.18を考慮して，(4.18)の解の定義をしよう．(これから定義する解はいわば**弱解**である．) 以下，初期値 g も解 u も実数値関数としよう．まず $g \in L^2_{\mathrm{loc}}$ と仮定する．$0 < \delta < T$ に対して，$I_\delta = (0, T-\delta)$ とおく．任意の $\varphi \in C_0^\infty$ に対して

$$\varphi(x)u(x,t) \in C^0(\overline{I}_\delta; L^2) \cap L^2(I_\delta; H^1) \cap H^1(I_\delta; H^{-1}), \quad 0 < \delta < T$$

が満たされるとき

(4.19) $\quad u \in C^0(\overline{I}_\delta; L^2_{\mathrm{loc}}) \cap L^2(I_\delta; H^1_{\mathrm{loc}}) \cap H^1(I_\delta; H^{-1}_{\mathrm{loc}}), \quad 0 < \delta < T$

と書く．$S = \mathbb{R}^n \times I$ 上の超関数 T の $\psi \in C_0^\infty(S)$ における値を $\langle T, \psi \rangle$ と書く(§1.1(c)参照)．(4.19)を満たす u は S 上の超関数である．$\overline{S}$ 上の実数値関数 u が (4.19) および

(4.20) $\quad -\langle u, \partial_t \psi \rangle + \langle \partial_x u, \partial_x \psi \rangle + \langle Vu, \psi \rangle = 0, \quad \psi \in C_0^\infty(\mathbb{R}^n \times I),$

(4.21) $\quad \lim_{t \searrow 0} \int |\varphi(x)[u(x,t) - g(x)]|^2 \, dx = 0, \quad \varphi \in C_0^\infty(\mathbb{R}^n)$

を満たすとき，u を (4.18) の**解**と呼ぶ．

本節では，熱方程式に対する Täcklind と Widder の一意性定理を一般化して，(4.18)の解の一意性を保証する最適な十分条件を2つ与える．さらに V が無限遠である程度以上速く増大すると(例えば，ある $k > 2$ に対して $V(x) \geqq |x|^k$)解が非負値であることを要求しただけでは解の一意性が保証されないことを示す．これより非負値解が一意に定まるための V に対する必要十分条件が得られる．

ここで次の補題を準備しておこう．

補題4.4 u を (4.18.0) の解とする．u を $t < 0$ に対して $u(x,t) = 0$ として拡張した関数を $\tilde{u}$ とする．このとき (4.19) と (4.20) が u を $\tilde{u}$，I を $J = (-\infty, T)$ におきかえて成り立つ．すなわち，$\tilde{u}$ は $\mathbb{R}^n \times J$ における放物型方程

式の解である.

[証明] まず,任意の $0<\delta<T$ に対して $\tilde{u}\in C^0(\overline{J}_\delta, L^2_{\mathrm{loc}})\cap L^2(J_\delta; H^1_{\mathrm{loc}})$ は明らかに成り立つ. ただし, $J_\delta=(-\infty, T-\delta)$. $\tilde{u}\in H^1(J_\delta; H^{-1}_{\mathrm{loc}})$ を示そう. $\partial_t u \in L^2(I_\delta; H^{-1}_{\mathrm{loc}})$ を $t<0$ に 0-拡張した関数を $\widetilde{\partial_t u}$ と表わす. $\widetilde{\partial_t u}\in L^2(J_\delta; H^{-1}_{\mathrm{loc}})$ である. 関数列 $h_j\in C_0^\infty(\mathbb{R}^1)$, $j=1,2,\cdots$, を

$$h_j(t)=1\quad(t\geqq 1/j);\quad h_j(t)=0\quad(t\leqq 1/2j);\quad |h_j'(t)|\leqq Cj\quad(t\geqq 0)$$

を満たすように選ぶ. ここで C は j によらない定数である. $\psi\in C_0^\infty(\mathbb{R}^n\times J)$ とする. $\varphi\in C_0^\infty(\mathbb{R}^n)$ を $\{x\in\mathbb{R}^n;\text{ ある }t\in J \text{ に対して }\psi(x,t)\neq 0\}$ 上で $\varphi(x)=1$ なるように選ぶ. $h_j\psi\in C_0^\infty(S)$ なので

$$-\langle\widetilde{\partial_t u}, h_j\psi\rangle=\langle\tilde{u},\partial_t(h_j\psi)\rangle=\langle\tilde{u},h_j(\partial_t\psi)\rangle+\langle\varphi u,(\partial_t h_j)\psi\rangle$$

が成り立つ. まず最後の項を評価しよう.

$$|\langle\varphi u,(\partial_t h_j)\psi\rangle|=\left|\int_0^{1/j}dt\int\varphi(x)u(x,t)\partial_t h_j(t)\psi(x,t)\,dx\right|$$

$$\leqq\int_0^{1/j}\|\varphi(\cdot)u(\cdot,t)\|_2 Cj\|\psi(\cdot,t)\|_2\,dt$$

$$\leqq C'\max_{0\leqq t\leqq 1/j}\|\varphi(\cdot)u(\cdot,t)\|_2.$$

ここで $\|\cdot\|_2$ は $L^2(\mathbb{R}^n)$ のノルム, C' は j によらない定数である. したがって

$$-\langle\widetilde{\partial_t u},\psi\rangle=-\lim_{j\to\infty}\langle\widetilde{\partial_t u},h_j\psi\rangle=\lim_{j\to\infty}\langle\tilde{u},h_j(\partial_t\psi)\rangle+0=\langle\tilde{u},\partial_t\psi\rangle.$$

すなわち, $\tilde{u}\in H^1(J_\delta; H^{-1}_{\mathrm{loc}})$ で $\partial_t\tilde{u}=\widetilde{\partial_t u}$ である. したがって (4.19) が u を $\tilde{u}$, I を J におきかえて成り立つ. 同様にして, (4.20) が u を $\tilde{u}$, I を J におきかえて成り立つことが確かめられる. ∎

この補題と第2章問4より, 次の命題が成り立つ.

系 4.5 u が (4.18.0) の解ならば, $\tilde{u}\in C^\infty(\mathbb{R}^n\times(-\infty,T))$ である. □

(a) 制限された増大度を持つ解の一意性

定理 4.6 ρ を $[0,\infty)$ 上の単調増大連続な正値関数で

§4.2 初期値問題の解の一意性と非一意性――― 199

(4.22) $$\int_1^\infty \frac{ds}{\rho(s)} = \infty$$

を満たすものとする．このとき(4.18)の解 u で，任意の $0<\delta<T$ に対して定数 C が存在して

(4.23) $$\int_0^{T-\delta}\int_{B_{2R}\setminus B_R} u(x,t)^2\,dxdt \leq \exp(CR\rho(R)), \quad R>1$$

を満たすものが存在すればただ 1 つに限る． □

この定理と後述の定理 4.10 は [IsMu] の結果の特別な場合である．

[証明] u_1 と u_2 はともに (4.18) の解で (4.23) を $C=C_1, C_2$ として満たすとする．このとき $u=u_1-u_2$ は (4.18.0) の解で (4.23) を $C=\max(C_1,C_2)+(\log 4)/\rho(1)$ として満たす．したがって (4.23) を満たす (4.18.0) の解 u に対し $u=0$ を示せばよい．また，$V\geq 0$ と仮定しても一般性を失わない．$R>1$ とする．$d_R(x)=\max(0, |x|-R/2)$ とし $\zeta_R(x)=1$ ($|x|\leq R$)，$\zeta_R(x)=2-|x|/R$ ($R\leq |x|\leq 2R$)，$\zeta_R(x)=0$ ($|x|\geq 2R$) とする．$t_1\leq t\leq t_0<s<T$ に対して

$$g(x,t) = -\frac{d_R(x)^2}{4(s-t)}$$

とおく．系 4.5 より

$u\in C^\infty(\mathbb{R}^n\times(-\infty, T))$ であって，$u(x,t)=0$ $(t\leq 0)$ かつ
$(\partial_t-\Delta+V(x))u(x,t)=0, \quad (x,t)\in\mathbb{R}^n\times(-\infty, T)$

としてよい．上式に $e^g u \zeta_R^2$ をかけて $\mathbb{R}^n\times(t_1, t_0)$ で積分してから，x 変数について部分積分をして次式を得る．

$$\int_{t_1}^{t_0}\int_{B_{2R}}\Big\{\frac{1}{2}\partial_t(e^g u^2\zeta_R^2) - \frac{1}{2}e^g u^2\zeta_R^2\partial_t g \\ + e^g[\zeta_R^2|\nabla u|^2 + u\zeta_R^2\nabla u\cdot\nabla g + 2u\zeta_R\nabla u\cdot\nabla\zeta_R + Vu^2\zeta_R^2]\Big\}dxdt = 0.$$

次に

$$|u\zeta_R^2\nabla u\cdot\nabla g| \leq \zeta_R^2|\nabla u|^2/2 + u^2\zeta_R^2|\nabla g|^2/2,$$
$$|2u\zeta_R\nabla u\cdot\nabla\zeta_R| \leq \zeta_R^2|\nabla u|^2/2 + 2u^2|\nabla\zeta_R|^2$$

より
$$-\frac{1}{2}u^2\zeta_R^2\partial_t g + \zeta_R^2|\nabla u|^2 + u\zeta_R^2\nabla u\cdot\nabla g + 2u\zeta_R\nabla u\cdot\nabla\zeta_R$$
$$\geqq -\frac{1}{2}u^2\zeta_R^2(\partial_t g + |\nabla g|^2) - 2u^2|\nabla\zeta_R|^2$$

を得る. さらに
$$-(\partial_t g + |\nabla g|^2) = -\frac{d_R^2}{4(s-t)^2}\{-1+|\nabla d_R|^2\} \geqq 0$$

および $Vu^2\zeta_R^2 \geqq 0$ を用いて
$$\frac{1}{2}\int_{B_{2R}}e^g u^2\zeta_R^2\,dx\bigg|_{t=t_0} \leqq \frac{1}{2}\int_{B_{2R}}e^g u^2\zeta_R^2\,dx\bigg|_{t=t_1} + 2\int_{t_1}^{t_0}\int_{B_{2R}}e^g u^2|\nabla\zeta_R|^2\,dxdt$$

を得る. ゆえに,
$$U(r,\tau) = \int_{B_r}u(x,\tau)^2\,dx$$

として,

(4.24) $\quad U(R/2,t_0) \leqq U(2R,t_1) + \dfrac{4}{R^2}\int_{t_1}^{t_0}\int_{B_{2R}\setminus B_R}e^g u^2\,dxdt$.

ここで, $R\leqq |x|\leqq 2R$ かつ, $t_1\leqq t\leqq t_0 < s$ ならば
$$-g(x,t) = \frac{d_R(x)^2}{4(s-t)} \geqq \frac{R^2}{16(s-t_1)},$$

したがって, $s-t_1 \leqq R/[16C\rho(R)]$ ならば
$$\frac{R^2}{16(s-t_1)} \geqq CR\rho(R)$$

であることに注意する. $h(R) = R/[32C\rho(R)]$ とおく. $0<t<T$ を固定して, $t_0=t$, $t_1=t_0-h(R)$, $s=t_0+\min(h(R),(T-t_0)/2)$ とおく. これを(4.24)に代入して(4.23)を用いると
$$U(R/2,t_0) \leqq U(2R,t_1) + 4/R^2$$

を得る.

次に $t_2 = t_1 - h(4R)$ として

$$U(2R, t_1) \leqq U(8R, t_2) + 4/(4R)^2.$$

以下,帰納的に $t_{j+1} = t_j - h(4^j R)$ と定義して
$$U(2^{2j-1}R, t_j) \leqq U(2^{2j+1}R, t_{j+1}) + 4/(4^j R)^2.$$

したがって,任意の $k \geqq 1$ に対して

(4.25) $$U(R/2, t) \leqq U(2^{2k+1}R, t_{k+1}) + 32/(7R^2).$$

一方,
$$t_0 - t_{k+1} = \sum_{j=0}^{k} h(4^j R) = \frac{1}{32C} \sum_{j=0}^{k} \frac{4^j R}{\rho(4^j R)} \geqq \frac{1}{24C} \int_{4^{-1}R}^{4^k R} \frac{ds}{\rho(s)}.$$

ここで最後の不等式を導くために ρ が単調増大関数であることを用いた.仮定(4.22)より,十分大きな k に対して $t_{k+1} < 0$ となる.よって(4.25)より
$$U(R/2, t) \leqq 32/(7R^2).$$

これが任意の $R > 1$ に対して成り立つから
$$\int_{\mathbb{R}^n} u(x,t)^2 \, dx = \lim_{R \to \infty} U(R/2, t) = 0.$$

ゆえに $u \equiv 0$ である. ∎

証明の中で(4.24)を示したのと同様にして示される先験的評価をあらためて述べておこう.

命題 4.7 $R > 0$ とする. u は
$$u \in C^0(\overline{I}_\delta; L^2(B_R)) \cap L^2(I_\delta; H^1(B_R)) \cap H^1(I_\delta; H^{-1}(B_R)), \quad 0 < \delta < T$$
および(4.20)で $C_0^\infty(\mathbb{R}^n \times I)$ を $C_0^\infty(B_R \times I)$ にかえたものを満たすとする. $w(x,t) = e^{-Mt} u(x,t)$ とおく.このとき正定数 C と α が存在して任意の $0 \leqq s < t < T$ に対して次の評価が成り立つ.

(4.26) $$\int_{B_{R/2}} w(x,t)^2 \, dx + \int_s^t d\tau \int_{B_{R/2}} \left(\frac{1}{4} |\nabla w|^2 + (V+M) w^2 \right) dx$$
$$\leqq \int_{B_{2R}} w(x,s)^2 \, dx + \frac{C}{R^2} \int_s^t d\tau \int_{B_{2R} \setminus B_R} e^{-\alpha R^2/(T-\tau)} w^2 \, dx. \qquad \square$$

定理4.6で与えた増大度に対する発散条件(4.22)は次の定理から最適なものであることがわかる.

定理 4.8 ρ を $[0, \infty)$ 上の単調増大連続な正値関数で

(4.27)
$$\int_1^\infty \frac{ds}{\rho(s)} < \infty$$

を満たすものとする.このとき熱方程式(すなわち,$V=0$)の零解 u で,ある正定数 C に対して

$$|u(x,t)| \leq \exp\{C|x|\rho(|x|)\}, \quad (x,t) \in S$$

を満たすものが存在する. □

この定理の証明は[Täck]に譲り,ここでは例 1.20 で構成した零解の増大度を評価してみよう.

例 4.9 $1<\gamma<2$ とする.$\varphi \in C^\infty(\mathbb{R}^1)$ を $\varphi(t)>0$ $(t>0)$,$\varphi(t)=0$ $(t\leq 0)$,かつ次を満たすものとする.

$$|\varphi^{(j)}(t)| \leq CB^j(j!)^\gamma, \quad 0 \leq t \leq T.$$

例 1.20 で構成した $\mathbb{R}^1$ 上の熱方程式の零解を u とする:

$$u(x,t) = \sum_{j=0}^\infty \frac{\varphi^{(j)}(t)}{(2j)!} x^{2j}.$$

$|x|>1$ とする.上の級数を $y \equiv (eBx^2)^{1/(2-\gamma)}$ 以下の j についての和 U_1 と y より大きい j についての和 U_2 に分ける.まず,$j! \geq j^j e^{-j}$(第 1 章問 20 参照)および $(2j)! \geq (j!)^2$ より

$$|U_1| \leq \sum_{j \leq y} C(Bx^2)^j (j^j e^{-j})^{\gamma-2}$$
$$= \sum_{j \leq y} C \exp\{j \log(Bx^2) + (\gamma-2)(j\log j - j)\}.$$

ここで任意の $j \geq 0$ に対して

$$j\log(Bx^2) + (\gamma-2)(j\log j - j) \leq (2-\gamma)(Bx^2)^{1/(2-\gamma)}$$

であることに注意して,

$$|U_1| \leq C\{\exp[(2-\gamma)B^{1/(2-\gamma)}x^{2/(2-\gamma)}]\}\{(eBx^2)^{1/(2-\gamma)}+1\}$$

を得る.次に $|U_2| \leq C_2$ と x によらない定数 C_2 でおさえられることを示そう.U_1 の評価と同様にして

$$|U_2| \leq \sum_{j>y} C \exp[j\{\log(eBx^2) + 1 - \gamma + (\gamma-2)\log j\}].$$

ここで $(2-\gamma)\log j > (2-\gamma)\log y = \log(eBx^2)$ を用いて,

$$|U_2| \leq \sum_{j>y} C\exp[(1-\gamma)j] \leq C(1-e^{-(\gamma-1)})^{-1} \equiv C_2$$

を得る．ゆえに正定数 A と C が存在して

(4.28) $\qquad |u(x,t)| \leq C\exp(A|x|^{2/(2-\gamma)}), \quad |x|>1$

が成り立つ．任意の $\varepsilon>0$ に対して $2/(2-\gamma)=2+\varepsilon$ となる $1<\gamma<2$ が存在することに注意せよ． □

(b) 非負値解の一意性

定理 4.10 $[0,\infty)$ 上の単調増大連続な正値関数 ρ で発散条件(4.22)と

(4.29) $\qquad \displaystyle\sup_{s>0} \frac{s}{\rho(s)} < \infty$

を満たすものが存在して

(4.30) $\qquad \displaystyle\sup_{|x|\leq R} V(x) \leq \rho(R)^2, \quad R>1$

が成り立つと仮定する．$g(x)\geq 0$ とする．このとき(4.18)の非負値解 u が存在すればただ１つで(4.10)に限る．さらに，(4.18)の非負値解が存在するための初期値 g に対する必要十分条件は

(4.31) $\qquad \displaystyle\int K(0,y,t)g(y)\,dy < \infty, \quad 0<t<T$

である． □

この定理を証明するには，まず非負値解の $|x|\to\infty$ での増大度を評価する．

命題 4.11 u を(4.18.0)の非負値解とする．このとき任意の $\delta>0$ に対して定数 C が存在して次の不等式

(4.32) $\qquad u(x,t) \leq \left[\displaystyle\sup_{0\leq\tau\leq T-\delta/2} u(0,\tau)\right]\exp\{C|x|\rho(|x|+1)\},$
$\qquad\qquad |x|>1, \quad 0<t<T-\delta$

が成り立つ．

[証明] 補題 4.4 と系 4.5 により，u は $u(x,t)=0\ (t\leq 0)$, $u\in C^\infty(\mathbb{R}^n\times(-\infty,T))$，かつ方程式 $(\partial_t+L)u=0$ を $\mathbb{R}^n\times(-\infty,T)$ で満たすとしてよい．

$|x|+1=R>2$, $0<t<T-\delta$ とする. 以下放物型 Harnack の不等式(§3.3 (e))をくり返し用いて(4.32)を示そう.

$$N = \left[\frac{2R\rho(R)}{\rho(0)}\right]+1, \quad \alpha = \frac{2}{\rho(0)}, \quad \beta = \frac{4}{\delta\rho(0)^2} + \sup_{R>0}\frac{8R}{\delta\rho(0)\rho(R)}$$

とおく. ただし, 正数 y に対して $[y]$ は y 以下の自然数の中で最大のものを表わす. $B(y,r) = \{z \in \mathbb{R}^n; |z-y|<r\}$ とする. $j=0,1,\cdots,N$ に対して

$$x_j = \frac{N-j}{N}x, \quad t_j = t + \frac{2j+1}{2\beta\rho(R)^2},$$

$$D_j = B\left(x_j, \frac{1}{4\alpha\rho(R)}\right) \times \left(t_j - \frac{3}{4\beta\rho(R)^2}, t_j - \frac{1}{4\beta\rho(R)^2}\right)$$

とおく. さらに, $j=1,\cdots,N$ に対して

$$E_j = B\left(x_j + \frac{1}{4\alpha\rho(R)}\frac{x}{|x|}, \frac{1}{\alpha\rho(R)}\right) \times \left(t_{j-1} - \frac{1}{\beta\rho(R)^2}, t_{j-1} + \frac{1}{\beta\rho(R)^2}\right)$$

とおく. この集合列 $D_0,\cdots,D_N$ を**放物型 Harnack 鎖**と呼ぶ(図4.1 参照). 定義から

$$\frac{R}{N} \leq \frac{1}{\alpha\rho(R)} = \frac{\rho(0)}{2\rho(R)} \leq \frac{1}{2}$$

がわかる. ゆえに

$$\left|x_1 + \frac{1}{4\alpha\rho(R)}\frac{x}{|x|}\right| + \frac{1}{\alpha\rho(R)} \leq \frac{N-1}{N}(R-1) + \frac{5}{4\alpha\rho(R)} < R.$$

さらに

$$t_N - t_1 = \frac{N}{\beta\rho(R)^2} < \frac{\delta}{4},$$

$$t_N + \frac{1}{\beta\rho(R)^2} - t < t_N - t_1 + \frac{2}{\beta\rho(R)^2} < \frac{\delta}{2}.$$

したがって

$$\bigcup_{j=0}^{N} \overline{E_j} \subset \{|x| \leq R\} \times (-\infty, T-\delta/2].$$

さて u は E_j において $(\partial_t - \Delta_x + V(x))u(x,t) = 0$ を満たしている. 新座標

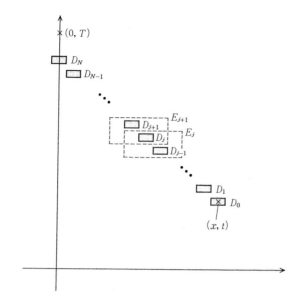

図 4.1 放物型 Harnack 鎖

(y, τ) を

$$x = x(y) = x_j + \frac{1}{4\alpha\rho(R)}\frac{x}{|x|} + \frac{y}{\rho(R)},$$
$$t = t(\tau) = t_{j-1} + \frac{\tau}{\rho(R)^2}$$

によって定めると，関数 $w(y,\tau) = u(x(y), t(\tau))$ は $\widetilde{V}(y) = \rho(R)^{-2}V(x(y))$ として

$$(\partial_\tau - \Delta_y + \widetilde{V}(y))w(y,\tau) = 0, \quad (y,\tau) \in E \equiv \left\{|y| < \frac{1}{\alpha}\right\} \times \left(-\frac{1}{\beta}, \frac{1}{\beta}\right)$$

を満たす．また，D_{j-1}, D_j はそれぞれ

$$D^- = \left\{y \in \mathbb{R}^n; \left|y - \frac{x}{4\alpha|x|}\right| < \frac{1}{4\alpha}\right\} \times \left(-\frac{3}{4\beta}, -\frac{1}{4\beta}\right),$$
$$D^+ = \left\{y \in \mathbb{R}^n; \left|y + \frac{x}{4\alpha|x|}\right| < \frac{1}{4\alpha}\right\} \times \left(\frac{1}{4\beta}, \frac{3}{4\beta}\right)$$

に移る.さらに

$$\sup_{|y|\leqq 1/\alpha}|\widetilde{V}(y)|\leqq \rho(R)^{-2}\sup_{|z|\leqq R}|V(z)|\leqq 1+M\rho(0)^{-2}\equiv M_1.$$

ここで放物型 Harnack 不等式を E における非負値解 w に適用して

$$\sup_{(y,\tau)\in D^-}w(y,\tau)\leqq C_1\inf_{(y,\tau)\in D^+}w(y,\tau)$$

を得る.ここで重要な点は $\|\widetilde{V}\|_{L^\infty(E)}\leqq M_1$ なので Harnack 定数 C_1 を R に依存しないように選べることである.したがって

$$\sup_{D_{j-1}}u\leqq C_1\inf_{D_j}u,\quad j=1,\cdots,N.$$

ゆえに

$$u(x,t)\leqq C_1^N\inf_{D_N}u\leqq\left[\sup_{0\leqq s\leqq T-\delta/2}u(0,s)\right]\exp\{C|x|\rho(|x|+1)\}.$$

ここで $C=(6\log C_1)/\rho(0)$.

これで定理 4.10 を証明する準備ができた.

［定理 4.10 の証明］ v を(4.18)の非負値解とし,u を(4.10)で定める.命題 4.1 より,$w=v-u$ は(4.18.0)の非負値解である.したがって定理 4.6 と命題 4.11 により $w=0$.すなわち,$v=u$ であり,(4.31)が成り立つ.最後に,(4.31)が成り立てば非負値解 u が存在して(4.10)で与えられることを示そう.$R>1$ に対して $g_R(x)=g(x)$ $(|x|\leqq R)$,$g_R(x)=0$ $(|x|>R)$ とし,

$$u_R(x,y,t)=\int_{|y|\leqq R}K(x,y,t)g(y)\,dy$$

とおく.u_R は(4.18)で g を g_R におきかえたものを満たす.単調収束定理,(4.31),放物型 Harnack 不等式および先験的評価により,

$$u(x,t)=\lim_{R\to\infty}u_R(x,t)\in C^\infty(S)$$

であって $(\partial_t+L)u(x,t)=0$ $((x,t)\in S)$ を満たす.(したがって(4.20)はもちろん満たされる.)さて,u が初期値問題(4.18)の解であることを示そう.定理 4.2 と定理 4.3 により,

$$\|u_{3R}(\cdot,t)\|=\|e^{-Ht}g_{3R}\|\leqq e^{Mt}\|g_{3R}\|,\quad 0<t<T.$$

一方,命題 4.11 により,任意の $0<\delta<T$ に対して定数 C_δ が存在して
$$\sup_{\substack{|x|<2R \\ 0<t<T-\delta}} |u(x,t)-u_{3R}(x,t)| \leqq C_\delta.$$
したがって,別の定数 C'_δ に対して
$$\sup_{0<t<T-\delta} \|u(\cdot,t)\|_{L^2(B_{2R})} \leqq C'_\delta.$$
この不等式と命題 4.7 より,$u \in L^2(I_\delta; H^1(B_{R/2}))$. 補題 4.4 および系 4.5 の証明と同様にして,
$$u-u_{3R} \in C^\infty(B_{2R}\times(-\infty,T)), \quad (u-u_{3R})(x,0)=0, \quad x \in B_{2R}.$$
また,$\|u_{3R}(\cdot,t)-g_{3R}(\cdot)\| \to 0 \ (t\to 0)$. したがって
$$\lim_{t\searrow 0} \int_{B_{2R}} |u(x,t)-g(x)|^2\,dx = 0.$$
さらに,$\partial_t u = \Delta u - Vu$ なので,$u \in H^1(I_\delta; H^{-1}(B_{R/2}))$. R, δ は任意であったから,結局 (4.19) と (4.20) が示された.すなわち u は (4.18) の非負値解である. ∎

(c) 非負値解の非一意性

定理 4.12 $[0,\infty)$ 上の連続な関数 $\rho \geqq 1$ で収束条件 (4.27) を満たすものと正定数 C が存在して
$$(4.33) \qquad -C \leqq V(x)-\rho(|x|)^2 \leqq C, \quad x \in \mathbb{R}^n$$
が成り立つと仮定する.このとき (4.18.0) の解で
$$u(x,t)>0, \quad (x,t) \in S$$
を満たすものが存在する. □

この定理の証明の主要な部分は,$V(x)=\rho(|x|)^2$ の場合に (4.18.0) の正値解が存在することを示すことである.それにはまず楕円型方程式
$$(-\Delta+\rho(|x|)^2)h(x)=0, \quad x \in \mathbb{R}^n$$
の正値球対称解 $h(x)$ を構成する.次に放物型方程式
$$\left[\partial_t - h(x)^{-2} \sum_{j=1}^n \partial_j(h(x)^2 \partial_j)\right] v(x,t) = 0$$

の極小基本解 $\Gamma(x,y,t)$ が

$$\int_{\mathbb{R}^n} \Gamma(x,y,t)\,dy < 1, \quad t > 0$$

を満たすことを示す. 最後に

$$(4.34) \qquad u(x,t) = h(x)\Big(1 - \int_{\mathbb{R}^n} \Gamma(x,y,t)\,dy\Big)$$

とおけば, これが求める解である. 詳細については[Mu1]を参照されたい.

定理4.12 と 4.10 より次の定理を得る.

定理 4.13 $[0,\infty)$ 上の単調増大連続な正値関数 ρ で(4.29)を満たすものが存在して $V(x) = \rho(|x|)^2$ とする. このとき(4.18)の非負値解の一意性が成り立つための必要十分条件は発散条件(4.22)である. □

§4.3 定常 Schrödinger 方程式と H のスペクトル

この節では定常 Schrödinger 方程式(4.2)の解の性質と §4.1 で定義した Schrödinger 作用素 H のスペクトルとの基本的関係を述べる.

(a) H のスペクトルと V の無限遠での挙動

定理 4.14 $\lim_{|x|\to\infty} V(x) = \infty$ ならば, $\sigma(H) = \sigma_{\mathrm{disc}}(H)$ である. さらに, 固有値を多重度の数だけ反復して $\lambda_1 \leqq \lambda_2 \leqq \cdots$ と小さい順に並べると, $\lim_{j\to\infty} \lambda_j = \infty$ である.

[証明] 仮定と(4.14)より, $A = (H+M+1)^{-1}$ がコンパクト自己共役作用素であることを示すことができる([ReSi, Theorem XIII.67]参照). さらに, $0 < A < 1$. したがって, $1 > \mu_1 \geqq \mu_2 \geqq \cdots > 0$ が存在して(ただし, 各固有値は多重度の数だけ反復して数えて) $\sigma(A)\setminus\{0\} = \sigma_{\mathrm{disc}}(A) = \{\mu_j; j=1,2,\cdots\}$. さらに, A^{-1} が非有界作用素なので, $\lim_{j\to\infty} \mu_j = 0$. ゆえに $\lambda_j = 1/\mu_j - M - 1$ として定理を得る. ■

定理 4.15

(ⅰ) $\lim_{|x|\to\infty}|V(x)|=0$ ならば, $\sigma_{\text{disc}}(H)\subset[-M,0)$ かつ $\sigma_{\text{ess}}(H)=[0,\infty)$ である.

(ⅱ) ある $\beta>1$ と $C>0$ が存在して

(4.35) $$|V(x)| \leq C(1+|x|)^{-\beta}, \quad x\in\mathbb{R}^n$$

ならば, $(0,\infty)\subset\sigma_c(H)$ である. (ただし, 0 が固有値になる可能性はある.) さらに, $\beta>2$ ならば, 1 つの固有値を多重度の数だけ反復して数えたときの 0 以下の固有値の個数は有限である. □

(ⅰ)の証明には, $V(H+M+1)^{-1}$ が L^2 でのコンパクト作用素になることを用いる. (ⅱ)の証明(特に $\lambda>0$ のとき(4.2)は 0 以外に L^2-解を持たないことの証明)にはいくつかの深い結果が必要である. 詳しくは, [ReSi, XIII 章]を参照されたい.

さて, V は有界関数だが $\lim_{|x|\to\infty}|V(x)|=0$ ではない場合に $\sigma(H)$ の構造を調べるのは興味ある問題である. ここでは $\mathbb{R}^1$ 上の周期関数 V をポテンシャルとして持つ Schrödinger 作用素 $H=-d^2/dx^2+V(x)$ のスペクトルに関する結果を紹介しよう.

定理 4.16 空間次元 $n=1$ とし, V は $\mathbb{R}^1$ 上の周期 2π の周期関数とする. このとき, $\alpha_1<\beta_1\leq\alpha_2<\beta_2\leq\alpha_3<\beta_3\leq\cdots$ が存在して

$$\sigma(H)=\sigma_c(H)=\bigcup_{j=1}^{\infty}[\alpha_j,\beta_j]$$

が成り立つ. 特に, $V(x)=\mu\cos x$ (ただし μ は 0 でない実数)ならば,

$$\beta_j<\alpha_{j+1}, \quad j=1,2,\cdots$$

が成り立つ(すなわち, すべての**スペクトルの空隙** (β_j,α_{j+1}) が空集合でない). □

ちなみに, $\{\alpha_1,\beta_2,\alpha_3,\beta_4,\alpha_5,\cdots\}$ は $L^2((0,2\pi))$ 上の固有値問題

$$-u''+Vu=\lambda u,$$
$$u(2\pi)=u(0), \quad u'(2\pi)=u'(0)$$

の固有値を多重度の数だけ反復して小さい順に並べたものであり, $\{\alpha_2,\beta_3,\alpha_4,\beta_5,\alpha_6,\cdots\}$ は固有値問題

$$-u'' + Vu = \lambda u, \quad u(2\pi) = -u(0), \quad u'(2\pi) = -u'(0)$$

の固有値を多重度の数だけ反復して並べたものである．これらの結果の証明および高次元の場合の類似の結果については，[ReSi, XIII.16 節]および[East]を参照されたい．

(b) 定常 Schrödinger 方程式の解の増大度と正値性

この項では(4.2)の解の性質と H のスペクトルとの関係を考えてみよう．

まず，定常 Schrödinger 方程式(4.2)が L^2-解 $u \neq 0$ を持つならば，定理 4.2 の(4.13)により $u \in D(H)$ となり，$\lambda \in \sigma_p(H)$ が従う．

次に，$V=0$ の場合，$u(x) = e^{i\xi x}$ ($\xi \in \mathbb{R}^n$) は $\lambda = |\xi|^2$ として(4.2)を満たし，$\sigma(H) = [0, \infty)$ である．ここで $e^{i\xi x}$ は L^2-関数ではないが有界関数であることに注意しよう．

問 2 $V=0$, $\lambda < 0$ とする．このとき u が多項式増大度を持つ(4.2)の解ならば，$u = 0$ である．

これだけの考察から，"多項式増大度を持つ(4.2)の解 $u \neq 0$ があれば $\lambda \in \sigma(H)$ であろう"と予想するのは少々強引であるが，実は正しい．すなわち，次の **Sch'nol の定理**が成り立つ．

定理 4.17 L^2_{loc} に属する(4.2)の解 $u \neq 0$ が存在して，劣指数的増大度を持つとする：任意の $\varepsilon > 0$ に対して正定数 C が存在して

$$(4.36) \quad F(r) \equiv \int_{B_r} |u(x)|^2 \, dx \leq C e^{\varepsilon r}, \quad r > 1$$

が成り立つ．このとき $\lambda \in \sigma(H)$ である．

[証明] もし，$a > 1$ と $r_0 \geq 1$ が存在して，任意の $r \geq r_0$ に対して $F(r+3) \geq aF(r) > 0$ ならば，$F(r_0 + 3k) \geq a^k F(r_0)$, $k = 1, 2, \cdots$．これは(4.36)に矛盾する．したがって単調増加数列 $\{r_j\}_{j=1}^\infty$ が存在して，$r_j \to \infty$ ($j \to \infty$) かつ

$$\lim_{j \to \infty} F(r_j + 2)/F(r_j - 1) = 1.$$

§4.3 定常 Schrödinger 方程式とHのスペクトル ── 211

さて, $r>1$ に対して, $C_0^\infty(B_{r+1})$ に属する非負値関数 φ_r で, $\varphi_r(x)=1$ $(x\in B_r)$ および $\sup\{|\partial_x^\alpha \varphi_r(x)|;\ |\alpha|\le 2,\ x\in\mathbb{R}^n,\ r>1\}<\infty$ を満たすものを選ぼう. このとき
$$(-\Delta + V - \lambda)(\varphi_r u) = -(\Delta\varphi_r)u - 2\nabla\varphi_r\cdot\nabla u \in L^2.$$
ゆえに $\varphi_r u \in D(H)$ である. また, u が (4.2) の L^2_{loc} に属する解であることに注意して Caccioppoli の不等式(補題 2.33)の証明と同様の計算をすれば
$$\int_{B_{r+1}\setminus B_r} |\nabla u|^2\,dx \le C_1 \int_{B_{r+2}\setminus B_{r-1}} |u|^2\,dx, \quad r>1$$
を得る. ここで C_1 は r によらない定数である. ゆえに
$$\|(H-\lambda)(\varphi_r u)\|^2 \le C_2 \int_{B_{r+2}\setminus B_{r-1}} |u|^2\,dx = C_2(F(r+2)-F(r-1)).$$
ここで $w_j = \varphi_{r_j}u/\|\varphi_{r_j}u\|$ とおいて,
$$\|(H-\lambda)w_j\|^2 \le C_2[F(r_j+2)-F(r_j-1)]/F(r_j)$$
$$\le C_2\{[F(r_j+2)/F(r_j-1)]-1\}.$$
ゆえに $\|(H-\lambda)w_j\|^2 \to 0$ $(j\to\infty)$, $\|w_j\|=1$ $(j=1,2,\cdots)$. これより $\lambda\in\sigma(H)$ が従う. 実際, $\lambda\notin\sigma(H)$ とすると, ある定数 $C>0$ が存在して
$$1 = \|w_j\| = \|(H-\lambda)^{-1}[(H-\lambda)w_j]\| \le C\|(H-\lambda)w_j\|$$
が成り立つから矛盾である. ∎

Sch'nol の定理に関連する結果については [Simon] の C4 節に譲り, ここでは次の 2 つの例を見てみよう.

例 4.18 $V(x)$ は各変数 x_j $(j=1,\cdots,n)$ について周期 2π の周期関数とする: $V(x+z)=V(x)$, $x\in\mathbb{R}^n$, $z\in(2\pi\mathbb{Z})^n$. このとき $\lambda\in\sigma(H)$ であるための必要十分条件は, (4.2) が
$$u(x) = e^{i\xi x}p(x)$$
の形の(**Bloch 関数**と呼ばれる)解を持つことである. ここで $p\ne 0$ は周期関数で, $\xi\in\mathbb{R}^n$. さらに $\sigma(H)=\sigma_c(H)$ である. ([East], [ReSi] 参照.) □

例 4.19 $|V(x)|$ の無限遠での減衰度条件 (4.35) が, ある $\beta>(n+1)/2$ と C に対して成り立つとする. このとき, 任意の $\xi\in\mathbb{R}^n$, $\lambda=|\xi|^2>0$ に対して (4.2) は

$$u(x) = e^{ix\xi} + o(1) \quad (|x| \to \infty)$$

の形の L^∞-解を持つ.（[黒田 1, 5 章]および[ReSi, XI.6 節]参照.） □

次に定常 Schrödinger 方程式の正値解の存在と H のスペクトルとの関係を述べよう．ここで u が(4.2)の**正値解**とは $u \in C^2(\mathbb{R}^n)$ が(4.2)および $u(x) > 0$ $(x \in \mathbb{R}^n)$ を満たすことである．さて，$\alpha = \inf \sigma(H)$ とする．

命題 4.20 極小基本解 $K(x, y, t)$ に対して次の評価

$$(4.37) \quad K(x, y, t) \leq C e^{-\alpha t}, \quad t > 1, \quad (x, y) \in \mathbb{R}^{2n}$$

が成り立つ．ここで C は正定数である．

[証明] e^{-tH} の L^p から L^q への作用素ノルムを $\|e^{-tH}\|_{p \to q}$ で表わす．C_0^∞ は L^1 で稠密なので

$$\|e^{-tH}\|_{1 \to 2} = \sup\{\|e^{-tH}g\|_2 \,;\, \|g\|_1 = 1, \, g \in C_0^\infty\}.$$

(4.9)と定理 4.3 より

$$\begin{aligned}(\|e^{-tH}g\|_2)^2 &= \int \left|\int K(x,y,t)g(y)\,dy\right|^2 dx \\ &\leq \int dx \int [e^{Mt}(4\pi t)^{-n/2} e^{-|x-y|^2/4t}|g(y)|^{1/2}]^2 dy \int |g(y)|\,dy \\ &\leq C_1 e^{2Mt} t^{-n/2} \|g\|_1^2.\end{aligned}$$

したがって

$$\|e^{-tH}\|_{1 \to 2} \leq C_2 e^{Mt} t^{-n/4}.$$

同様にして $\|e^{-tH}\|_{2 \to \infty} \leq C_2 e^{Mt} t^{-n/4}$. 一方，$\|e^{-tH}\|_{2 \to 2} = e^{-\alpha t}$. ゆえに定数 C が存在して，任意の $t > 1$ に対して

$$\|e^{-tH}\|_{1 \to \infty} = \|e^{-H/2}\|_{2 \to \infty} \|e^{-(t-1)H}\|_{2 \to 2} \|e^{-H/2}\|_{1 \to 2} \leq C e^{-\alpha t}.$$

$K(x, y, t)$ は $\mathbb{R}^{2n} \times (0, \infty)$ で連続なので，この評価より(4.37)が従う． ■

系 4.21 $\lambda < \alpha$ ならば，レゾルベント $(H - \lambda)^{-1}$ の積分核 $G(x, y; \lambda)$ が存在して $(0, \infty]$ に値をとる $\mathbb{R}^{2n}$ 上の(拡張された意味での)連続関数である．

[証明] (4.37),(4.9)および次の公式を用いればよい．

$$G(x, y; \lambda) = \left(\int_0^1 + \int_1^\infty\right) e^{\lambda t} K(x, y, t)\,dt.$$ ■

$G(x, y; \lambda)$ を $(L - \lambda, \mathbb{R}^n)$ に対する**極小 Green 関数**(minimal Green function)と呼ぶ．G は $\{x \neq y\}$ 以外では正の実数値をとり $(-\Delta + V(x) - \lambda)G(x, y; \lambda) = \delta(x-y)$ を満たすことがわかる．$\lambda \geqq \alpha$ に対しても，積分

$$G(x,y;\lambda) = \int_0^\infty e^{\lambda t} K(x,y,t)\,dt$$

が $\{x \neq y\}$ で収束するときには，$G(x,y;\lambda)$ を $(L-\lambda, \mathbb{R}^n)$ に対する極小 Green 関数と呼ぶ．

問 3 $(-\Delta, \mathbb{R}^n)$ に対する極小 Green 関数は存在するか？

定理 4.22

(i) 定常 Schrödinger 方程式(4.2)の正値解が存在するための必要十分条件は $H - \lambda \geqq 0$，すなわち $\lambda \leqq \alpha$，である．

(ii) 極小 Green 関数 $G(x,y;\lambda)$ が存在すれば，(4.2)の正値解が存在する．(したがって，$\lambda > \alpha$ ならば極小 Green 関数は存在しない．)

(iii) $\alpha \in \sigma_p(H)$ ならば，α は単純固有値であって正規化された正値固有関数 ϕ で $\phi \in L^\infty(\mathbb{R}^n)$ なるものが存在する．このとき極小 Green 関数 $G(x,y;\alpha)$ は存在しない．

[証明] (ii) $\mathbb{R}^n$ 内の点列 y_j，$j=1,2,\cdots$，で $|y_j| \to \infty$ なるものを選んで
$$u_j(x) = G(x,y_j;\lambda)/G(0,y_j;\lambda)$$
とおく．u_j は $(L-\lambda)u_j(x) = 0$, $x \in \mathbb{R}^n \setminus \{y_j\}$, の正値解で $u_j(0) = 1$ である．したがって楕円型 Harnack 不等式(§3.3)と内部 L^2-先験的評価(§2.2)により適当な部分列が(4.2)の正値解に収束する(注意 3.50 参照)．

(i) 系 4.21 と(ii)により，$\lambda < \alpha$ ならば(4.2)の正値解 u_λ が存在する．$\lambda_j = \alpha - 1/j$ として $w_j(x) = u_{\lambda_j}(x)/u_{\lambda_j}(0)$ とおくと，適当な w_j の部分列が存在して

(4.38) $$(L-\alpha)u(x) = 0, \quad x \in \mathbb{R}^n$$

の正値解 u に収束することが示せる．逆に(4.2)の正値解 g が存在したとする．このとき，任意の $\varphi \in C_0^\infty$ に対して

$(4.39)\quad ((H-\lambda)\varphi,\varphi) = \left((L-\lambda)\left(g\dfrac{\varphi}{g}\right),\varphi\right) = \int\left|\nabla\left(\dfrac{\varphi}{g}\right)\right|^2 g^2\,dx \geqq 0$

が成り立つことがわかる.したがって $H-\lambda \geqq 0$.

(iii) 前半は $\phi \in L^\infty$ を除いて系 2.111 と同様に証明できる. $\phi \in L^\infty$ を示そう.命題 4.20 の証明より, $\|e^{-H}\|_{2\to\infty} \leqq C_2 e^M$. ゆえに
$$e^{-\alpha}\|\phi\|_\infty = \|e^{-H}\phi\|_\infty \leqq C_2 e^M \|\phi\|_2.$$
後半は正値固有関数 ϕ に対して
$$\int K(x,y,t)\phi(y)\,dy = e^{-\alpha t}\phi(x)$$
であることから従う. ∎

以下便宜的に $SE_\lambda = (L-\lambda, \mathbb{R}^n)$ と書くことにする. SE_λ に対する極小 Green 関数が存在するとき,SE_λ は**劣臨界的**(subcritical)であるという. $\lambda < \alpha$ ならば SE_λ は劣臨界的である.また,(4.2)の正値解は存在するが SE_λ に対する極小 Green 関数は存在しないとき,SE_λ は**臨界的**(critical)であるという. SE_λ が臨界的ならば, $\lambda = \alpha$ である.しかし SE_α が劣臨界的となることもある.

例 4.23 V は各変数 x_j $(j=1,\cdots,n)$ について周期 2π の周期関数とする.このとき $\lambda < \alpha$ に対して,(4.2)は $e^{\xi x} p(x)$ の形の正値解を持つ.ここで $p(x)$ は正値周期関数で,$\xi \in \mathbb{R}^n \setminus \{0\}$.(例 4.18 と対比せよ.)また,(4.38)は正値周期解を持つ.さらに,$n \geqq 3$ ならば(または $n \leqq 2$ ならば), SE_α は劣臨界的(または臨界的)である. □

この例 4.23 や次の例 4.24 の証明および関連結果については[Pins]および[村田]を参照されたい.

例 4.24 $n \geqq 2$ とする.条件(4.35)がある $\beta > 2$ と $C > 0$ に対して成り立つならば,次の(i)–(iii)が成立する.

(i) $\alpha < 0$ ならば, α は単純固有値で SE_α は臨界的である.さらに, α に対応する正規化された正値固有関数 ϕ は $|x| \to \infty$ のとき次の漸近形を持つ:
$$\phi(x) = c|x|^{-(n-1)/2} \exp(-|\alpha|^{1/2}|x|)[1+o(1)].$$

ここで c は正定数である.

 (ii) $\alpha=0$ とする. SE_0 が劣臨界的なら, $0\notin\sigma_p(H)$ であり方程式(4.38)の正値解 ϕ で $|x|\to\infty$ のとき次の漸近形を持つものがただ 1 つ存在する:

$$\phi(x)=\begin{cases} 1+o(1), & n\geq 3, \\ \log|x|[1+o(1)], & n=2. \end{cases}$$

 (iii) $\alpha=0$ とする. SE_0 が臨界的ならば, (4.38)の正値解 ϕ で $|x|\to\infty$ のとき次の漸近形を持つものがただ 1 つ存在する:

$$\phi(x)=|x|^{2-n}[1+o(1)].$$

さらに, $0\in\sigma_p(H)$ となるための必要十分条件は $n\geq 5$ であり, 対応する正規化された正値固有関数は ϕ の定数倍である. □

§4.4 極小基本解の長時間漸近形

この節では極小基本解 $K(x,y,t)$ の $t\to\infty$ での漸近形を与える.

まず, $\alpha=\inf\sigma(H)\in\sigma_{\text{disc}}(H)$ となる場合には K の漸近形はどうなるだろうか? このとき定理 4.22(iii)により, α は単純固有値で正規化された正値固有関数 $\phi\in L^\infty(\mathbb{R}^n)$ が存在する. また

$$\mu\equiv\inf(\sigma(H)\setminus\{\alpha\})>\alpha$$

である. このとき命題 4.20 と同様にして次の定理を示すことができる.

定理 4.25 定数 C が存在して,

(4.40) $\quad |K(x,y,t)-e^{-\alpha t}\phi(x)\phi(y)|\leq Ce^{-\mu t}, \quad t>1, \quad (x,y)\in\mathbb{R}^{2n}.$ □

では, $\alpha\in\sigma_{\text{ess}}(H)$ の場合には K の漸近形はどうなるだろうか? この場合には, 固有関数ではない L^2-空間をはみ出る(4.38)の解が登場してくる.

(a) 真性スペクトルの下端

この項では, $n\geq 2$ とし, $V(x)$ は $\mathbb{R}^n$ 上一様に Hölder 連続であって, ある $\beta>\max(2,6-n)$ と $C>0$ に対して(4.35)を満たすとする: $|V(x)|\leq C(1+|x|)^{-\beta}$, $x\in\mathbb{R}^n$.

$\alpha<0$ ならば，前節の例 4.24 と定理 4.25 により，$\alpha\in\sigma_{\mathrm{disc}}(H)$ となり (4.40)が成り立つ．

$\alpha=0$ のときは $\alpha\in\sigma_{\mathrm{ess}}(H)$ であるが，$(L,\mathbb{R}^n)$ が劣臨界的か臨界的かによって K の漸近形が大きく違ってくる．以下，$\langle x\rangle=(1+|x|^2)^{1/2}$ とし ϕ は例 4.24(ii), (iii)で定めた $Lu=0$ の正値解とする．$(L,\mathbb{R}^n)$ が臨界的で $n\leqq 4$ のとき $\phi\notin L^2$ であるが，この解 ϕ は共鳴状態(resonance state)と呼ばれる．

定理 4.26 $\alpha=0$ かつ $(L,\mathbb{R}^n)$ は劣臨界的とする．このとき任意の $0<\sigma<\min(\beta/2-1,1)$ に対して定数 C が存在して $\mathbb{R}^{2n}\times(2,\infty)$ で次の不等式(3), (2)が成り立つ．

(3) $n\geqq 3$ のとき，

(4.41) $\quad |K(x,y,t)-(4\pi t)^{-n/2}\phi(x)\phi(y)|\leqq Ct^{-n/2-\sigma}(\langle x\rangle+\langle y\rangle)^{2\sigma}$.

(2) $n=2$ のとき，

(4.42) $\quad \left|K(x,y,t)-\dfrac{\Psi(t)\phi(x)\phi(y)}{\pi t(\log t)^2}\right|\leqq Ct^{-1-\sigma}(\langle x\rangle+\langle y\rangle)^{2\sigma}$.

ここで $\Psi\in C^\infty([2,\infty))$ で，$t\to\infty$ のとき $\Psi(t)=1+O((\log t)^{-1})$． □

定理 4.27 $\alpha=0$ かつ $(L,\mathbb{R}^n)$ は臨界的とする．このとき次の(5)–(2)が成り立つ．

(5) $n\geqq 5$ のとき，任意の $-1<\sigma<\min(\beta/2-2,0)$ に対して定数 C が存在して $\mathbb{R}^{2n}\times(2,\infty)$ で次の不等式が成り立つ:

(4.43) $\quad |K(x,y,t)-[b_n+c_n t^{-n/2+2}+d_n t^{-n/2+1}\log t]\phi(x)\phi(y)|$
$\leqq Ct^{-n/2+1}(\langle x\rangle^{2-n}+\langle y\rangle^{2-n})+Ct^{-n/2-\sigma}l_\sigma(x,y)$.

ここで，$b_n=1/\|\phi\|_2^2$, $c_n>0$, $d_n\geqq 0$ かつ

(4.44) $\quad l_\sigma(x,y)=(\langle x\rangle+\langle y\rangle)^{2\sigma}+\langle x\rangle^{2-n}\langle y\rangle^{2\sigma+2}+\langle x\rangle^{2\sigma+2}\langle y\rangle^{2-n}$.

(4) $n=4$ のとき，任意の $-1<\sigma<\min(\beta/2-2,0)$ に対して定数 C が存在して $\mathbb{R}^{2n}\times(2,\infty)$ で次の不等式が成り立つ:

(4.45) $\quad \left|K(x,y,t)-\dfrac{\Psi(t)\phi(x)\phi(y)}{\pi^2\log t}\right|\leqq Ct^{-n/2-\sigma}l_\sigma(x,y)$.

ここで $\Psi\in C^\infty([2,\infty)]$ で，$\Psi(t)=1+O((\log t)^{-1})$ $(t\to\infty)$．

(3) $n=3$ のとき,任意の $0<\sigma<\min((\beta-3)/2,1)$ に対して定数 C が存在して $\mathbb{R}^{2n}\times(2,\infty)$ 上で次の不等式が成り立つ:

(4.46)
$$\left|K(x,y,t)-\frac{\phi(x)\phi(y)}{4\pi^{3/2}\sqrt{t}}\right| \leq Ct^{-3/2}m_0(x,y)+Ct^{-3/2-\sigma}m_\sigma(x,y),$$

(4.47)
$$m_\gamma(x,y) = (\langle x\rangle+\langle y\rangle)^{2\gamma}+\langle x\rangle^{-1}\langle y\rangle^{2\gamma+1}+\langle x\rangle^{2\gamma+1}\langle y\rangle^{-1}, \quad \gamma\geq 0.$$

(2) $n=2$ のとき,任意の $0<\sigma<\min(\beta/2-2,1)$ に対して定数 C が存在して $\mathbb{R}^{2n}\times(2,\infty)$ 上で不等式

(4.48) $\quad |K(x,y,t)-ct^{-1}\phi(x)\phi(y)| \leq Ct^{-1-\sigma}(\langle x\rangle+\langle y\rangle)^{2\sigma}$

が成り立つ.ここで c は正定数. □

まず, K の漸近形から $(L,\mathbb{R}^n)$ が劣臨界的ならば $\int_2^\infty K(x,y,t)\,dt<\infty$ であること,およびその逆を確かめられたい.

[定理 4.26, 定理 4.27 の証明の方針] Green 関数 $G(x,y;z)$,すなわちレゾルベント $(H-z)^{-1}$ の積分核,は z について $\mathbb{C}\setminus[0,\infty)$ で正則な関数であるが(ただし $x\neq y$ のとき),この関数の $z=0$ の近傍での "漸近展開" を求める.この際 n が奇数ならば $z^{1/2}$ のベキに関する展開となり, n が偶数ならば z と $\log z$ のベキに関する展開となる.また β が大きいほど先の方の項まで展開できる.次に逆 Laplace 変換により $K(x,y,t)$ の $t\to\infty$ での漸近展開を求める. ∎

証明の詳細については [Mu2] および [Mu3] を参照されたい.

(b) IU(intrinsically ultracontractive)

この項では "$|x|\to\infty$ のとき $V(x)\to\infty$ である" と仮定する.このとき定理 4.14 と定理 4.22(iii) により, H の固有値 $\alpha=\lambda_1<\lambda_2\leq\lambda_3\leq\cdots$ と対応する実数値固有関数 ϕ_j, $j=1,2,\cdots$,が存在して $\{\phi_j\}_{j=1}^\infty$ は L^2 の完全正規直交系をなす.ここで $\phi=\phi_1$ は正値とする.さらに,評価式(4.40)が成り立つ.

ここでは, $V(x)=|x|^\beta$, $\beta>2$, の場合にはさらに強い評価式や等式が成り立ち,極小基本解 K は有界領域における混合問題の基本解(§2.6(b), §2.7

(e))と類似の性質を持つことを述べる. $0<\beta\leqq 2$ の場合との際立った違いに注目していただきたい.

Davies–Simon に従って, 任意の $t>0$ に対して定数 C_t が存在して

(4.49) $\qquad K(x,y,t) \leqq C_t e^{-\lambda_1 t}\phi(x)\phi(y), \quad (x,y) \in \mathbb{R}^{2n}$

が成り立つとき, 半群 e^{-tH} は **IU**(intrinsically ultracontractive, 内在的に超縮小的)であると呼ぼう. さて Hilbert 空間

$$\widetilde{X} = L^2(\mathbb{R}^n, \phi^2 dx) \equiv \{f \in L^2_{\mathrm{loc}}(\mathbb{R}^n); \phi f \in L^2(\mathbb{R}^n)\}$$

から L^2 の上へのユニタリ作用素 U_ϕ を $U_\phi f = \phi f$ で定義する. このとき

$$S(t) = U_\phi^{-1} e^{-t(H-\lambda_1)} U_\phi$$

は $\widetilde{X}$ 上の強連続半群となり, $\widetilde{K}(x,y,t) = \phi(x)^{-1} e^{\lambda_1 t} K(x,y,t)\phi(y)^{-1}$ がその積分核となることがわかる. e^{-tH} が IU であることと $S(t)$ が超縮小的(ultracontractive), すなわち

$$\widetilde{K}(x,y,t) \leqq C_t, \quad (x,y,t) \in \mathbb{R}^{2n} \times (0,\infty)$$

であることとは同等である. また, e^{-tH} が IU ならば

(4.50) $\qquad \sum_{j=1}^{\infty} e^{-(\lambda_j-\lambda_1)t}\phi_j(x)^2 \leqq C_t \phi(x)^2, \quad x \in \mathbb{R}^n,$

(4.51) $\qquad \sum_{j=1}^{\infty} e^{-(\lambda_j-\lambda_1)t} \leqq C_t,$

(4.52) $\qquad K(x,y,t) = \sum_{j=1}^{\infty} e^{-\lambda_j t}\phi_j(x)\phi_j(y)$

が成り立つ. ここで(4.52)の右辺は任意の $0<\delta<1$ に対して $\mathbb{R}^{2n}\times(\delta,1/\delta)$ で一様収束する. これらは $S(t) \in \mathcal{L}(\widetilde{X}, L^\infty)$ を用いて, §2.7(e)での議論に沿って示すことができる(試みよ). 詳しくは[Davi, 2 章と 4 章]を参照されたい.

定理 4.28

(i) e^{-tH} が IU ならば, 初期値問題(4.18.0)の解で $S = \mathbb{R}^n \times (0,T)$ 上で正値なものが存在する.

(ii) e^{-tH} が IU ならば,

(4.53) $$\limsup_{|x|\to\infty} V(x)/|x|^2 = \infty.$$

(iii) $C^1([0,\infty))$ に属する関数 $\rho \geqq 1$ と正定数 C が存在して条件(4.34)が成り立つとする：$|V(x) - \rho(|x|)^2| \leqq C$. さらに，$\rho(r)/r \to \infty \ (r \to \infty)$, かつ $R_0, k > 1$ が存在して

$$\frac{1}{r} < \frac{\rho'(r)}{\rho(r)} < \frac{k}{r}, \quad r > R_0$$

とする．このとき次の条件(1),(2),(3)は同値である．
(1) e^{-tH} は IU である．
(2) S 上正値な(4.18.0)の解が存在する．
(3) $\int_1^\infty \dfrac{ds}{\rho(s)} < \infty.$ □

定理 4.29 e^{-tH} が IU ならば次の(i),(ii)が成り立つ.
(i) 任意の t に対して正定数 B_t が存在して，
(4.54) $$B_t \phi(x) \phi(y) \leqq K(x,y,t), \quad (x,y) \in \mathbb{R}^{2n}.$$
(ii) 正定数 C が存在して，

(4.55)
$$|K(x,y,t) - e^{-\lambda_1 t}\phi(x)\phi(y)| \leqq Ce^{-\lambda_2 t}\phi(x)\phi(y), \quad t > 1, \quad (x,y) \in \mathbb{R}^{2n}.$$ □

定理4.29の証明および関連結果については[Davi]を，定理4.28の証明に関しては[Mu4]を参照されたい．ここでは定理4.28(i)を(4.49)と(4.54)から導いてみよう．

[定理4.28(i)の証明] $\mathbb{R}^n$ 内の点列 $y_j, j = 1, 2, \cdots,$ で $|y_j| \to \infty$ なるものを選んで
$$u_j(x,t) = K(x, y_j, t)/K(0, y_j, T+1)$$
とおく．放物型 Harnack の不等式と先験的評価により，u_j の適当な部分列は(4.18.0)の非負値解 u に収束する．(4.49)と(4.54)により，
$$B_t \phi(x)/C_{T+1}\phi(0) \leqq u(x,t) \leqq C_t \phi(x)/B_{T+1}\phi(0).$$
ゆえに $u(x,t) > 0 \ ((x,t) \in S)$. ∎

例 4.30 $n=1$, $H=-d^2/dx^2+x^2$ とする. このとき $k=0,1,\cdots$ に対して

$$\lambda_{k+1} = 2k+1, \quad \phi_{k+1} = (2^k k!)^{-1/2}\pi^{-1/4}H_k(x)e^{-x^2/2},$$
$$H_k(x) = (-1)^k e^{x^2}(d/dx)^k(e^{-x^2})$$

([黒田 2, 4 章]参照). ここで $H_k(x)$ は k 次の多項式で Hermite の多項式と呼ばれる. これより, 評価式(4.50)が成り立たないことがわかる. したがって e^{-tH} は確かに IU ではない. さらに **Mehler の公式**

$$K(x,y,t) = e^{-t}[\pi(1-e^{-4t})]^{-1/2}\exp\left[-\frac{(x^2+y^2)(1+e^{-4t})-4xye^{-2t}}{2(1-e^{-4t})}\right]$$

が成り立つ. (直接確かめてみよ.) この公式より(4.49)が成り立たないことが確かめられる. □

$L^2(\mathbb{R}^n)$ 上のユニタリ群 e^{-itH} の積分核 $E(x,y,t)$ を Schrödinger 方程式に対する初期値問題(4.15)の基本解と呼ぶ. E は一般には超関数である. この章の最後に(Mehler の公式に関連して) E の滑らかさに関する興味深い結果を[Yaji]に基づいて紹介しよう.

例 4.31 $n=1$, $H=-d^2/dx^2+V(x)$ とする.

(i) $V(x)=x^2$ ならば, 次の Mehler の公式が成り立つ:

$$E(x,y,t) = (2\pi i\sin 2t)^{-1/2}\exp\left[-\frac{(x^2+y^2)\cos 2t-2xy}{2i\sin 2t}\right].$$

(K を例 4.30 で与えた極小基本解とすると, $E(x,y,t)=K(x,y,it)$ である.) このとき, E は時間に関して周期的に $t=m\pi/2$ $(m\in\mathbb{Z})$ で特異性を持つ.

(ii) $V(x)$ が次の意味で劣 2 次的であるとする: $\lim_{|x|\to\infty}|V^{(2)}(x)|=0$; $V^{(k)}\in L^\infty(\mathbb{R})$, $k\geq 3$. (ただし, $V^{(k)}(x)=(d/dx)^k V(x)$.) このとき, $E\in C^\infty(\mathbb{R}^3\setminus\{t=0\})$.

(iii) $V(x)$ が次の意味で優 2 次的であるとする: $\beta>2$ および $R,C>0$ が存在して任意の $|x|>R$ に対して

$$xV^{(1)}(x) \geqq \beta V(x) > 0, \quad V^{(2)}(x) > 0,$$
$$|xV^{(j)}(x)| \leqq C|V^{(j-1)}(x)| \quad (j=1,2,3).$$

このとき，$E(x,y,t)$ は $\mathbb{R}^3$ のどんな点の近傍でも C^1 級にならない． □

《要約》

4.1 $V(x)$ が下に有界な C^∞ 級関数ならば，$C_0^\infty(\mathbb{R}^n)$ 上の対称作用素 $-\Delta+V$ はただ1つの自己共役拡張 H を持つ．

4.2 Schrödinger 半群 e^{-tH} の積分核が極小基本解 $K(x,y,t)$ である．

4.3 放物型方程式 $(\partial_t-\Delta_x+V(x))u(x,t)=0$ に対する初期値問題の解で $|x|\to\infty$ のとき高々 $\exp(|x|^2)$ 程度にしか増大しないものが存在するとすればただ1つである．

4.4 $V(x)$ が $|x|\to\infty$ で高々 $|x|^2$ 程度にしか増大しなければ，初期値問題の非負値解の一意性が成り立つ．

4.5 V がある種の球対称関数 $\rho(|x|)^2$ に等しいならば，次の(1),(2),(3)は同値である：(1) 初期値問題の非負値解の一意性が成り立つ；(2) $\rho(r)^{-1}$ は $[1,\infty)$ で可積分ではない；(3) e^{-tH} は IU(内在的に超縮小的)ではない．

4.6 定常 Schrödinger 方程式の解の性質と H のスペクトルとの間には深い関係がある．

4.7 極小基本解 $K(x,y,t)$ の $t\to\infty$ での漸近形は $\sigma(H)$ の下端 α に対する定常 Schrödinger 方程式の性質によって決められる．

────── 演習問題 ──────

4.1 混合問題 "$(\partial_t-\partial_x^2)u(x,t)=0$ $(0<x<\pi,\ t>0)$, $u(0,t)=u(\pi,t)=0$ $(t>0)$, $u(x,0)=g(x)$" の基本解を $K(x,y,t)$ とする．このとき任意の $t>0$ に対して定数 C_t が存在して
$$K(x,y,t)\leq C_t\sin x\sin y,\quad 0<x,y<\pi$$
が成り立つ．すなわち，対応する半群は IU である．

4.2 $z\in\mathbb{C}\setminus[0,\infty)$ とする．$L^2(\mathbb{R}^3)$ での方程式 $(-\Delta-z)u=f$ に対する Green 関数 $G(x,y;z)$ を求め，$z=0$ の近傍での性質を調べよ．

4.3 $A(x)=(a_{ij}(x))_{i,j=1}^n$ は各成分 a_{ij} が $C^\infty(\mathbb{R}^n)$ に属する実対称行列である正

定数 λ に対して $\lambda \leqq A(x) \leqq \lambda^{-1}$ を満たすとする.このとき放物型方程式
$$\partial_t u - \sum_{i,j=1}^{n} \partial_i(a_{ij}(x)\partial_j u) + Vu = 0$$
に対する初期値問題に対しても定理 4.6 および定理 4.10 が成り立つことを確かめよ.

4.4 $\lambda \geqq 0$ とする.$(\Delta+\lambda)u(x)=0$ $(x\in\mathbb{R}^3)$ の解 $u\not\equiv 0$ で $u(x)=o(1)$ $(|x|\to\infty)$ なるものが存在するか?

現代数学への展望

　読者は本書を読み進むなかで偏微分方程式論の生きて成長する姿をかいま見たであろう．ここではさらにいくつかの例を通してその生々と発展してゆく様に触れてみよう．

　偏微分方程式論における古典的成果として，単独1階方程式の特性帯の方法による解法([俣神], [熊ノ郷1]参照)と実解析関数の範疇での Cauchy-Kowalewski の定理(定理1.16参照)がある．特性帯の方法は常微分方程式の初期値問題の解法と陰関数の定理に基づくもので，局所解を求めるのに有効であるが大域解を求めるには本質的困難があった．この方法は一時表舞台から退いたかのように見えたが，線形偏微分方程式の超局所解析(micro-local analysis)，散乱理論，量子力学の準古典近似における Maslov 理論，さらには非線形方程式の大域解に関する保存則(conservation law)の理論や粘性解(viscosity solution)の理論において現代数学のなかに息づいている．一方，Cauchy-Kowalewski の定理は"適切性"の観点から適用範囲が非常に限られたものと見なされたが，John による楕円型・双曲型方程式の基本解の構成([John]参照)や佐藤の超関数(hyperfunction)を舞台とした線形偏微分方程式論において本質的に活用された．さらにはこの定理は Banach 空間達を尺度として用いて抽象化されその適用範囲を広げている．

　20世紀初頭の Hilbert による積分方程式論に端を発する関数空間の研究は，Banach, Fréchet, Sobolev, Schwartz らをへて BMO(bounded mean oscillation)空間や Hardy 空間 $\mathcal{H}^1$ の研究へとつながる．BMO 空間は1961年に John–Nirenberg によって導入され，本書で詳しく述べることはできなかったが，Harnack の不等式(定理3.43)の証明で本質的役割を果たした．一方，1971年に Fefferman によって確立された $\mathcal{H}^1$ の双対空間が BMO であるという結果は1989年 Coifman–Lions–Meyer–Semmes によりシャボン玉の

曲面などを記述する非線形楕円型方程式系の弱解が滑らかになるというめざましい結果を示すのに活用された．これは実解析学と偏微分方程式論との深いつながりを示す一例にすぎない．1958年にはCalderonがFourier級数の収束問題の研究のなかで生まれ育った特異積分作用素を活用して非特性初期値問題のC^∞級の解の一意性を示した（［溝畑］参照）．そこで本質的役割を果たした特異積分作用素のL^p有界性は，本書では触れなかった楕円型方程式のL^p理論（これはL^2理論とL^∞理論をつなぐものである）のポテンシャル論的扱いの基礎をなすものである．Calderonによる特異積分作用素のめざましい応用を契機として，擬微分作用素・Fourier積分作用素の理論が構築され，偏微分方程式論が整備・深化されて，Atiyah–Singerの指数定理へとつながっていった．また，実解析学的に精密な評価を見出すことにより非線形方程式の解の存在等を示そうという最近の動向にも注目したい．

複素関数論におけるKoebeの定理によれば，単連結でノンコンパクトなRiemann面は複素平面$\mathbb{C}$または単位円板Dに双正則である．この$\mathbb{C}$とDはその上のLaplace作用素に付随する正値Green関数が存在するかどうかで区別される．この古典的結果は，1941年のMartinによる一般の領域上の正値調和関数の表現定理（Martin理論）を経て，1980年代にAnderson–Shoen, Li–Tamらにより高次元Riemann多様体上の正値調和関数の構造理論へと発展した．また，1960年代から1970年代にかけてMartin理論は2階楕円型方程式の正値解の構造定理として拡張され（そこではHarnackの不等式が基本的役割を果たした），確率論における拡散過程論の枠内での位置づけもなされた．一方，Agmonは1984年にSchrödinger方程式の固有関数の研究を契機として周期ポテンシャルを持つSchrödinger方程式の正値解の構造を明らかにし（［Pins］参照），現在の研究につながる一つの方向を示した．

以上は偏微分方程式論が様々な分野との交流を深めつつ発展する姿の一部に過ぎない．読者はさらに岩波講座『現代数学の展開』の多くの分冊のそこかしこで偏微分方程式論の息吹を感ずることであろう．この生き物が今後どのように育ってゆくのかは読者の世代にゆだねられている．

参考文献

[アグモン]　アグモン, 楕円型境界値問題, 村松寿延訳, 吉岡書店, 1968.

[Ag1]　S. Agmon, On positivity and decay of solutions of second order elliptic equations on Riemannian manifolds, in *Methods of functional analysis and theory of elliptic equations*, D. Greco(ed.), Liguori Editore, Naples(1982), 19–52.

[Ag2]　S. Agmon, *Lectures on exponential decay of solutions of second-order elliptic equations*, Princeton Univ. Press, 1982.

[Aron]　D. G. Aronson, Non-negative solutions of linear parabolic equations, *Ann. Sci. Norm. Sup. Pisa.* **22**(1968), 607–694.

[ArSe]　D. G. Aronson and J. Serrin, Local behavior of solutions of quasilinear parabolic equations, *Arch. Rat. Mech. Anal.* **25**(1967), 81-122.

[BeNi]　H. Berestycki and L. Nirenberg, On the method of moving planes and the sliding method, *Bol. Soc. Bras. Mat.* **22**(1)(1991), 1–37.

[BNV]　H. Berestycki, L. Nirenberg and S. R. S. Varadhan, The principal eigenvalue and maximum principle for second order elliptic operators in general domains, *Comm. Pure Appl. Math.* **47**(1994), 47–92.

[カルタン]　カルタン, 複素函数論, 高橋礼司訳, 岩波書店, 1965.

[クーラン]　クーラン・ヒルベルト, 数理物理学の方法(全4巻), 齋藤利弥監訳, 東京図書, 1989.

[Davi]　E. B. Davies, *Heat kernels and spectral theory*, Cambridge Univ. Press, 1989.

[East]　M. S. P. Eastham, *The spectral theory of periodic differential equations*, Scottish Academic Press, 1973.

[EdEv]　D. E. Edmunds and W. D. Evans, *Spectral theory and differential operators*, Oxford Univ. Press, 1987.

[Eide]　S. D. Eĭdel'man, *Parabolic systems*, North-Holland, 1969.

[EvGa]　L. C. Evans and R. Gariepy, *Measure theory and fine properties of functions*, CRC Press, 1992.

[FaSt1]　E. Fabes and D. Strook, The L^p integrability of Green's functions and fundamental solutions for elliptic and parabolic equations, *Duke Math. J.* **51**(1984), 977–1016.

[FaSt2]　E. Fabes and D. Strook, A new proof of Moser's parabolic Harnack inequality via the old idea of Nash, *Arch. Rat. Mech. Anal.* **96**(1986), 327–338.

[Fr1]　A. Friedman, *Generalized functions and partial differential equations*, Prentice-Hall, 1963.

[Fr2]　A. Friedman, *Partial differential equations of parabolic type*, Prentice-Hall, 1964.

[Fr3]　A. Friedman, *Partial differential equations*, Rinehart, 1969.

[藤田他1]　藤田宏・池部晃生・犬井鉄郎・高見穎郎，数理物理に現われる偏微分方程式 I, II(岩波講座基礎数学)，岩波書店，1977, 79.

[藤田他2]　藤田宏・黒田成俊・伊藤清三，関数解析 I, II, III(岩波講座基礎数学)，岩波書店，1978.

[深谷]　深谷賢治，電磁場とベクトル解析(シリーズ『現代数学への入門』)，岩波書店，2004.

[GeSh]　I. M. Gel'fand and G. E. Shilov, *Generalized functions I–III*, Academic Press, 1964–67(英訳). (主に第1巻の邦訳) 超関数論入門 I, II, 功力金二郎他訳，共立出版，1963, 64.

[Giaq]　M. Giaquinta, *Multiple integrals in the calculus of variations and nonlinear elliptic systems*, Princeton Univ. Press, 1983.

[GiTr]　D. Gilbarg and N. Trudinger, *Elliptic partial differential equations of second order*, 2nd ed., Springer, 1983.

[Gius]　E. Giusti, *Minimal surfaces and functions of bounded variations*, Birkhäuser, 1984.

[Gris]　P. Grisvard, *Elliptic problems in nonsmooth domains*, Pitman, 1984.

[GrWi]　M. Grüter and K. O. Widman, The Green function for uniformly elliptic equations, *Manuscr. Math.* **37**(1982), 303–342.

[グスタフ]　グスタフソン，応用偏微分方程式(上・下)，阿部剛久他訳，海外出

版貿易, 1991, 92.

[Helms] L. L. Helms, *Introduction to potential theory*, Interscience, 1969.

[Hö1] L. V. Hörmander, *Linear partial differential operators*, Springer, 1963.

[Hö2] L. V. Hörmander, *The analysis of linear partial differential operators I–IV*, Springer, 1983–85.

[井川] 井川満, 偏微分方程式論入門, 裳華房, 1996.

[IsMu] K. Ishige and M. Murata, An intrinsic approach to uniqueness of the positive Cauchy problem for parabolic equations, *Math. Z.*, **227**(1998), 313–335.

[伊藤] 伊藤清三, 偏微分方程式, 培風館, 1966.

[John] F. John, *Plane waves and spherical means applied to partial differential equations*, Interscience, 1955.

[Kac] M. Kac, Can one hear the shape of a drum?, *Amer. Math. Monthly* **73**(4)(1966), Part II, 1–23.

[金子] 金子晃, 定数係数線型偏微分方程式(岩波講座基礎数学), 岩波書店, 1976.

[Kato] K. Kato, New idea for proof of analyticity of solutions to analytic nonlinear elliptic equations, *SUT J. of Math.* **32**(1996), 157–161.

[熊ノ郷1] 熊ノ郷準, 偏微分方程式, 共立出版, 1978.

[熊ノ郷2] 熊ノ郷準, 擬微分作用素, 岩波書店, 1974.

[黒田1] 黒田成俊, スペクトル理論II(岩波講座基礎数学), 岩波書店, 1979.

[黒田2] 黒田成俊, 量子物理の数理(岩波講座応用数学), 岩波書店, 1994.

[Leis] R. Leis, *Initial boundary value problems in mathematical physics*, John Wiley & Sons, 1986.

[Lieb] G. M. Lieberman, *Second order parabolic differential equations*, World Scientific, 1996.

[増田1] 増田久弥, 非線型楕円型方程式(岩波講座基礎数学), 岩波書店, 1977.

[増田2] 増田久弥, 非線型数学, 朝倉書店, 1985.

[俣神] 俣野博・神保道夫, 熱・波動と微分方程式(シリーズ『現代数学への入門』), 岩波書店, 2004.

[McOw] R. McOwen, *Partial differential equations*, Prentice-Hall, 1995.

[Melas] A. D. Melas, On the nodal line of the second eigenfunction of the

Laplacian in $\mathbb{R}^2$, *J. Diff. Geo.* **35**(1992), 255–263.

[溝畑] 溝畑茂, 偏微分方程式論, 岩波書店, 1965.

[Mo1] J. Moser, On Harnack's theorem for elliptic differential equations, *Comm. Pure Appl. Math.* **14**(1961), 577–591.

[Mo2] J. Moser, A Harnack inequality for parabolic differential equations, *Comm. Pure Appl. Math.* **15**(1964), 101–134; **24**(1971), 727–740.

[村田] 村田實, Schrödinger 方程式の正値解の構造, 数学(日本数学会編集, 岩波書店発売), **47**(1995), 360–376.

[Mu1] M. Murata, Sufficient condition for non-uniqueness of the positive Cauchy problem for parabolic equations, *Advanced Studies in Pure Math.* **23**(1994), 275–282.

[Mu2] M. Murata, Large time asymptotics for fundamental solutions of diffusion equations, *Tôhoku Math. J.* **37**(1985), 151–195.

[Mu3] M. Murata, Positive solutions and large time behaviors of Schrödinger semigroup, *J. Fun. Anal.* **56**(1984), 300–310.

[Mu4] M. Murata, Non-uniqueness of the positive Cauchy problem for parabolic equations, *J. Diff. Eq.* **123**(1995), 364–365.

[Otsu] K. Otsuka, On the positivity of the fundamental solutions for parabolic systems, *J. Math. Kyoto Univ.* **28**(1988), 119–132.

[ペトロ] ペトロフスキー, 偏微分方程式論, 吉田耕作校閲／渡辺毅訳, 東京図書, 1958.

[Pins] R. G. Pinsky, *Positive harmonic functions and diffusion*, Cambridge Univ. Press, 1995.

[ポント] ポントリャーギン, 常微分方程式, 千葉克裕訳, 共立出版, 1963.

[PrWe] M. H. Protter and H. F. Weinberger, *Maximum principles in differential equations*, Springer, 1984.

[Rau1] J. Rauch, *Springer Lect. Note in Math.* **446**(1975), 355–389.

[Rau2] J. Rauch, *Partial differential equations*, Springer, 1992.

[ReSi] M. Reed and B. Simon, *Methods of modern mathematical physics, I–IV*, Academic Press, 1972–79.

[ReRo] M. Renardy and C. Rogers, *An introduction to partial differential equations*, Springer, 1992.

[Salo] L. Saloff-Coste, Parabolic Harnack inequality for divergence form second order differential operators, *Potential Anal.* 4(1995), 429–467.
[島倉] 島倉紀夫, 楕円型偏微分作用素, 紀伊國屋書店, 1978.
[新開] 新開謙三, 擬微分作用素, 裳華房, 1994.
[Simon] B. Simon, Schrödinger semigroup, *Bull. Amer. Math. Soc.* **7**(1982), 447–526.
[Stru] M. Struwe, *Variational methods*, Springer, 1990.
[Suzu] T. Suzuki, *Semilinear elliptic equations*, Gakkō tosho, 1994.
[Täck] S. Täcklind, Sur les classes quasianalytiques des solutions des équations aux derivées partielles du type parabolique, *Nova Acta Regiae Soc. Sci. Upsaliensis Ser IV* **10**(1936), 1–57.
[高橋] 高橋陽一郎, 力学と微分方程式(シリーズ『現代数学への入門』), 岩波書店, 2004.
[Tayl] M. Taylor, *Partial differential equations I–III*, Springer, 1996.
[Troi] G. M. Troianiello, *Elliptic differential equations and obstacle problems*, Plenum Press, 1987.
[Wlok] J. Wloka, *Partial differential equations*, Cambridge Univ. Press, 1987.
[谷島] 谷島賢二, 物理数学入門, 東京大学出版会, 1994.
[Yaji] K. Yajima, Smoothness and-non-smoothness of the fundamental solution of time dependent Schrödinger equations, *Comm. Math. Phy.* **181**(1996), 605–629.
[Yosi] K. Yosida, *Functional analysis*, Springer, 1965.
[Zeid] E. Zeidler, *Nonlinear functional analysis and its applications II*, Springer, 1990.

参　考　書

偏微分方程式に関する本はすでに和書，洋書ともに数多くある．ここでは，本書を読まれた後の(あるいは読まれている)読者に薦める参考書を，本文中に引用したものを含め，この本を執筆するのに参考にしたものを中心にあげておく．

読者は本文中の文献引用と説明および以下の解説を参考にして，自分の感覚にあった本を見つけて，じっくり(本によっては，さっと)読んでみてほしい．

(1) 入門的なもの

偏微分方程式に関する入門書としては，前記参考文献中の[俣神]，[伊藤]，[グスタフ]，[ペトロ]を薦める．特に[ペトロ]は，入門書ながら偏微分方程式全般に関してがっちりと書かれている．また常微分方程式に関しては，[ポント]，[高橋]を薦める．

(2) さらに学習するための本格的なもの

まず，関数解析的手法によって偏微分方程式論全般を入門的なところから始め本格的に取り扱ったものとしては[溝畑]，[熊ノ郷1]，[井川]，[ReRo]，[Rau2]を薦める．また，[Yosi]，[Hö1]，[Hö2]，[Tayl]は辞書のように何でも書いてある本格的書物で，手もとにおいて必要に応じて参考にされることを薦める．

さらに，第1章に関連して，超関数論とその偏微分方程式論全般への応用をさらに学習されるのには，[金子]，[Fr1]，[GeSh]，[John]を薦める．第2,3章の2階の楕円型・放物型方程式の理論をさらに学習されるのには，楕円型に関しては[GiTr]，[Troi]，[アグモン]，[島倉]を，放物型に関しては[Fr2]，[Lieb]を薦める．[アグモン]，[島倉]，[Fr2]では高階の場合も扱っている．また関数解析とスペクトル理論に関しては，第4章とも関連して，[ReSi]，[黒田1]，[藤田他2]を薦める．第4章全般に関しては適当な本はあまりなく，本文中の引用文献を参考にされたい．ここでは特に[Davi]，[Helms]，[Pins]をあげておく．

(3) 物理的背景から微分方程式を論じているもの

微分方程式の物理的背景については，(1), (2)であげた本でも触れられているが，さらに次があげられる．[黒田2]，[深谷]，[藤田他1]，[谷島]，[クーラン]，[Leis]，[Rau1]．なかでも[クーラン]は古典的名著で，固有値問題に詳しい．

以上，いくつかの本をあげたが，それぞれにある文献も参考にされるとよい．

問 解 答

第1章

問1 (1) $u(x,t) = \int_{-\infty}^{\infty} \exp(ibx - ib^2 t) g(b) \, db$. ここで g は連続関数で次の可積分条件を満たすものである:
$$\int_{-\infty}^{\infty} (1+b^2)|g(b)| \, db < \infty.$$
u が解であることを確認するためには, $(ib, -ib^2)$ が特性多項式 $p(z,w) = z^2 + iw$ の零点であることに注意して積分記号下での微分を遂行してみればよい.

(2) $\exp(\exp(x+iy))$. この Cauchy–Riemann 方程式の解が正則関数だった！

問3 例 1.19 の関数をもとにしてまず $C_0^\infty(\mathbb{R}^n)$ に属する関数 ψ で $\psi(0) > 0$, $\psi \geq 0$, $\int_{\mathbb{R}^n} \psi(x) \, dx = 1$ を満たすものを作る. 次に十分大きな j を選んで
$$\varphi(x) = \int_{|y| \leq (\varepsilon + \delta)/2} j^n \psi(j(x-y)) \, dy$$
とおけばよい.

問4 D が原点を含まない開円板(より一般には単連結領域)ならば $u(x) = \sin^{-1}(x_1/|x|)$ が解になる. だが $D = \{1 < |x| < 2\}$ 上では解なし. 実は, 複素変数 $z = x_1 + ix_2$ の正則関数 $F(z)$ に関する方程式 $dF/dz = 1/z$ の $\operatorname{Im} F$ に対する部分がこの問の連立偏微分方程式である.

問5 (1) f, g が実数値関数のときに示せば十分である. ある点 y で $f(y) - g(y) > 0$ ならば, y の近傍 U が存在して $f(x) - g(x) > 0$ ($x \in U$). このとき恒等的に零でない非負値関数 $\varphi \in C_0^\infty(U)$ に対して $\langle f-g, \varphi \rangle > 0$. これは矛盾である. したがって $f - g \leq 0$. 同様にして $f - g \geq 0$ を示せる. (2) 命題 2.47 を用いよ. ヒント: 任意の $x \in D$ に対して, $0 < \varepsilon < \operatorname{dist}(x, \partial D)$ ならば $\eta_\varepsilon(x - \cdot) \in C_0^\infty(D)$ である.

問6 等式 $\int_{\mathbb{R}^n} \psi_j(x) \varphi(x) \, dx - \varphi(0) = \int_{|x| \leq 1/j} \psi_j(x)(\varphi(x) - \varphi(0)) \, dx$ を用いよ.

問7 dS を単位球面 S 上の面積要素として, $\langle T, \varphi \rangle = \int_S \varphi(x) \, dS(x)$.

問8 $H^k(D)$ の完備性のみを示す. f_j ($j = 1, 2, \cdots$) を $H^k(D)$ 内の Cauchy 列とせよ. $L^2(D)$ が完備なので各 α ($|\alpha| \leq k$) に対して f^α が存在して $\|\partial_x^\alpha f_j - f^\alpha\|_{L^2(D)}$

$\to 0$ $(j\to\infty)$. したがって $f^\alpha = \partial_x^\alpha f^0$ を示せばよい. 任意の $\varphi \in C_0^\infty(D)$ に対して, Schwarz の不等式と超関数微分の定義により

$$(-1)^{|\alpha|}\langle f^0, \partial_x^\alpha \varphi\rangle = \lim_{j\to\infty}\langle \partial_x^\alpha f_j, \varphi\rangle = \langle f^\alpha, \varphi\rangle.$$

問 9 $\{(\xi,\tau)\in\mathbb{R}^{n+1}\setminus\{0\};\ \tau^2-|\xi|^2=0\}$.

問 10 n 次元平坦トーラス $\mathbb{R}^n/(2\pi\mathbb{Z})^n$.

問 11 $\Xi=\{\xi\in\mathbb{Z}^n;\ |\xi|^2=\lambda\}$ とおく.

(イ) ある $\xi\in\Xi$ に対して $f_\xi\neq 0$ ならば解が存在しない.

(ロ) すべての $\xi\in\Xi$ に対して $f_\xi=0$ ならば, 解 u は次式で与えられる.

$$u(x) = \sum_{\xi\in\mathbb{Z}^n\setminus\Xi}\frac{f_\xi}{|\xi|^2-\lambda}\psi(x,\xi)+\sum_{\xi\in\Xi}C_\xi\psi(x,\xi).$$

ここで C_ξ は任意定数である. これは連立1次方程式の解法と全く同じである!

問 12 f が有界かつ一様連続であることと, 次の等式を用いよ([俣神, p.67]).

$$\int(4\pi t)^{-n/2}e^{-|x-y|^2/4t}\,dy = 1.$$

実は, 収束の意味を取りかえれば, (1.25) は C_0^∞ 級関数以外 (例えば L^p-関数) に対しても成り立つ.

問 13 前半については, 等式 (1.27) と (1.28) を活用すればよい. §2.2 でより一般の場合について詳しい証明が述べられるのでそれを参照してもよい.

問 14 $f\in H_\#^k$ $(k>n/2)$ ならば …… (1.17) を満たす.

問 15 デルタ関数の定義と (1.33) により $\mathcal{F}\delta=(2\pi)^{-n/2}$. また $\mathcal{F}^*1=(2\pi)^{n/2}\delta$ を示すには (1.34) を用いよ.

問 16 (1) Fubini の定理を用いよ. (2) 定義 (1.33) と (1.36) および本問 (1) を用いよ.

問 17 逐次近似法による初期値問題

$$u'(t)=u(t),\quad u(0)=1$$

の解法は以下の通りである:

(1) $u_0=1$ とおく;

(2) $u_j(t)=1+\int_0^t u_{j-1}(s)\,ds,\ j=1,2,\cdots$ とおく;

(3) $\lim_{j\to\infty}u_j(t)$ が存在して解になる.

定理 1.8 を示すには, 連立1階常微分方程式に直してから積分方程式を立て, 逐次近似法で解けばよい. 証明の詳細は, [ポント], [熊ノ郷1] を参照されたい.

問 19 $u(x,t)=(x-ct)^k$.

問 20 $e^k = \sum_{j=0}^{\infty} k^j/j! \geqq k^k/k!$.

問 21 $\varphi \in C_0^{\infty}(\mathbb{R}^2)$ として,
$$\iint g(x-t)(\partial_t^2 - \partial_x^2)\varphi(x,t)\,dxdt = 0$$

が成り立つことを次の手続きで示せばよい: (1) 積分範囲を $\{x>t\}$ と $\{x<t\}$ の2つに分ける; (2) 部分積分を実行する; (3) 和が零になることを確かめる.

問 22 (1) P は t 方向に双曲型とする. もし P が t に関する常微分作用素ならば, $\{t=0\}$ で滑らかでない初期値を与えて初期値問題を解けば C^{∞} 級でない $Pu=0$ の解が構成できる. P が x に関する微分を含むならば定理 1.15 における双曲性の条件より P が準楕円型になるための条件(1.53)が破れる. (2)は明らかであろう.

問 23 背理法によって示す. P の主要表象を p_m とする. P が楕円型なので
$$a = \inf\{|p_m(\xi)|;\ \xi \in \mathbb{R}^n,\ |\xi|=1\} > 0.$$
したがって任意の $M>0$ に対して $L>0$ が存在して
$$\left|p_m\left(\frac{\xi+i\eta}{|\xi|}\right)\right| > \frac{a}{2}, \quad |\eta| \leqq M, \quad |\xi| \geqq L.$$
さて $N(p)$ 上の点列 $\xi^j + i\eta^j$, $j=1,2,\cdots$ で $\lim_{j\to\infty}|\xi^j|=\infty$ かつ $|\eta^j| \leqq M$ $(j=1,2,\cdots)$ を満たすものが存在したとする. このとき定数 C が存在して, 十分大きな j に対して
$$0 = |p(\xi^j+i\eta^j)| = \left||\xi^j|^m p_m\left(\frac{\xi^j+i\eta^j}{|\xi^j|}\right) + O(|\xi^j|^{m-1})\right|$$
$$\geqq \frac{a}{2}|\xi^j|^m \left(1 - \frac{C}{|\xi^j|}\right).$$
最後の項は $j \to \infty$ のとき ∞ に発散するので, これは矛盾である.

問 24 φ を原点の近傍で 1 に等しい $C_0^{\infty}(D)$ に属する関数として $g = -\Delta(\varphi u)$ とおくと, 例 1.32 により
$$(\varphi u)(x) = \frac{1}{2\pi}\int \log\left(\frac{|y|\,|x-y/|y|^2|}{|x-y|}\right) g(y)\,dy.$$
ここで g は原点の近傍では 0 であることを用いよ.

問 25 双曲型ならば定理の条件を満たすが, 逆は真でない: (1) t 方向が特性

方向でもよい；(2) $\mathrm{Re}\,\lambda_j(\xi) \geqq -C$ でなくてもよい．

問 26 $\Lambda = \mathrm{Re}\,\lambda_j$ とすると，ベクトル $v \in \mathbb{C}^n$ が存在して $Bv = \lambda_j v$, $|v| = 1$ が成り立つ．したがって $e^{tB}v = e^{t\lambda_j}v$. ゆえに
$$\|e^{tB}\| \geqq |e^{t\lambda_j}| = e^{t\Lambda}.$$

問 27 $\lambda + |\xi|^2 = 0$ の根 $-|\xi|^2$ は下に有界ではないからである．

問 28 $p(-\lambda_j(\xi), -\xi) = 0$ なので，$\{\lambda_j(-\xi);\ j = 1, \cdots, m\} = \{-\lambda_j(\xi);\ j = 1, \cdots, m\}$. したがって
$$\min_{1 \leqq j \leqq m} \mathrm{Re}\,\lambda_j(\xi) = \min_{1 \leqq j \leqq m} \mathrm{Re}\,[-\lambda_j(-\xi)] = -\max_{1 \leqq j \leqq m} \mathrm{Re}\,\lambda_j(-\xi) \geqq -C.$$

問 29 問 23 の解答を参考にせよ．

問 30 次の(i)–(iii)のいずれかが成立．(i) $b_n = 0$, $c \neq 0$; (ii) $b_n c < 0$; (iii) $n = 2$, $b_2 c > 0$, $b_1 \neq 0$.

問 31 $f = 0$ かつ $g = 0$ ならば $u = 0$ を示せばよい．半円 $\{x \in \mathbb{R}^n;\ x_n \geqq 0, |x| \leqq R\}$ で最大値の原理(§2.4 参照)を適用すれば，任意の $x \in \mathbb{R}^n_+$ に対して
$$|u(x)| \leqq \lim_{R \to \infty} \max_{|z| = R} |u(z)| = 0.$$

問 32 $u(x) = \displaystyle\int_{B_R} G(x, y)\,dy$ とおく．Lebesgue の収束定理により，$u \in C^0(\overline{B}_R)$ かつ ∂B_R 上で $u(x) = 0$. さらに $u \in C^2(B_R)$ で $-\Delta u(x) = 1$ $(x \in B_R)$. また u は $|x|$ のみの関数でもある．したがって $u(x) = (R^2 - |x|^2)/2n$. ゆえに $C = \sup_{|x| \leqq R} u(x) = R^2/2n$.

問 33 (1) $n \geqq 3$ のとき，$\displaystyle\lim_{R \to \infty} G(x, y) = E(x - y)$.

(2) $n = 2$ のとき，$\displaystyle\lim_{R \to \infty} G(x, y) = \infty$. さらに，$\displaystyle\lim_{R \to \infty}\Big[G(x, y) - \frac{1}{2\pi}\log R\Big] = E(x - y)$.

問 34 (1) $\displaystyle\lim_{\alpha \searrow 0} U(x, y, t) = K(x - y, t) + K(x + y, t)$. この極限は Neumann 境界条件に対する混合問題の基本解である．(2) 部分積分により
$$\frac{\alpha}{1 - \alpha} \int_0^\infty \exp\Big(-\frac{\alpha z}{1 - \alpha}\Big) K(x + y + z, t)\,dz$$
$$= K(x + y, t) + \int_0^\infty \exp\Big(-\frac{\alpha z}{1 - \alpha}\Big) \partial_z K(x + y + z, t)\,dz.$$

したがって $\displaystyle\lim_{\alpha \nearrow 1} U(x, y, t) = K(x - y, t) - K(x + y, t)$. この極限は Dirichlet 境界条件に対する混合問題の基本解である．

問解答——235

問 36 解 u が存在したとする.最大値原理より,任意の $\varepsilon>0$ に対して D 上で $H\varepsilon\log|x|\leqq u(x)\leqq 1-\varepsilon\log|x|$ が成り立つ.ゆえに $u\equiv 1$.これは $u(x)\to 0$ $(x\to 0)$ に矛盾する.

問 37 確率論的方法(小谷眞一著『測度と確率』,舟木直久著『確率微分方程式』(ともに岩波書店,2005)参照),差分法や有限要素法などの数値解析的方法([グスタフ],[ペトロ]参照),表現論的方法(小林・大島著『リー群と表現論』(岩波書店,2005)参照)等がある.さらに熱方程式を用いる方法もある([伊藤]参照).

第 2 章

問 1 $u\in H_0^1(D)$ を (2.4) の弱解とする.勝手な $v\in H_0^1(D)$ に対し $\phi=u-v\in H_0^1(D)$ を (2.6) に代入した式を利用する.このとき Q の強圧性から

$$I(v)=I(u+(v-u))=I(u)+\frac{1}{2}Q(v-u,v-u)\geqq I(u)$$

を得る.このことより,例 2.1 と同様にして結論を得る.

問 2 $k=1$ のときのみ証明する.$u\in H^1_{\mathrm{loc}}(D)$ とする.$\phi\in C_0^\infty(D)$ に対して,$\mathrm{Supp}\,\phi\subset D'\Subset D$ なる D' をとる.このとき,任意の $\varphi\in C_0^\infty(D)$ に対して,

$$\int_D \phi u\partial_i\varphi\,dx=\int_{D'}\phi u\partial_i\varphi\,dx=\int_{D'}u[\partial_i(\phi\varphi)-(\partial_i\phi)\varphi]\,dx$$

となる.$\phi\varphi\in C_0^\infty(D')$ より,仮定から $\partial_i u\in L^2_{\mathrm{loc}}(D')$ が存在して $\int_{D'}u\partial_i(\phi\varphi)\,dx=-\int_{D'}\partial_i u(\phi\varphi)\,dx$.$(\partial_i\phi)u+\phi(\partial_i u)\in L^2(D)$ なので,$\phi u\in H^1(D)$ かつ $\partial_i(\phi u)=(\partial_i\phi)u+\phi(\partial_i u)$ を得る.さらに $\mathrm{Supp}(\phi u)\subset D$ ゆえ,補題 2.50 より $\phi u\in H_0^1(D)$ となる.逆に,任意の $\phi\in C_0^\infty(D)$ に対して $\phi u\in H_0^1(D)$ とする.今,勝手な $D'\Subset D$ をとる.$\phi(x)=1\ (x\in\overline{D'})$ なる $\phi\in C_0^\infty(D)$ をとることによって,任意の $\varphi\in C_0^\infty(D')$ に対して

$$\int_{D'}u\partial_i\varphi\,dx=\int_{D'}\phi u\partial_i\varphi\,dx=\int_D \phi u\partial_i\varphi\,dx=-\int_D\partial_i(\phi u)\varphi\,dx=-\int_{D'}\partial_i(\phi u)\varphi\,dx$$

となる.よって $u\in H^1_{\mathrm{loc}}(D)$ となる.

問 3 Schwarz の不等式から $|\Delta^h u(x)|^2\leqq\dfrac{1}{h}\displaystyle\int_0^h|(\partial_1 u)(x_1+t,x')|^2\,dt\ (x\in D')$ を得る.$x\in D'$ で上式を積分すると Fubini の定理から次を得る.

$$\int_{D'}|\Delta^h u(x)|^2\,dx\leqq\frac{1}{h}\int_0^h\int_{D'}|(\partial_1 u)(x_1+t,x')|^2\,dxdt$$

$$\leq \int_{B_h(D')} |(\partial_1 u)(y)|^2 \, dy \leq \int_D |\partial_1 u|^2 \, dy.$$

問4 $Q = D \times (0, T)$, $a \in L^2(D)$, $f \in L^2(Q)$ に対して $\partial_t u = \partial_i(a_{ij}\partial_j u) + Vu + f$ の弱解 u を, $u \in L^2(0,T; H^1_{\text{loc}}(D)) \cap L^\infty(0,T; L^2_{\text{loc}}(D))$ で, $\operatorname{Supp}\varphi(\cdot,t) \Subset D$ ($t \in [0,T]$) なる任意の $\varphi \in C^1(\overline{Q})$ に対して次を満たすことと定義する.

$$\int_D u(x,t)\varphi(x,t)\,dx - \int_D a(x)\varphi(x,0)\,dx - \iint_Q u\varphi_t\,dxds$$
$$= \iint_Q (-a_{ij}\partial_j u \partial_i \varphi + Vu\varphi + f\varphi)\,dxds.$$

$k = 0$ のときは $a_{ij} \in C^{0,1}(D)$, $V \in L^\infty(D)$ を, $k \in \mathbb{N}$ のときはさらに $a_{ij} \in C^{k,1}(D)$, $V \in C^{k-1,1}(D)$, $f \in L^2(0,T; H^k_{\text{loc}}(D))$ を仮定する. このとき $\partial_x^\beta u$ ($|\beta| \leq k+2$), $\partial_x^\gamma \partial_t u$ ($|\gamma| \leq k$) $\in L^2_{\text{loc}}(Q)$ が成り立つ. さらに f の t 変数に関する滑らかさが増せば, それに応じて u の t 変数に関する滑らかさが増す. 特に $a_{ij}, V \in C^\infty(D)$ かつ $f \in C^\infty(Q)$ ならば, すべての多重指数 α, β に対して $\partial_x^\alpha \partial_t^\beta u \in L^2_{\text{loc}}(Q)$ となり, Sobolev の埋め込み定理より $u \in C^\infty(Q)$ を得る([Lieb, 6章]参照).

問5
$$\partial_x^\alpha (S_\varepsilon u)(x) = \int_D \partial_x^\alpha \eta_\varepsilon(x-y)u(y)\,dy = (-1)^{|\alpha|} \int_D \partial_y^\alpha \eta_\varepsilon(x-y)u(y)\,dy$$
$$= \int_D \eta_\varepsilon(x-y)\partial_y^\alpha u(y)\,dy = S_\varepsilon(\partial_x^\alpha u)(x)$$

に注意して命題 2.47 を用いればよい.

問6 $u \in H^l(D)$ に対し, $\varphi \in C_0^\infty(D)$ で $\varphi(x) \equiv 1$ ($|x| \leq 1/2$), $\varphi(x) \equiv 0$ ($|x| \geq 1$) なるものをとり $\varphi_\varepsilon(x) = \varphi(\varepsilon x)$, $v_\varepsilon = \varphi_\varepsilon u$ とおく. このとき $v_\varepsilon \in H^l(D)$ かつ台は有界で $\|v_\varepsilon - u\|_{H^l(D)} \to 0$ ($\varepsilon \to 0$) となる. 実際, ある定数 C が存在し

$$\|v_\varepsilon - u\|_{H^l(D)} \leq \int_{\{|x| \geq 1/(2\varepsilon)\} \cap D} u^2 \, dx + C\varepsilon \|u\|^2_{H^l(D)}.$$

問7 $u_n \in C_0^\infty(\mathbb{R}^n)$ で $u_n \to u$ in $H^s(\mathbb{R}^n)$ かつ u_n が u に広義一様収束するものがとれる. したがって $u_n(x',0) \to u(x',0)$ in $L^2_{\text{loc}}(\mathbb{R}^{n-1})$ となる.

問8 仮定より, まずある直交行列 U が存在して

$$UAU^{-1} = \begin{pmatrix} \lambda_1 & & O \\ & \ddots & \\ O & & \lambda_n \end{pmatrix}, \quad \lambda_i \geq 0 \quad (i = 1, \cdots, n)$$

となる. 一方, $B_{ii} \geq 0$ ($i = 1, \cdots, n$) に注意することにより,

$$\sum_{i,j=1}^{n} A_{ij}B_{ij} = \operatorname{tr}(AB) = \operatorname{tr}(UAU^{-1}UBU^{-1}) = \sum_{i=1}^{n} \lambda_i B_{ii} \geq 0.$$

問9 $|x|^{-\alpha}(-\log|x|)^{-\beta} \to \infty$ $(|x| \to 0)$ であるからである.

問10 (i)は容易であろう.(ii)のみ示す.$x \in \mathbb{R}^n$ に対し,$v(x) = \sup_{\xi \in D}\{u(\xi) - [u]_{\alpha;D}|x-\xi|^\alpha\}$ とおくと $\sup_{\mathbb{R}^n} v \leq \sup_D u$ かつ $v(x) \geq u(x)$ $(x \in D)$ が成立する.もし $v(x) > u(x)$ なる $x \in D$ があるとすると $u(\xi) - [u]_{\alpha;D}|x-\xi|^\alpha > u(x)$ なる $\xi \in D$ があることになり矛盾.よって $v(x) = u(x)$ $(x \in D)$.そこで $\tilde{u}(x) = \max(v(x), -\sup_D |u|)$ $(x \in \mathbb{R}^n)$ とおくと $\tilde{u}(x) = u(x)$ $(x \in D)$ かつ $\sup_{\mathbb{R}^n} |\tilde{u}| = \sup_D |u|$ となる.さて $[\tilde{u}]_{\alpha;\mathbb{R}^n} = [u]_{\alpha;D}$ を示そう.まず $x, y \in \mathbb{R}^n$ を $\tilde{u}(x) > \tilde{u}(y)$ なるようにとると $\tilde{u}(x) = v(x)$ となることに注意しよう.よって

$$\begin{aligned}0 < \tilde{u}(x) - \tilde{u}(y) &\leq v(x) - v(y) \\ &= \sup_{\xi \in D}(u(\xi) - [u]_{\alpha;D}|x-\xi|^\alpha) - \sup_{\eta \in D}(u(\eta) - [u]_{\alpha;D}|y-\eta|^\alpha) \\ &\leq u(\xi_1) - [u]_{\alpha;D}|x-\xi_1|^\alpha - (u(\eta) - [u]_{\alpha;D}|y-\eta|^\alpha)\end{aligned}$$

がある $\xi_1 \in D$ と任意の $\eta \in D$ に対して成り立つ.ここで $\eta = \xi_1$ とし,$(a+b)^\alpha \leq a^\alpha + b^\alpha$ $(0 < \alpha \leq 1, a, b \geq 0)$ に注意して次を得る.

$$0 < \tilde{u}(x) - \tilde{u}(y) \leq [u]_{\alpha;D}(|y-\xi_1|^\alpha - |x-\xi_1|^\alpha) \leq [u]_{\alpha;D}|x-y|^\alpha.$$

よって結論が従う.

問11 ∂D は x_0 の近傍 U で局所的に $x_n = \varphi(x') \in C^{2,\alpha}(\mathbb{R}^{n-1})$ と表わされ,$F(x) = x_n - \varphi(x')$ とおくと $F \in C^{2,\alpha}(\mathbb{R}^n)$ かつ $D^c \cap U = \{x \in U; F(x) > 0\}$ となる.$F_\varepsilon = \eta_\varepsilon * F$ とすると,$F_\varepsilon \in C^\infty(\mathbb{R}^n)$ となる.そこで $D_n = U \cap \partial D_n = \{x \in U; F_{1/n}(x) = 0\}$,$D_n^c \cap U = \{x \in U; F_{1/n}(x) > 0\}$ で定まる領域とすると,D_n は C^∞ 級領域であり $|F_{1/n}|_{2,\alpha;D_n} \leq |F|_{2,\alpha;D}$ が成り立つ.

問12

$$|(\eta_\varepsilon * f)(x) - (\eta_\varepsilon * f)(y)| = \left|\int \eta_\varepsilon(z)(f(x-z) - f(y-z))\, dz\right|$$
$$\leq [f]_{\alpha;D} \int \eta_\varepsilon(z)|x-y|^\alpha\, dz = |x-y|^\alpha [f]_{\alpha;D}$$

が成り立つ.よって $[\eta_\varepsilon * f]_{\alpha;G} \leq [f]_{\alpha;D}$ を得る.他も同様.

問13 $f = 0$ の場合に示せば十分である.よって(2.112)の一意解を $w \in C^2(D) \cap C^0(\overline{D})$ とし,$u(x) = \int_{\partial D} K(x,y)g(y)\, dS(y)$ に対し $u(x) = w(x)$ $(x \in D)$ を示せばよい.まず $g_n \in C^\infty(\overline{D})$ で ∂D 上一様に $g_n \to g$ $(n \to \infty)$ なるものをとる.$Lu_n =$

0 $(x\in D)$, $u_n=g_n$ $(x\in\partial D)$ の一意解を $u_n\in C^{2,\alpha}(\overline{D})$ とする．よって定理 2.89 より $u_n(x)=\int_{\partial D}K(x,y)g_n(y)\,dS(y)$ を満たす．各 $x\in D$ に対し $G(x,y)\in C^{2,\alpha}(\overline{D}\setminus\{x\})$ ゆえ $\int_{\partial D}K(x,y)g_n(y)\,dS(y)\to\int_{\partial D}K(x,y)g(y)\,dS(y)=u(x)$．一方最大値原理より $\|u_n-w\|_{L^\infty(D)}\leq\|g_n-g\|_{L^\infty(\partial D)}\to 0$ となるので $u(x)=w(x)$ $(x\in D)$ を得る．

問 14 $E(x;\lambda)=e^{i\sqrt{\lambda}|x|}/(4\pi|x|)$ として，

$$u(x)=\int E(x-y;\lambda)f(y)\,dy=\int E(y;\lambda)f(x-y)\,dy.$$

これが解であることは直接確かめられる．また，基本解 E は $-\Delta-z$ $(z\in\mathbb{C}\setminus[0,\infty))$ の基本解 $E(x;z)=e^{-\sqrt{-z}|x|}/(4\pi|x|)$ の極限 $\lim_{\varepsilon\searrow 0}E(x;\lambda+i\varepsilon)$ としても得られる．より一般の場合にレゾルベントの境界値により解を構成する方法については[黒田1, §5.2]を，また関連しては演習問題 4.2 と 4.4 を参照されたい．

問 15 $V(x)\geq 1$ $(x\in D)$ として一般性を失わない．このとき，ある $\delta>0$ が存在して，$Q(u,u)\geq\delta\|u\|_Y^2$ $(u\in Y)$ が成り立ち，Y の内積は $[u,v]_Y=Q(u,v)$ で与えられる．まず λ が L の固有値であることは，ある $\varphi\,(\neq 0)\in Y$ が存在して $Q(\varphi,\phi)=\lambda(\varphi,\phi)_X$ $(\phi\in Y)$ が成り立つこととと同値であることに注意する．よって，$\sigma=\inf_{v\in Y\setminus\{0\}}R(v)$ とおくとき，L の任意の固有値 λ に対し $\lambda\geq\sigma$ となる．一方，σ が実際 L の固有値となることを示す．σ の最小化列 $\{u_n\}\subset Y$ をとる．すなわち $\|u_n\|_X=1$, $Q(u_n,u_n)\to\sigma$. $\{u_n\}$ は Y の有界列となり，Y は X にコンパクトに埋め込まれることから，部分列 $\{u_{n_k}\}$ とある $u_0\in Y$ が存在して，u_n は u_0 に Y で弱収束し，かつ $\|u_n-u_0\|_X\to 0$ が成り立つ．よって $\|u_0\|_X=1$ かつ $Q(u_0,u_0)\leq\lim_{k\to\infty}Q(u_{n_k},u_{n_k})=\sigma$ となるので $\sigma=R(u_0)$ を得る．このとき任意の $\phi\in Y$ と $\varepsilon\in\mathbb{R}^1$ に対し $R(u_0)\leq R(u_0+\varepsilon\phi)$ から例 2.1 と同様にして $Q(u_0,\phi)=\sigma(u_0,\phi)_X$ $(\phi\in Y)$ を得る．したがって，$\sigma=\lambda_1$ となる．

問 16 $Y=Y_D=H_0^1(D)$ または $Y=Y_N=H^1(D)$ とし，$R_{V,D}(v)=Q(v,v)/\|v\|_X^2$ $(v\in Y\setminus\{0\})$ とおく．$V_1\leq V_2$ ならば $R_{V_1,D}(v)\leq R_{V_2,D}(v)$ だから min-max 原理より (ii) が従う．Dirichlet 問題の場合の (i) を示そう．$D_1\subset D_2$ のときには，任意の $v\in H_0^1(D_1)$ は $D_2\setminus D_1$ に 0-拡張して $v\in H_0^1(D_2)$ とみなせる．したがって $\mathcal{E}_j(D_2)\supset\mathcal{E}_j(D_1)$．ゆえに min-max 原理より (i) が従う．

問 17 一般に成り立たない．実際，Dirichlet 境界条件の場合ほど単純でなく，領域 D によって状況は異なる．例えば，$D=B_R=\{|x|<R\}$, $L=-\Delta$ としその第 j 固有値を $\lambda_j^N(D)$ とかく．スケーリング変換により，各 j で，$\lambda_j^N(B_R)=$

$\lambda_j^N(B_1)R^{-2}$ が成り立つ. よってこの場合, 領域が増加すれば固有値は減少する. 一方, 図1のようなダンベル型領域 $D_\varepsilon = D_0^+ \cup D_0^- \cup Q(\varepsilon)$ で十分小さいある $\varepsilon_1 > \varepsilon_2 > 0$ に対して, $\lambda_2^N(D_{\varepsilon_1}) > \lambda_2^N(D_{\varepsilon_2})$, $D_{\varepsilon_1} \supset D_{\varepsilon_2}$ が成り立つ. ($\lambda_2^N(D_\varepsilon) \to 0$ ($\varepsilon \to 0$) となることによる. S. Jimbo, *J. Diff. Eq.* **77**(1989), 322-350 参照.)

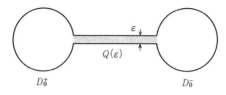

図1

以上のことに関連して, K. Uchiyama, *J. Fac. Sci. Univ. Tokyo* (1977), 281-293 を参照されたい.

第3章

問1 $\Phi'(r) \geq 0$ は Gauss の発散定理から導かれる. したがって, 任意の $0 < \rho \leq r$ に対し $|\partial B_\rho(x)|u(x) \leq \int_{\partial B_\rho(x)} u(y)\,dS$ を得る. これを $\rho \in (0,r)$ で積分して結論を得る.

問2 $x_0 \in D$ で最大値(あるいは最小値)をとるとする. このとき x_0 を含む任意の $G \Subset D$ 上で強最大値原理を適用することにより $u(x) \equiv u(x_0)$ ($x \in G$) を得る. G の任意性より u は D 上定数となり矛盾である.

問3 定理3.9を用いた証明を与える. $\sup_D u > 0$ として矛盾を導く. $Lu(x) \leq 0$ ($x \in D$) より $(L_0 + V^+)u(x) \leq V^-(x)u(x)$ ($x \in D$). よって定理3.9より $\sup_D u \leq (e^{\alpha d}-1)\mu^{-1} \sup_D (V^- u) \leq (e^{\alpha d}-1)\mu^{-1} M \sup_D u$. よって d を $(e^{\alpha d}-1)\mu^{-1}M < 1$ なるよう十分小さくとると, 上式より矛盾が導かれる.

問4 $v(x) = u(x) - \sup_{\partial D} u^+$ に対して定理3.10を適用すればよい.

問5 2つの解を u_1, u_2 とすると, $\Delta(u_1 - u_2) + f(u_1) - f(u_2) = 0$ となる. 平均値の定理より $f(u_1) - f(u_2) = \int_0^1 f'(u_2 + \theta(u_1 - u_2))\,dt(u_1 - u_2)$ となる. そこで $c(x) = \int_0^1 f'(u_2(x) + \theta(u_1(x) - u_2(x)))\,dt$ とおくと, 仮定より $c(x) \leq 0$ ($x \in D$) となり, $w(x) = u_1(x) - u_2(x)$ は $\Delta w(x) + c(x)w(x) = 0$ ($x \in D$) を満たす. 弱最大値原理より $\sup_D |w(x)| = \sup_{\partial D} |w(x)| = 0$, すなわち $u_1(x) = u_2(x)$ ($x \in D$) を得る.

問6 (i)は, $f = 1$, $g = |u|^p$ とし, f, g に対して Hölder の不等式を適用すれ

ばよい. (ii)は, Young の不等式を用いよ. (iii)は, Hölder の不等式を帰納的に用いよ. (iv)を示そう. まず $\Phi_p(u) = |D|^{-1/p} \|u\|_{L^p(D)}$ とおくと, (i)より $\Phi_p(u)$ は p に関して非減少となる. よって $m = \lim_{p\to\infty} \Phi_p(u)$ が存在する. したがってまた $\lim_{p\to\infty} \|u\|_{L^p(D)}$ が存在して m に一致する. さて, 任意の $t > K$ に対して
$$K \geq \|u\|_{L^p(D)} \geq |\{x \in D; |u(x)| > t\}|^{1/p} t$$
ゆえ, もし $|\{x \in D; |u(x)| > t\}| > 0$ とすると $p \to \infty$ として $K \geq t$ となり矛盾する. ゆえに $u \in L^\infty(D)$ で $\|u\|_{L^\infty(D)} \leq K$ となる. $M = \|u\|_{L^\infty(D)}$ とおくと, $\Phi_p(u)$ の単調性より $m \leq M$ となる. $m < M$ として矛盾を導く. $\varepsilon = (M-m)/2$ に対し, M の定義より $|\{x \in D; |u(x)| > (M-\varepsilon)\}| > 0$ となる. よって $\|u\|_{L^p(D)} \geq (M-\varepsilon)|\{x \in D; |u(x)| > (M-\varepsilon)\}|^{1/p}$ において $p \to \infty$ として $m \geq (M-\varepsilon)$ を得る. これは矛盾. したがって $\lim_{p\to\infty} \|u\|_{L^p(D)} = \|u\|_{L^\infty(D)}$ を得る.

問7 $v \in L^q(D)$ に対し, $F(u) = \int_D uv \, dx \ (u \in W^{1,p}(D))$ とおく. Hölder の不等式より $|F(u)| \leq \|u\|_{W^{1,p}(D)} \|v\|_{L^q(D)}$ となり, $F \in (W^{1,p}(D))'$. よって仮定より $F(u_n) \to F(u)$, すなわち $\int_D u_n v \, dx \to \int_D uv \, dx \ (v \in L^q(D))$ となる. $L^q(D) = (L^p(D))'$ ゆえ, このことは $\{u_n\}$ が u に $L^p(D)$ で弱収束することを表わす. $\{\partial_x u_n\}$ が $\partial_x u$ に $L^p(D)$ で弱収束することも同様に示せる. 後半は Rellich のコンパクト性定理を各 $G \Subset D$ に対し用いよ.

問8 S が 1 点 t_1 のみからなる場合だけ示す. 一般の場合は読者にまかせる. このとき $g_1, g_2 \in C^1(\mathbb{R}^1)$ で
$$G(t) = g_2(t), \ t \leq t_1; \ G(t) = g_1(t), \ t > t_1$$
かつ $|g_j'(t)| \leq M \ (j=1,2)$ なるものがとれる. $a = G(t_1)$ とおき $\widetilde{G}(t) = G(t) - a$, $\widetilde{g}_j(t) = g_j(t) - a \ (j=1,2)$ とし, さらに $f_1(t) = (t-t_1)^+ + t_1$, $f_2(t) = -(t-t_1)^- + t_1$ とおくと $\widetilde{G} = \widetilde{g}_1 \circ f_1 + \widetilde{g}_2 \circ f_2$ となる. よって $u \in W^{1,p}(D)$ のとき定理 3.26 より $f_j(u) \in W^{1,p}(D) \ (j=1,2)$ となり定理 3.25 より $\widetilde{G}(u) \in W^{1,p}(D)$ を得る. したがって $G(u) \in W^{1,p}(D)$ となる. 後半も定理 3.25 と定理 3.26 より従う.

問9 まず $\phi \in H_0^1(D)$ より $\|\varphi_n - \phi\|_{H^1(D)} \to 0 \ (n \to \infty)$ なる $\{\varphi_n\} \subset C_0^\infty(D)$ がとれる. 仮定より $\phi(x) = |\phi(x)| \ (\text{a.e.} \ x \in D)$ であり, 注意 3.27 より ϕ は $\{|\varphi_n|\}$ の $H^1(D)$ における閉凸包に含まれる. $\mathrm{Supp} |\varphi_n| \subset D$ かつ $|\varphi_n| \in H_0^1(D)$ となるので, 軟化子 $\eta_\varepsilon \ (\varepsilon > 0)$ を用いて $\phi_{n,\varepsilon} = \eta_\varepsilon * |\varphi_n|$ とおくと, 十分小さい $\varepsilon > 0$ に対して $\phi_{n,\varepsilon} \in C_0^\infty(D)$, $\phi_{n,\varepsilon}(x) \geq 0 \ (x \in D)$ かつ $\|\phi_{n,\varepsilon} - |\varphi_n|\|_{H^1(D)} \to 0 \ (\varepsilon \to 0)$ となる. したがって ϕ は $\{\phi_{n,\varepsilon}; n \in \mathbb{N}, \varepsilon > 0\}$ の $H^1(D)$ における閉凸包に含まれる. よっ

て結論を得る.

問 10 調和関数に対する平均値の定理を用いよ.

問 11 正則性理論より $u \in C^\infty(\mathbb{R}^n)$ となり,また任意の α に対し $\partial_x^\alpha u(x)$ も $\mathbb{R}^n$ 上の調和関数となる. $|\alpha|=l+1$ とする. 平均値の(不)等式を $\partial_x^\alpha u$ に適用して,任意の $r>0$ に対して n のみによる定数 C が存在して,

$$|\partial_x^\alpha u(x)| \leq C\left((1/r^n)\int_{B_r(x)}|\partial_x^\alpha u(y)|^2\,dy\right)^{1/2}$$

を得る. ここで内部 L^2-先験的評価より(スケーリングを考慮して), l,n のみによる定数 C が存在して

$$\left(\frac{1}{r^n}\int_{B_r(x)}|\partial_x^\alpha u(y)|^2\,dy\right)^{1/2} \leq \frac{C}{r^{l+1}}\left(\frac{1}{r^n}\int_{B_{2r}(x)}|u(y)|^2\,dy\right)^{1/2}$$

が成立する. 仮定より, 結局次を得る.

$$|\partial_x^\alpha u(x)| \leq \frac{C}{r^{l+1}}(1+|x|+r)^l \to 0 \quad (r\to\infty).$$

$|\partial_x^\alpha u(x)|=0$ $(x\in\mathbb{R}^n, |\alpha|=l+1)$ となり, u は高々 l 次の多項式となる.

第 4 章

問 1 例 1.28 と定理 4.3 による.

問 2 $u \in \mathcal{S}'$ である. したがって $\widehat{u}(\xi) \in \mathcal{S}'$ は $(|\xi|^2-\lambda)\widehat{u}(\xi)=0$ を満たす. $|\xi|^2-\lambda > 0$ なので $\widehat{u}=0$. ゆえに $u=0$.

問 3 $n \geq 3$ ならば存在するが, $n \leq 2$ では存在しない.

演習問題解答

第1章

1.1 (1) 3つの場合に分かれる：（イ）$a_n \neq 0$ の場合，$u(x) = g(x' - x_n a'/a_n)$；（ロ）$a_n = 0$ で $a \cdot \nabla g = 0$ の場合，解は無数にある．例えば $u(x) = g(x')(1+x_2)^k$, $k = 0, 1, \cdots$；（ハ）$a_n = 0$ で $a \cdot \nabla g(0) \neq 0$ の場合，解は存在しない．

(2) 存在するとは限らない．（例 1.17 および問 19 参照．）

1.2 B 上の実数値調和関数 u は B 上の正則関数 U の実部である．$U(z) = \sum_{n=0}^{\infty} 2c_n z^n$, $z = x_1 + ix_2$, とすると $U(z)$ の収束半径が 1 以上なので $\limsup_{n \to \infty} |c_n| \leq 1$. したがって任意の $\varepsilon > 0$ に対して $C_\varepsilon > 0$ が存在して

$$|c_n| \leq C_\varepsilon e^{\varepsilon n}, \quad n = 0, 1, 2, \cdots. \tag{1}$$

一方，$U(z)$ の極座標表示より

$$u(r, \theta) = \sum_{n=0}^{\infty} (c_n e^{in\theta} + \overline{c_n} e^{-in\theta}) r^n. \tag{2}$$

すなわち，B 上の実数値調和関数の全体は条件(1)を満たす c_n を用いて(2)と表示される関数の全体である．ちなみに，u の "境界値"

$$g(\theta) = \sum_{n=0}^{\infty} (c_n e^{in\theta} + \overline{c_n} e^{-in\theta}) \tag{3}$$

は ∂B 上の "hyperfunction" として意味づけられ，u はその g と Poisson 核 K を用いて(例1.32 と同様にして)積分表示される．これらについては，小林・大島著『リー群と表現論』で解説されるであろう．なお，∂B 上の hyperfunction は $C^\omega(\partial B)$ 上の連続線形汎関数として定義され，本書で扱う超関数よりさらに一般の "超関数" である．（hyperfunction は佐藤幹夫により導入された．）

1.3 解の積分表示式より

$$R(x, t) \equiv u(x, t) - e^{i|x|^2/4t} (2it)^{-n/2} \hat{g}\left(\frac{x}{2t}\right)$$
$$= e^{i|x|^2/4t} i^{-n/2} (2t)^{-n/2} (\mathcal{F}[(e^{i|y|^2/4t} - 1) g(y)])\left(\frac{x}{2t}\right).$$

ゆえに

$$\|R(x, t)\|_2 = \left\|(2t)^{-n/2} (\mathcal{F}[(e^{i|y|^2/4t} - 1) g(y)])\left(\frac{x}{2t}\right)\right\|_2$$

$$= \|\mathcal{F}[(e^{i|y|^2/4t}-1)g(y)](x)\|_2 = \left\{\int |(e^{i|y|^2/4t}-1)g(y)|^2\,dy\right\}^{1/2}.$$

最後の被積分関数の絶対値は $4|g(y)|^2$ 以下であり，$t \to \pm\infty$ のとき各点で 0 に収束するので，Lebesgue の優収束定理により (1.82) が従う．より詳しくは，[黒田 2, 3 章] を参照されたい．

1.4 (1) $\psi(x) = e^{x^2} = \sum_{k=0}^{\infty} x^{2k}/k!$ なので，

$$u(x,t) = \sum_{k=0}^{\infty}\sum_{j=0}^{\infty} \frac{(2k)!\,x^{2k-2j}t^j}{k!\,j!(2k-2j)!} = \sum_{m=0}^{\infty} x^{2m} \sum_{j=0}^{\infty} \frac{(2m+2j)!\,t^j}{(m+j)!\,j!(2m)!}$$

$$= \sum_{m=0}^{\infty} \frac{x^{2m}}{m!}\left\{1 + 2(2m+1)t + \sum_{j=2}^{\infty} \frac{2^j(2m+1)\cdots(2m+2j-1)}{j!}t^j\right\}$$

$$= \sum_{m=0}^{\infty} \frac{x^{2m}}{m!}(1-4t)^{-m-1/2}.$$

したがって形式解は $|t|<1/4$ ならば収束して，

$$u(x,t) = (1-4t)^{-1/2}\exp\left(\frac{x^2}{1-4t}\right).$$

なお，Picard (山口昌哉・田村祐三訳)『偏微分方程式論』(現代数学社，1977) に "形式解がどのような初期値に対して収束するか？" という問題に関する興味深い記述がある．

(2)

$$u(x,t) = \frac{1}{\sqrt{4\pi t}}\int_{-\infty}^{\infty} e^{-\frac{|x-y|^2}{4t}} e^{y^2}\,dy$$

$$= \frac{1}{\sqrt{4\pi t}}\int_{-\infty}^{\infty} \exp\left\{\frac{x^2}{1-4t} - \frac{1-4t}{4t}\left(y - \frac{x}{1-4t}\right)^2\right\}dy$$

$$= (1-4t)^{-1/2}\exp\left(\frac{x^2}{1-4t}\right).$$

この解と (1) で求めた解は等しいことに注意せよ．

1.5 $\sqrt{-\Delta+1}$ の反局所性を示そう．U 上で $g=0$ かつ $\sqrt{-\Delta+1}\,g = 0$ ならば，$u(x',0) = 0$ かつ $\dfrac{\partial}{\partial x_n}u(x',0) = 0$ $(x' \in U)$．したがって Holmgren の定理により，U を含む $\overline{\mathbb{R}_+^n}$ の開集合上で $u(x) = 0$．ところが $u(x)$ は楕円型方程式の解なので $\mathbb{R}_+^n$ で実解析的である．領域 $\mathbb{R}_+^n$ 上で実解析的な関数がある開集合で 0 ならば全体で 0 でなければならない．すなわち $u(x) \equiv 0$．よって $g(x') = u(x',0) = 0$．(証

終) ちなみに, $(-\Delta+1)^\lambda$ ($\lambda\in\mathbb{C}\setminus\{0,1,\cdots\}$) も反局所性を持っている (M. Murata, J. Math. Soc. Japan **25**(1973), 556–564 参照).

第2章

2.1 §3.3(d) における議論を参考にされたい.

2.2 Schwarz の不等式と Cauchy の不等式より

$$B(u,u) \geqq \mu\|\nabla u\|^2_{L^2(D)} - \sqrt{M}\,\|\nabla u\|_{L^2(D)}\|u\|_{L^2(D)} - M\|u\|^2_{L^2(D)}$$
$$\geqq (\mu-\varepsilon)\|\nabla u\|^2_{L^2(D)} - (M+M/(4\varepsilon))\|u\|^2_{L^2(D)}.$$

ここで $\varepsilon=\mu/2$ ととり, $\lambda_0>M(1+1/2\mu)$ とおくと $\lambda\geqq\lambda_0$ に対して $B(u,u)+\lambda(u,u)_{L^2(D)}$ が強圧的となる. (このことから, Lax–Milgram の定理のもとに定理 2.15 を得る.)

2.3 $C^\infty(D)\cap H^m(D)$ が $H^m(D)$ で稠密であることより, $u\in C^\infty(D)\cap H^m(D)$, $v\in H^m(D)$ として $\|uv\|_{H^m(D)}\leqq C\|u\|_{H^m(D)}\|v\|_{H^m(D)}$ を示せば十分である. 積公式より $\partial_x^\alpha(uv)=\sum_{\beta\leqq\alpha}(\alpha!/\beta!(\alpha-\beta)!)\partial_x^\beta u\partial_x^{\alpha-\beta}v$ なので, 任意の $\beta\leqq\alpha$ ($|\alpha|\leqq m$) に対し, ある定数 C が存在して

$$(1) \qquad \int_D |\partial_x^\beta u\partial_x^{\alpha-\beta}v|^2\,dx \leqq C\|u\|^2_{H^m(D)}\|v\|^2_{H^m(D)}$$

なることを示せばよい. 今, k を $(m-k)>n/2$ となる最大の整数とすると仮定より $k\geqq 0$. $|\beta|\leqq k$ の場合, $(m-|\beta|)>n/2$ ゆえ Sobolev の定理より $\sup_{x\in D}|\partial_x^\beta u(x)|\leqq C\|\partial_x^\beta u\|_{H^{m-|\beta|}(D)}\leqq C\|u\|_{H^m(D)}$. よって (1) が成り立つ. $|\alpha-\beta|\leqq k$ の場合は, u と v の役割をかえればよい. $|\beta|>k$ かつ $|\alpha-\beta|>k$ の場合, $|\beta|\geqq k+1$, $|\alpha-\beta|\geqq k+1$ となり, k の定義から $(m-|\beta|)\leqq n/2$, $(m-|\alpha-\beta|)\leqq n/2$ となる. このとき $|\alpha|<m$ なので $[n-2(m-|\beta|)]/n+[n-2(m-|\alpha-\beta|)]/n<2(1-m/n)<1$. よって $r,r'\geqq 1$ ($1/r+1/r'=1$) で $2\leqq 2r<2n/(n-(m-2|\beta|))$, $2\leqq 2r'<2n/(n-(m-2|\alpha-\beta|))$ なるものがとれる. したがって Hölder の不等式と Sobolev の不等式より,

$$\int_D |\partial_x^\beta u\partial_x^{\alpha-\beta}v|^2\,dx \leqq \left(\int_D |\partial_x^\beta u|^{2r}\,dx\right)^{1/r}\left(\int_D |\partial_x^{\alpha-\beta}v|^{2r'}\,dx\right)^{1/r'}$$
$$\leqq C\|\partial_x^\beta u\|^2_{H^{m-|\beta|}(D)}\|\partial_x^{\alpha-\beta}v\|^2_{H^{m-|\alpha-\beta|}(D)} \leqq C\|u\|^2_{H^m(D)}\|v\|^2_{H^m(D)}$$

となりやはり(1)が成り立つ.

2.4 仮定と $\partial_{x_i}G(x,y)$ の評価より
$$v(x) = \int_D \partial_{x_i}G(x,y)f(y)\,dy$$
は D 上 well-defined であり, $v \in C_b^0(\overline{D})$. $\eta \in C^1(\mathbb{R}^1)$ を $0 \leqq \eta(t) \leqq 1$, $0 \leqq \eta'(t) \leqq 2$, $\eta(t)=0$ $(t \leqq 1)$, $\eta(t)=1$ $(t \geqq 2)$ なるようにとり, $\eta_\varepsilon(x) = \eta(|x|/\varepsilon)$ $(\varepsilon > 0)$ とおく. ここで, $u_\varepsilon(x) = \int_D G(x,y)\eta_\varepsilon(x-y)f(y)\,dy$ とおくと, $u_\varepsilon \in C^1(D)$ であり,
$$v(x) - \partial_i u_\varepsilon(x) = \int_{\{|x-y|\leqq 2\varepsilon\}} \partial_i\{(1-\eta_\varepsilon(x-y))G(x,y)\}f(y)\,dy$$
となる. よって
$$|v(x) - \partial_i u_\varepsilon(x)| \leqq \|f\|_{L^\infty(D)} \int_{\{|x-y|\leqq 2\varepsilon\}} \left(|\partial_i G(x,y)| + \frac{2}{\varepsilon}|G(x,y)|\right) dy.$$
$n \geqq 3$ のとき, G の評価より
$$I \equiv \int_{\{|x-y|\leqq 2\varepsilon\}} \left(|\partial_i G(x,y)| + \frac{2}{\varepsilon}|G(x,y)|\right) dy$$
$$\leqq C \int_{\{|x-y|\leqq 2\varepsilon\}} \left(\frac{1}{|x-y|^{n-1}} + \frac{2}{\varepsilon}\frac{1}{|x-y|^{n-2}}\right) dy \leqq C\varepsilon$$
が成り立つ. $n=2$ のときも $I \leqq C(\varepsilon + \varepsilon|\log\varepsilon|)$ が成り立つ. 一方
$$|u(x) - u_\varepsilon(x)| \leqq \int_{\{|x-y|\leqq 2\varepsilon\}} |G(x,y)|\,dy \cdot \|f\|_{L^\infty(D)}$$
$$\leqq C\varepsilon\|f\|_{L^\infty(D)} \quad (0 < \varepsilon < 1).$$
よって $u_\varepsilon, \partial_i u_\varepsilon$ はそれぞれ u, v に D 上広義一様収束する. したがって $u \in C_b^1(\overline{D})$ かつ $v = \partial_i u$ が成り立つ.

2.5 (1) 一般に, $T(x) \in C^1(\overline{B_r}\setminus\{O\};\mathbb{R}^n)$ なるベクトル場で, ある $\delta > 0$ があって $|\partial_x^\alpha T(x)| \leqq C_\alpha/|x|^{n-1+\delta+|\alpha|}$ $(|\alpha|\leqq 1)$ なるものとするとき次が成り立つ:
$$\int_{B_r}(\mathrm{div}\,T)u^2\,dx = \int_{\partial B_r}(T\cdot\nu)u^2\,dS - 2\int_{B_r}(T\cdot\nabla u)u\,dx, \quad u \in C^1(\overline{B_r}).$$
$n \geqq 3$ のときは $T(x) = x/|x|^2$, $n=2$ のときは $T(x) = x/(|x|^2\log(2r/|x|))$ として適用し, Schwarz の不等式を用いればよい.

(2) $u \in D(H)$ に対して Schwarz の不等式と Hardy の不等式より $(Hu, u) = \|\nabla u\|_{L^2}^2 - \int 2u^2(x)/|x|\,dx \geqq \|\nabla u\|_{L^2}^2 - \varepsilon\|\nabla u\|_{L^2}^2 - C/\varepsilon\|u\|_{L^2}^2$ となる. $\varepsilon = 1/2$ として結論を得る.

2.6 §2.7 で定義した記号を用いる．A を Dirichlet 条件下での $-\Delta$ から定まる自己共役作用素とすると，$u(x,t)=e^{-tA}g$ $(t\geqq 0)$ となる．よって $v(x,t)=u(x,t)-e^{-\lambda_1 t}(g,\phi_1)_{L^2(D)}\phi_1(x)$ とおくと，$A^k v(x,t)=\sum_{j=2}^{\infty}\lambda_j^k e^{-\lambda_j t}(g,\phi_j)_{L^2(D)}\phi_j$ となる．$g_1(x)=u(x,1)=e^{-A}g$ とおくと，平滑化作用より $g_1\in C^{\infty}(\overline{D})$ となり，任意の m に対して $\sum_{j=2}^{\infty}\lambda_j^m|(g_1,\phi_j)|^2\leqq C_m<\infty$ となる．また $(g_1,\phi_j)=(e^{-A}g,\phi_j)=(g,e^{-A}\phi_j)=e^{-\lambda_j}(g,\phi_j)$．よって $k\in\mathbb{N}$ に対し

$$\|A^k v(\cdot,t)\|_{L^2(D)}^2\leqq\sum_{j=2}^{\infty}\lambda_j^{2k}e^{-2\lambda_j t}|(g,\phi_j)|^2=\sum_{j=2}^{\infty}\lambda_j^{2k}e^{-2\lambda_j(t-1)}|(g_1,\phi)|^2$$
$$\leqq C_k e^{-2\lambda_2(t-1)},\quad t\geqq 1$$

を得る．したがって，任意の l に対し $k-l>n/4$ なる k をとって，Sobolev の埋め込み定理から

$$\|v(\cdot,t)\|_{C^l(\overline{D})}\leqq C\|v(\cdot,t)\|_{H^{2k}(D)}\leqq C\|A^k v(\cdot,t)\|_{L^2(D)}\leqq C'_k e^{-\lambda_2 t},\quad t\geqq 1$$

を得る．(以上のことより，第1固有値 λ_1 が大きいほど冷却効果が大きいことになる (例 2.10 参照).) また定理 4.25 と命題 4.20 も参照されたい．

2.7 まず，平行移動とスケーリング変換により $B_1=B_1(O)$ の場合に示せば十分．また $v=u(x)-u_{B_1}$ を考えることにより，$v_{B_1}=0$ なる場合に $\int_{B_1}|v(x)|^2 dx\leqq C\int_{B_1}|\partial_x v(x)|^2 dx$ を示せばよい．背理法で示す．成り立たないとすると，$v_j\in H^1(B_1)$ で $(v_j)_{B_1}=0$, $\int_{B_1}v_j^2 dx>j\int_{B_1}|\nabla v_j|^2 dx$ なる列がとれる．$\int_{B_1}v_j^2 dx=1$ と正規化してよい．すると $\{v_j\}$ は $H^1(B_1)$ の有界列となる．弱コンパクト性よりある $v\in H^1(B_1)$ に弱収束する部分列 $\{v_{j_k}\}$ がとれるが，Rellich の定理より $H^1(B_1)$ は $L^2(B_1)$ にコンパクトに埋め込まれるので $v_{B_1}=0$, $\int_{B_1}v^2 dx=1$ となり矛盾．(直接の計算でもできる．[EvGa]を参照．)

2.8 (1) 任意のベクトル場 $T\in C^1(\overline{B_r};\mathbb{R}^n)$ に対し $\operatorname{div}(2(T\cdot\nabla u)\nabla u-|\nabla u|^2 T)=2\Delta u(T\cdot\nabla u)+2\partial_j T_i\partial_i u\partial_j u-(\operatorname{div}T)|\partial_x u|^2$ が成り立つ．$T(x)=x$ として Gauss の発散定理を用いればよい．(2) $x_0=O$ とし，$u(x)\not\equiv 0$ として矛盾を導く．

$$H(r)=\int_{\partial B_r}u^2 dS,\quad I(r)=\int_{B_r}(|\nabla u|^2+Vu^2)dx$$

とおく．Rellich の恒等式を用いて，十分小さい $r_0>0$ に対して $N(r)=rI(r)/H(r)$ は $\Omega=\{r_0>r>0;N(r)>1\}$ 上で $N'(r)\geqq -C$ なることがわかる (特に $V(x)\equiv 0$ の場合，$N'(r)\geqq 0$ $(r>0)$)．これより $N(r)$ は有界，すなわち $N(r)\leqq N_0$ $(0<r<r_0)$ となる．このとき $(\log(H(r)/r^{n-1}))'=2N(r)/r$ より

$$\int_{B_{2r}} u^2 \, dx \leqq C \int_{B_r} u^2 \, dx, \quad 0 < r < r_0/2$$

が成り立つことになる．これから強一意接続性が従う．詳細は下の Garofalo–Lin の論文を参照されたい．

補足 一般に $J = -\partial_i(a_{ij}(x)\partial_j) - b_j(x)\partial_j + V(x)$ とし，$a_{ij}(x), b_j(x), V(x)$ は仮定 2.60 を満たしさらに Lipschitz 連続性：$|a_{ij}(x) - a_{ij}(y)| \leqq M|x-y|$ $(x, y \in D)$ を持つと仮定するとき，次のことが成り立つ．"D 上での $Ju = 0$ の弱解 $u \in H^1_{\text{loc}}(D)$ は強一意接続性を持つ．"（証明は [Hö2], [熊ノ郷 1], N. Garofalo and F. H. Lin, *Comm. Pure Appl. Math.* **XL**(1987), 347–366 を参照）．ここで $n \geqq 3$ のとき，$a_{ij}(x)$ に対する Lipschitz 連続性を例えば Hölder 連続性にゆるめると，一般には一意接続定理が成り立たない (A. Plis, *Bull. Acad. Polon. Sci.* **11**(1963), 95–100)．一方，$n = 2$ のときには実は Hölder 連続性で十分であって，しかも解 u の零点 x_0 $(u(x_0) = 0)$ のまわりでの精密な漸近挙動を与える **Hartman–Wintner** の理論が知られており，極小曲面の方程式などの非線形楕円型方程式の解の性質の研究に利用されている．（詳細は [Suzu] や F. Schulz, Regularity theory for quasi linear elliptic systems and Monge-Ampère equations in two dimensions, *Springer Lect. Note in Math.* **1445**(1990) 参照．）

第3章

3.1 $w(x) = |\nabla u(x)|^2$ とおくと，$\Delta w = \partial_i(2\partial_j u \partial^2_{ij} u) = 2(\partial^2_{ij} u)^2 \geqq 0$．よって w は劣調和関数．また $w(x) \equiv$ 定数とすると，上式より $\partial^2_{ij} u = 0$ $(i, j = 1, \cdots, n)$ となり u は 1 次関数となる．したがって，仮定から $w(x)$ は定数ではない．ゆえに強最大値原理から結論が従う．

3.2 $|u(x)| \leqq 1$ となることは背理法によってすぐわかる．$v(x) = 1 - u(x) \geqq 0$ とおくと $-\Delta v + \lambda(2-v)(1-v)v = 0$．境界条件により $v \not\equiv 0$ なので強最大値原理より $v(x) > 0$，すなわち $u(x) < 1$ $(x \in D)$ を得る．$u(x) > -1$ $(x \in D)$ も同様．

3.3 $N > 0$ に対し，$G_N(t) = |t|^p$, $|t| \leqq N$; $G_N(t) = N^p$, $|t| \geqq N$ とおくと弱微分の合成則より $G_N \circ u \in W^{1,1}(D)$ で $\partial_x(G_N \circ u) = \chi_{S_N} p \, (\text{sign } u)|u|^{p-1} \partial_x u$ となる．ここで $S_N = \{x \in D; |u(x)| < N\}$．仮定と Lebesgue の収束定理より，任意の $\phi \in C_0^\infty(D)$ に対して

$$-\int_D |u|^p \partial_x \phi \, dx = -\lim_{N \to \infty} \int_D G_N(u) \partial_x \phi \, dx = \lim_{N \to \infty} \int_D \chi_{S_N} p(\text{sign } u)|u|^{p-1} \partial_x u \phi \, dx$$

$$= \int_D p(\operatorname{sign} u)|u|^{p-1}\partial_x u\phi\, dx$$

が得られるからである.

3.4 (1) Hölder の不等式より

$$\int_D |Vu\phi|\, dx \leq \|V\|_{L^{n/2}(D)}\|u\|_{L^{2n/(n-2)}(D)}\|\phi\|_{L^{2n/(n-2)}(D)}.$$

Sobolev の埋め込み定理(定理 3.20)より

$$\|u\|_{L^{2n/(n-2)}(D)} \leq C\|u\|_{H^1(D)}, \quad \|\phi\|_{L^{2n/(n-2)}(D)} \leq C\|\phi\|_{H_0^1(D)}$$

が成り立つので結論を得る.

(2) $\eta \in C_0^\infty(D)$, $s \geq 0$, $N > 0$ をとり, $\phi = u\min(|u|^{2s}, N^2)\eta^2 \in H_0^1(D)$ を試験関数として代入する. 任意の $s \geq 0$ に対して $|u|^{s+1}\eta \in H_0^1(D)$ となることがわかる. したがって Sobolev の不等式を利用して, $u \in L_{\mathrm{loc}}^{(s+1)2n/(n-2)}(D)$ を得る(詳細は[Stru, Lemma B.3]参照). $u \in H_0^1(D)$ の場合は $\eta(x) = 1$ とすればよい.

3.5 (1) 加藤の不等式より, 任意の $\phi \in C_{0,+}^\infty(\mathbb{R}^n)$ に対して

$$\sum_{j=1}^n \int_{\mathbb{R}^n} \partial_j |u|\partial_j \phi\, dx \leq \int_{\mathbb{R}^n} (-Vu)(\operatorname{sign} u)\phi\, dx = -\int_{\mathbb{R}^n} V|u|\phi\, dx \leq 0.$$

よって $|u|$ は劣調和. したがって, 劣解評価よりある定数 C が存在して $|u(x)| \leq C\left(\int_{B_1(x)} |u(y)|^2\, dy\right)^{1/2}$ ($x \in \mathbb{R}^n$) が成り立つ. $u \in L^2(\mathbb{R}^n)$ より, 上式の右辺は $|x| \to \infty$ で 0 に収束する. よって結論を得る.

(2) 仮定よりある $R > 0$ が存在して, $V(x) \geq M$ ($|x| \geq R$) となる. $D = \{|x| > R\}$ とおく. 加藤の不等式より D 上で $|u|$ は $L = -\Delta + M$ に対して, 弱 L-劣解となる. 一方, $v(x) = e^{-\sqrt{M}|x|}$ とおくと $Lv(x) \geq 0$ を満たす. ゆえに $|u| - v$ は D 上で弱 L-劣解となる. 定数 C_1 を $\max_{|x|=R} |u|(x) \leq C_1 e^{-\sqrt{M}R}$ なるよう, 十分大きくとり, $|u| - C_1 v$ に対して最大値原理を適用して, $|u|(x) \leq C_1 v(x)$ ($|x| \geq R$) を得る. $C = \max\left(C_1, \max_{|x| \leq R}(|u(x)|e^{\sqrt{M}|x|})\right)$ として結論を得る. ($n \geq 3$ のとき, $v(x) = |x|^{-(n-1)/2}e^{-\sqrt{M}|x|}$ ととれば, 同様の議論により $|u(x)| \leq C|x|^{-(n-1)/2}e^{-\sqrt{M}|x|}$ ($|x| \geq 1$) が得られる.)

3.6 $\lambda = 0$ のとき 1 次元(定理 3.55 により). $\lambda > 0$ なら 0 次元. なぜならもし $\mathbb{R}^n$ 全体で恒等的に 0 ではない非負値解 u が存在したとすると矛盾することを示す. まず系 3.2 により $u(x) > 0$ ($x \in \mathbb{R}^n$). 次に単位球 $B_1(O)$ での $-\Delta$ に対する第 1 固有値を λ_1 とすると $B_R(O)$ での第 1 固有値は $\lambda_1 R^{-2}$. したがって $R =$

$(\lambda_1/\lambda)^{1/2}$ として，$B_R(O)$ での固有関数 ϕ を $(\Delta+\lambda)\phi(x)=0$ かつ $\phi(x)>0$ ($x\in B_R(O)$)，$\phi(x)=0$ ($x\in\partial B_R(O)$) と選べる(系 2.111 により)．ところが定理 3.13 より $\phi(x)\leqq 0$ ($x\in B_R(O)$)．よって矛盾．(または定理 4.22 を用いよ．)

$\lambda<0$ のとき無限次元．実際 $\exp(\sqrt{-\lambda}x\cdot\omega)$ ($|\omega|=1$) はすべて正値解である．実は任意の正値解 $u(x)$ に対して単位球面 S 上の有限 Borel 測度 μ が存在して $u(x)=\int_S \exp(\sqrt{-\lambda}x\cdot\omega)\,d\mu(\omega)$ と表わされる([村田]参照)．

3.7 $B_r=B_r(O)$ とする．$r_0>0$ を1つ固定し，$v(x)=u(x)-\inf_{B_{r_0}}u$, $a=\sup_{B_{r_0}}v=\sup_{B_{r_0}}u-\inf_{B_{r_0}}u$ とおく．(3.43)より，ある定数 $C_1>1$ が存在して $\sup_{B_{4r}}v-\sup_{B_r}v\geqq C_1^{-1}\left(\sup_{B_r}v-\inf_{B_r}v\right)$ ($r>0$) が成り立つ．また(3.45)と $(C_1+1)/(C_1-1)\geqq 1+C_1^{-1}$ より $\sup_{B_{4r}}v-\inf_{B_{4r}}v\geqq(1+C_1^{-1})\left(\sup_{B_r}v-\inf_{B_r}v\right)$ を得る．したがって，任意の $k\in\mathbb{N}_0$ に対して

$$\sup_{B_{4^k r_0}}v\geqq a\left(1+\frac{1}{C_1}\right)^k$$

となることが帰納法によりわかる．よって仮定からある定数 C_2,C_3 に対して $a(1+C_1^{-1})^k\leqq C_2 k+C_3$ ($k\in\mathbb{N}$) が成立することになり，$a=0$ を得る．したがって u は B_{r_0} 上一定となり，$r_0>0$ の任意性より結論を得る．

3.8 まず，強最大値原理より $0<u(x)<1$ ($x\in G$) となる．また Hopf の補題と D が星型であることから $x\cdot\nabla u(x)<0$ ($x\in\partial D$)．よって十分大きい正定数 C に対して $v(x)=u(x)+Cx\cdot\nabla u(x)$ とおくと，$v(x)<0$ ($x\in\partial D$) となる．また $\Delta v(x)=0$ ($x\in G$) に注意する．さらに ∇u も G で調和なので平均値の(不)等式と Caccioppoli の不等式より十分大きい K に対してある定数 M が存在して $|\nabla u(x)|\leqq (M/|x|)\sup_{|x|/2\leqq|y|\leqq|x|}|u(y)|$ ($|x|\geqq K$) となる．よって $|v(x)|\to 0$ ($|x|\to\infty$)．したがって v に対して強最大値原理を適用して結論を得る．

3.9 (1) まず定数 C が存在して

$$|e^{i\xi\cdot x}-e^{i\xi\cdot y}|\leqq C|x-y|^\gamma|\xi|^\gamma \quad (x,y\in\mathbb{R}^n)$$

となる．したがって Fourier の反転公式と Schwarz の不等式より

$$|u(x)-u(y)|\leqq (2\pi)^{-n/2}\int_{\mathbb{R}^n}|e^{-i\xi\cdot x}-e^{i\xi\cdot y}||\widehat{u}(\xi)|\,d\xi$$

$$\leqq C|x-y|^\gamma\left(\int_{\mathbb{R}^n}(1+|\xi|^2)^k|\widehat{u}(\xi)|^2\,d\xi\right)^{1/2}\left(\int_{\mathbb{R}^n}\frac{|\xi|^{2\gamma}}{(1+|\xi|^2)^k}\,d\xi\right)^{1/2}$$

となる. 仮定より $2\gamma - 2k < -n$ なので $|u(x) - u(y)| \leqq C|x-y|^\gamma \|u\|_{H^k(\mathbb{R}^n)}$ $(x, y \in \mathbb{R}^n)$ を得る.

(2) 定理 1.5 より $\|u\|_{L^\infty(\mathbb{R}^n)} \leqq C\|u\|_{H^k(\mathbb{R}^n)}$ なので, (1)とあわせて $u \in C_b^{0,\gamma}(\mathbb{R}^n)$ を得る. また, $u(x) = (2\pi)^{-n/2} \int_{\mathbb{R}^n} e^{i\xi \cdot x} \hat{u}(\xi) d\xi$ で $\hat{u} \in L^1(\mathbb{R}^n)$ となることから, Riemann–Lebesgue の補題から $u(x) \to 0$ $(|x| \to \infty)$ を得る.

第 4 章

4.1 固有値問題 "$-u''(x) = \lambda u(x)$ $(0 < x < \pi)$, $u(0) = u(\pi) = 0$" を解いて K の表示を求め, 次に第 1 固有関数が $(\sin x)/\sqrt{\pi/2}$ であることを用いよ. なお, この問題で述べた事実は滑らかな有界領域における熱方程式に対する斉次 Dirichlet 境界条件のもとでの混合問題に拡張できる. つまり, 対応する半群が IU であることを示せる([Davi]参照).

4.2 $G(x, y; z) = (1/4\pi)e^{-\sqrt{-z}|x-y|}/|x-y| = (1/4\pi) \sum_{j=0}^\infty (-\sqrt{-z})^j |x-y|^{j-1}/j!$. この Green 関数 G を求める方法は 2 つある:(変数分離法)極座標による Δ の表示に基づいて, 常微分方程式 $g'' + \dfrac{2}{r}g' + zg = 0$ を解く;(Fourier 変換法) $(2\pi)^{-3/2}[\mathcal{F}^{-1}(|\xi|^2 - z)^{-1}](x)$ を留数計算により求める. 空間次元 $n \neq 3$ の場合も含めてより詳しくは, [島倉, 2 章]の定理 1.4 を参照されたい.

4.3 ほんの少しの修正で定理 4.6 の証明がそのまま使える. 定理 4.10 については放物型 Harnack の不等式がこの場合も使えることに注意すればよい.

4.4 $\lambda = 0$ のときは存在しない. $\lambda > 0$ のとき, 例えば $u(x) = (\sin \sqrt{\lambda}|x|)/|x|$. しかし, $|x| \to \infty$ のとき $u(x) = o(|x|^{-1})$ となる解 $u \not\equiv 0$ は存在しない. より一般に, 多項式 $p(\xi)$ の実零点の次元を k とすると, 方程式 $p(-i\partial_x)u(x) = 0$ $(x \in \mathbb{R}^n)$ の解 u が $|x| \to \infty$ のとき $u(x) = o(|x|^{-k/2})$ を満たせば $u \equiv 0$ である. 詳しくは, M. Murata, *J. Fac. Sci. Univ. Tokyo* **21**(1974), 395–404 を参照されたい.

欧文索引

a. e.   5
a priori estimate   54
analytically hypoelliptic   85
bilinear form   63
bounded linear functional   64
bounded linear operator   64
chain rule   160
characteristic initial value problem   22
closed convex hull   80
closed operator   122
coercive   63
compact operator   129
compatibility condition   90
complete   5
complete orthonormal basis   12
convolution   20
critical   214
difference quotient   80
diffusion equation   10
direct method   182
discrete spectrum   124
distribution   7
divergence type   101
drift   69
dual operator   122
dual space   64
eigenfunction   12
eigenvalue   12
eigenvalue problem   12
elliptic   11
elliptic regularity theory   77

essential spectrum   124
essentially self-adjoint   123
fundamental solution   19
global a priori estimate   85
global regularity   85
h-transform   148
Harnack inequality   172
heat equation   10
H^k-extension property   88
Hopf's lemma   145
hyperbolic   25
hypoelliptic   34
ill posed   39
initial value problem   21
interior a priori estimate   78
interior regularity   78
interior sphere condition   145
intrinsically ultracontractive   218
invertible   123
iteration method   168
Kato's inequality   163
kernel   122
L^2 a priori estimate   78
mean value inequality   144
minimal fundamental solution   192
minimal Green function   212
minimizing sequence   182
mollified Green function   178
mollifier   92
moving plane method   153
multi-index   7
nodal set   134

non-divergence type 101
null solution 24
orthogonal projection 75
P-subsolution 102
P-supersolution 102
parabolic 46
parabolic boundary 103
parabolic cylinder 185
parabolic Harnack inequality 185
parametrix 113
partition of unity 19
positive semi-definite 101
principal symbol 11
product formula 162
range 122
real analytic 9
resolution of the identity 125
resolvent 123
resolvent equation 123
resolvent set 123
resonance state 216
restriction 19
self-adjoint operator 122
separable 71
simple 133
smoothing effect 139

Sobolev's embedding theorem 79
spectrum 123
strong maximum principle 144
strong unique continuation 84
subcritical 214
subharmonic 143
subsolution estimate 167
symbol 11
symmetric operator 122
test function 7, 62
trace operator 97
ultracontractive 218
uniform exterior cone condition 179
weak compactness 75
weak L-subsolution 165
weak L-supersolution 165
weak maximum principle 102
weak solution 62
weak subsolution 167
weak supersolution 167
weakly converge 75
weakly lower semi-continuity 182
well posed 39
zero extension 66

記号索引

$\hookrightarrow$ 71
∇ 9
Δ 4
$\Box$ 11
∂_x^α 7
∂_i 60

$\partial u/\partial \nu$ 145
∂_x 7
$\|\cdot\|_{p \to q}$ 137
$|A|$ 6
$\alpha!$ 9
$|\alpha|$ 8

記号索引

$\|A\|_{X,Y}$	64		η_ε	92
$B_{h_0}(D_1)$	82		$\widehat{f}$	14
$B_r(x_0)$	82		$\mathcal{F}$	14
$B(x,r)$	185		$\mathcal{F}^*$	15
$C^{2,\alpha;1,\alpha/2}(Q)$	110		$[f]_{\alpha;D}$	105
$C_0^0(\mathbb{R}^n)$	112		$|f|_{k,\alpha;D}$	106
$C^{0,1}(D)$	78		$|f|_{k;D}$	106
$C^{0,1}(\overline{D})$	78		$f^{(k)}(t)$	90
$C^{0,\alpha;0,\alpha/2}(\overline{Q})$	110		$\Gamma(A)$	122
$C^{2;1}(Q)$	103		$H^{-1/2}(\partial D)$	100
$C^{2;1}(\overline{Q})$	103		$H^{-1}(D)$	65
$C^{2;1}(Q_T)$	103		$H^2_\#$	13
$C^{2,\alpha;1,\alpha/2}(\overline{Q})$	110		H^∞	40
$\chi_A(x)$	160		$H_0^k(D)$	10
$C_\#^\infty$	12		$H^k(0,T;Z)$	71
$C_{0,+}^\infty(D)$	163		$H^k(D)$	10
$C_0^\infty(D)$	3		$H_{\mathrm{loc}}^k(D)$	78
$C^\infty(D)$	3		$H^s(\partial D)$	97
$C^\infty(\overline{D})$	60		$H^s(\mathbb{R}^n)$	95
$C^k([0,T];Z)$	70		$\mathrm{Ker}(A)$	122
$C^{k,1}(D)$	78		$L^2(D)$	5
$C^{k,1}(\overline{D})$	87		L_D	65
$C_b^{k,\alpha}(\overline{D})$	105		$L^\infty(D)$	5
$C^{k,\alpha}(D)$	105		L_N	68
$C^{k,\alpha}(\overline{D})$	105		$L^p(0,T;Z)$	71
$C_b^k(\overline{D})$	60		$L^p(D)$	5
$C^k(D)$	6		$L_{\mathrm{loc}}^p(D)$	93
$C^k(\overline{D})$	60		L_x	118
$C^\omega(D)$	9		$\mathcal{L}(X)$	123
$D' \Subset D$	78		$\mathcal{L}(X,Y)$	64
$\mathcal{D}'(D)$	7		$\mathbb{N}_0$	59
$\Delta_i^h u$	80		ω_n	119
$\delta(x)$	7		$\|\varphi\|_{H^s(\mathbb{R}^n)}^2$	95
$\mathrm{diam}\, D$	59		$Q_r(x,s)$	185
$\mathrm{dist}(A,B)$	59		$Q(u,v)$	63
$\mathcal{E}'$	20		$R_A(\lambda)$	123

$\mathrm{Ran}(A)$　　122
$\rho(A)$　　123
$R(v)$　　132
$\mathcal{S}'$　　18
S_ε　　92
$\sigma(A)$　　123
$\sigma_\mathrm{c}(A)$　　124
$\sigma_\mathrm{disc}(A)$　　124
$\sigma_\mathrm{ess}(A)$　　124
$\sigma_\mathrm{p}(A)$　　124
$\mathrm{sign}(t)$　　160
$\mathcal{S} = \mathcal{S}(\mathbb{R}^n)$　　18
S_T　　112
$\mathrm{Supp}\, g$　　3

u^+　　102, 160
u^-　　160
$|u|_{0;Q}$　　110
$|u|_{2,\alpha;1,\alpha/2;Q}$　　110
$[u]_{\alpha;Q}$　　110
$\|u\|_{C_b^k(\overline{D})}$　　60
$\|u\|_{L^p(0,T;Z)}$　　70
$V^-(x)$　　66
$W^{k,p}(D)$　　156
$W_0^{k,p}(D)$　　157
X'　　64
$(x-y)^\alpha$　　9
$Z(x,\xi,t)$　　113

和文索引

ABP 不等式　　150
Alexandroff–Bakelman–Pucci の不等式　　150
α-Hölder 連続　　105
Aronson 型評価　　188
Ascoli–Arzelà の定理　　130
Banach 空間　　5
Bernstein 型定理　　181
Bloch 関数　　211
Brezis–Kato の定理　　189
$C^{1,\alpha}(D)$-先験的評価　　108
$C^{2,\alpha}$ 級　　107
C^k 級領域　　86
$C^{k-1,1}$ 級領域　　86
C^ω 級の関数　　9
C^∞ 級の関数　　3
Caccioppoli の不等式　　82
Campanato の方法　　107

Cauchy の不等式　　74
Cauchy 問題　　39
Cauchy 問題の基本解　　112
Courant の定理　　134
D'Alembert 作用素　　11
De Giorgi–Nash–Moser の定理　　175
Dirac のデルタ関数　　7
Dirichlet 境界値問題　　62
Dirichlet 原理　　99
Dirichlet 問題　　38, 48, 51, 62
Dirichlet 問題の(古典)解　　103
Fourier 級数　　10, 12
Fourier 係数　　12
Fourier の反転公式　　16
Fourier 変換　　14
Fréchet 空間　　40
Fredholm の交代定理　　131
Galerkin の方法　　75

Gevrey 級　　30
Gidas–Ni–Nirenberg の理論　　152
Green 関数　　49, 50, 118, 177
Green 関数法　　52
Green の公式　　100, 120
h-変換　　148
Hardy の不等式　　141
Harnack の不等式　　172
Hartman–Wintner の理論　　247
Hilbert 空間　　5
Hilbert–Schmidt の定理　　130
H^k-拡張作用素　　88
H^k-拡張性　　88
Hölder の不等式　　157
Hölder 評価　　174
Holmgren の定理　　24, 28
Holmgren 変換　　29
Hopf の強最大値原理　　144
Hopf の補題　　145
IU　　218
k-微分同型写像　　86
L^2-先験的評価　　78
L^2 理論　　60
Laplace 作用素　　4
Lax–Milgram の定理　　69
Levi のパラメトリックスの方法　　113
Liouville 型定理　　180, 190
Lipschitz 領域　　86
Lipschitz 連続　　78
Mazur の定理　　80
Mehler の公式　　220
Meyers–Serrin の定理　　80
min-max 原理　　132
Moser の反復法　　156, 168
Moser の劣解評価　　167

(MP)　　148
Neumann 境界値問題　　67
Neumann 問題　　48, 67
P-優解　　102
P-劣解　　102
Parseval の等式　　13, 14, 23, 132
Perron の方法　　55
Poincaré の不等式　　65, 142
Poisson 核　　48, 49, 50, 121
Poisson の積分公式　　50
Poisson 方程式　　6
Rayleigh 商　　132
Rayleigh–Ritz の公式　　132
Rellich の恒等式　　142
Rellich のコンパクト性定理　　129
Riesz の表現定理　　64
Riesz–Schauder の定理　　130
Robin 問題　　48
Sch'nol の定理　　210
Schauder 理論　　105
Schrödinger 作用素　　195
Schrödinger 半群　　195
Schrödinger 方程式　　4
Sobolev 空間　　10, 97
Sobolev の埋め込み定理　　87, 158
Sobolev の不等式　　159
Taylor 級数　　9
Tietze の拡張定理　　179
Weierstrass の多項式近似定理　　30
Weyl の公式　　133
Young の不等式　　157

ア 行

一意性　　103
1 の分解　　19, 95
一様外部錐条件　　179

一様楕円性　61
エネルギー評価　75

カ 行

解析的準楕円型　85
解析的準楕円性　85
解の族のコンパクト性　176
可逆　123
核　122
拡散作用素　10, 22
拡散方程式　10
拡張定理　87
仮定 $(A)_k$　87
仮定 $(A)_{k,\text{loc}}$　79
仮定 $(P)_k$　90
加藤の不等式　163
可分　71
完全正規直交基底　12
緩増加超関数　18
完備　5
擬微分作用素　58
基本解　19, 34
逆 Fourier 変換　16
逆 Hölder 不等式　174
急減少 C^∞ 級関数　18, 25
強圧的　63, 68
強一意接続性　84, 142
境界正則性定理　88
境界値問題　38
境界値問題が H^∞ で適切　48
境界値問題の基本解　48, 49
強最大値原理　147
共鳴状態　216
共役空間　64
共役作用素　122
共役指数　157

局所 Lipschitz 連続　78
局所 Sobolev 空間　78
極小 Green 関数　212
極小基本解　192
極小曲面の方程式　180
局所的 Sobolev の埋め込み定理　79
グラフ　122
形式的自己共役　63
合成積　20, 34
合成則　160, 162
固有関数　12, 124
固有空間　124
固有値　12, 124
固有値の単調性　134
固有値問題　12, 14
固有ベクトル　124
混合問題　50
混合問題の基本解　51, 116
コンパクト作用素　129
コンパクトに埋め込まれている　129

サ 行

最小化列　182
最小閉拡張　123
最大値原理　115
差分商　80
差分商の方法　80
作用素解析　139
作用素ノルム　64
試験関数　7, 62
自己共役作用素　122
指数 α の Hölder 空間　105
下に有界　123
実解析的　9, 30, 84
弱 Harnack の不等式　173
弱 L-優解　165

弱 L-劣解　165
弱解　62, 65, 68, 73, 78, 197
弱解に対する最大値原理　152
弱解の大域的 L^∞-評価　171
弱下半連続性　182
弱コンパクト性　75, 195
弱最大値原理　102, 103, 192
弱収束　75
弱微分　71, 81
弱優解　167
弱劣解　167
主要表象　11
準楕円型　34
初期・境界値問題　50
初期値問題　21, 39
初期値問題が H^∞ で適切　40
初期値問題の基本解　44, 45
真性スペクトル　124
水素原子の安定性　141
スペクトル　123
スペクトルの空隙　209
スペクトル分解定理　126
制限　19
整合条件　90
正則性定理　91
正則な変分問題　182
正値解　152, 212
積公式　162
セミノルム　40
0-拡張　66
線形偏微分作用素　10
先験的評価法　54
双 1 次形式　63
双曲型　25

タ 行

台　3
大域的 Hölder 評価　179
大域的 L^2-先験的評価　87
大域的 Schauder 評価　107, 111
大域的正則性　85
大域的正則性定理　87, 107, 111
大域的先験的評価　85
第 1 固有関数の正値性　133
第 1 固有値　66
対称作用素　122
対称性の破れ　153
対数型 Sobolev 不等式　137
体積ポテンシャル　114
楕円型　11
楕円型作用素　61, 101
楕円型方程式の弱解の正則性理論　77
多重指数　7
多重度　124
たたみ込み　20
単位の分解　125
単純　133
値域　122
稠密性の原理　63
稠密に埋め込まれている　71
超関数　7
超縮小的　218
直交射影　75
定義域　122
定常状態への収束　136
適切　39, 40
点スペクトル　124
転置作用素　29, 33
特性関数　160

特性曲面　*11*
特性初期値問題　*22*
特性方向　*11*
ドリフト　*69*
トレース作用素　*97*
トレース定理　*98*

ナ 行

内在的に超縮小的　*218*
内部 $C^{1,\alpha}$-評価　*108*
内部 H^s-正則性定理　*79*
内部 L^2-先験的評価　*79*
内部 Schauder 評価　*106, 110*
内部球条件　*145*
内部正則性　*78*
内部正則性定理　*106, 110*
内部先験的評価　*78*
軟化 Green 関数　*178*
軟化作用素　*92, 194*
軟化子　*92*
熱方程式　*10, 22*

ハ 行

発散型　*101*
波動方程式　*11*
パラメトリックス　*113*
反局所性　*58*
半群　*126*
反射的 Banach 空間　*157*
半正定値　*101*
比較定理　*103, 147*
非特性的　*24*
非発散型　*101*
表象　*11, 23*
平滑化作用　*46, 139*
平均値の不等式　*144*

閉作用素　*122*
閉凸包　*80, 162*
平面移動の方法　*153*
変数分離法　*52*
変分法　*52*
変分法の基本補題　*6, 63*
変分法の直接法　*182*
変分問題　*60*
放物型　*46*
放物型 Harnack 鎖　*204*
放物型 Harnack の不等式　*185, 204*
放物型境界　*103*
放物型距離　*110*
放物型筒状領域　*185*
放物型方程式　*46*
本質的に自己共役　*123*

ヤ 行

有界線形作用素　*64*
有界線形汎関数　*64*

ラ 行

ラプラシアン　*4*
離散スペクトル　*124*
臨界的　*214*
零解　*24, 32, 196*
零点　*84*
零点集合（節）　*134*
レゾルベント　*123*
レゾルベント集合　*123*
レゾルベント方程式　*123*
劣解評価　*167*
劣調和関数　*143*
劣臨界的　*214*
連続スペクトル　*124*

■岩波オンデマンドブックス■

楕円型・放物型偏微分方程式

2006年 5月10日　第1刷発行
2016年12月13日　オンデマンド版発行

著　者　村田　實　倉田和浩
発行者　岡本　厚
発行所　株式会社 岩波書店
　　　　〒101-8002 東京都千代田区一ツ橋2-5-5
　　　　電話案内 03-5210-4000
　　　　http://www.iwanami.co.jp/
印刷／製本・法令印刷

© Minoru Murata, Kazuhiro Kurata 2016
ISBN 978-4-00-730548-1　Printed in Japan

ISBN978-4-00-730548-1

C3041 ¥4100E

定価(本体4100円+税)